版权声明

READING ANNA FREUD BY NICK MIDGLEY

Copyright: © 2013 N. Midgley

This edition arranged with THE MARSH AGENCY LTD

through BIG APPLE AGENCY, INC., LABUAN, MALAYSIA.

Simplified Chinese edition copyright:

2024 China Light Industry Press Ltd. / Beijing Multi-Million New Era Culture and Media Company, Ltd.

All rights reserved.

保留所有权利。非经中国轻工业出版社"万千心理"书面授权，任何人不得以任何方式（包括但不限于电子、机械、手工或其他尚未被发明或应用的技术手段）复印、拍照、扫描、录音、朗读、存储、发表本书中任何部分或本书全部内容。中国轻工业出版社"万千心理"未授权任何机构提供源自本书内容的电子文件阅览、收听或下载服务。如有此类非法行为，查实必究。

精神分析阅读译丛

译丛主编 王 刚 王 倩

READING ANNA FREUD

阅读安娜·弗洛伊德

[英] 尼克·米奇利（Nick Midgley）／著

钱 捷 曾 林／译

王 倩 董瑞瑞 于 宁／审校

中国轻工业出版社

图书在版编目(CIP)数据

阅读安娜·弗洛伊德／（英）尼克·米奇利（Nick Midgley）著；钱捷，曾林译. —北京：中国轻工业出版社，2024.1

ISBN 978-7-5184-4224-9

Ⅰ.①阅… Ⅱ.①尼… ②钱… ③曾… Ⅲ.①安娜·弗洛伊德－心理学理论－思想评论 Ⅳ.①B84-095.21

中国版本图书馆CIP数据核字（2022）第256338号

责任编辑：戴　婕　　　责任终审：张乃柬
文字编辑：罗运轴　　　责任校对：刘志颖
策划编辑：戴　婕　　　责任监印：吴维斌

出版发行：中国轻工业出版社（北京鲁谷东街5号，邮编：100040）
印　　刷：三河市鑫金马印装有限公司
经　　销：各地新华书店
版　　次：2024年1月第1版第1次印刷
开　　本：710×1000　1/16　印张：18
字　　数：200千字
书　　号：ISBN 978-7-5184-4224-9　定价：90.00元
读者热线：010-65181109
发行电话：010-85119832　010-85119912
网　　址：http://www.chlip.com.cn　http://www.wqedu.com
电子信箱：1012305542@qq.com
如发现图书残缺请拨打读者热线联系调换
220220Y2X101ZYW

"精神分析阅读译丛"序

非常高兴看到"精神分析阅读译丛"由中国轻工业出版社"万千心理"陆续出版。2021年盛夏之际,在中国心理卫生协会第十四次全国心理卫生学术大会上,丛书各册译者的精彩讲座余音绕梁,此后岁月里,时日渐闻翰墨飘香。

点墨是金,经典著作是经过了历史的沉淀,经过了时间的检验的宝藏。重读经典,沿学科脉络追本溯源,解读大家思想内涵,需要以时代为背景,把仁者智慧与时代内涵统一起来,引发深入人心的思考。跟随当代学术大家洗练洁净的语言阅读,会令每一位年轻读者内心都充溢着信心与满足。

典籍浩若烟海,靠慎选,也靠名家推荐。"新精神分析图书馆(New Library of Psychoanalysis)"系列丛书编委会集结了一批最能阐发精神分析思想精髓的学术大家,在接管国际精神分析图书馆(the International Psychoanalytical Library)后搭建起丛书平台,促进大众对精神分析更广泛的认识,增进精神分析与相关学科(社会科学、医学、哲学、历史、语言学、文学和艺术等)相互交流。我们从"新精神分析图书馆"系列丛书中精选数本,由中国轻工业出版社"万千心理"引进出版,组成中译本"精神分析阅读译丛"。在"精神分析阅读译丛"原著编写过程中,包括现任《国际精神分析杂志》(International Journal of Psychoanalysis)主编达娜·博克斯特德-布林(Dana Birksted-Breen)在内的多位学术大家以精深的临床敏锐度,对经典给出严肃的学术解读,将精神分析学科代表人物最具代表性及影响力的传世之作呈现在读者面前。

"精神分析阅读译丛"共包括五册:《阅读弗洛伊德——弗洛伊德著作的编年探索》(Reading Freud: a chronlogical exploration of Freud's writings)、《阅读安娜·弗洛伊德》(Reading Anna Freud)、《阅读温尼科特》(Reading Winnicott)、《阅读克莱因》(Reading Klein)和《阅读比昂》(Reading Bion)。

《阅读弗洛伊德》所选经典原文都给出了背景和历史细节，并介绍了当代弗洛伊德学派的发展；《阅读安娜·弗洛伊德》介绍了她的思想的历史地位以及当今对增进儿童青少年福祉，与儿童进行治疗性工作的价值；《阅读温尼科特》的两位作者则最大限度地保留了唐纳德·温尼科特的个人独创性，她们的研究积淀汇总出一个可供读者聆听并理解作者思想的历史视角；《阅读克莱因》呈现出她的作品对理解精神生活图景的理论贡献，对之后精神分析发展产生的巨大影响，促进了精神医学对病人无意识焦虑的理解；《阅读比昂》的作者则阐释了比昂的思想对于精神分析、心理治疗的持续而深远的影响，以及对艺术、文学、社会学的价值。

最后预祝各位读者展卷破颜，阅读愉快！

王刚

译者序

在思想巨人林立的精神分析发展史中,安娜·弗洛伊德(Anna Freud)的排位也许并不靠前。在翻译《阅读安娜·弗洛伊德》这本书之前,我们和许多精神分析的爱好者与实践者一样,对她的印象仅仅停留在她对自我防御机制理论的精妙洞见,以及她与客体关系学派创立者梅兰妮·克莱因(Melanie Klein)关于儿童精神分析理论与技术的那场大论战。在一种肤浅的想象中,一生不婚不育的她仿佛一个"孤勇者",勇敢而坚定地捍卫着她的父亲——伟大的西格蒙德·弗洛伊德(Sigmund Freud)的思想果实,但其本人或许并不具备独创性的思想,抑或不过是她父亲的一个侍女或附庸。

这种肤浅的想象中隐藏着的无知的傲慢和原始的嫉羡,随着翻译工作的推进,消失得无影无踪。如果说《阅读克莱因》展现的是一位在思想的惊涛骇浪中掣帆前行的"船长",那么《阅读安娜·弗洛伊德》所呈现的,则是一位在现实生活的枪林弹雨中实践精神分析的"团长",带的团大多还是婴幼儿团——为托儿所的老师们举办精神分析培训班,为第一次世界大战后无家可归的孩子建立"火柴盒学校",在福利中心为残障儿童学校的老师和学生父母开办精神分析讲座,为维也纳贫困家庭的幼儿设立"杰克逊托儿所",第二次世界大战时为保护孩童免受德军飞机轰炸而开设汉普斯特德战时托儿所,为集中营里的儿童幸存者建立名为"斗牛犬河岸"的乡间别墅进行集体养育实验,在第二次世界大战后筹办汉普斯特德儿童治疗诊所、盲童幼儿园,与儿科医生定期会谈关心住院儿童的心理需求,甚至为了推动"儿童福祉优先"的教育理念法制化而远渡重洋,前往耶鲁大学法学院发表演讲……安娜将普惠大众的儿童教育实践与精神分析理论研究紧密结合在一起,以此形成了其独具特色的儿童精神分析思想,并最终孕育出一系列惠泽后人的发展性观点。安娜以一种现实主义的乐观态度看待儿童的心理病理问题,鼓励治疗师与儿童建立积极依恋,强调儿童与现实世界的关系。她将毕生贡献给精神分析事业，热切地传播精神分析思想的智慧，希望孩子们的生活不受冷漠的成人世界的压迫、剥削、限制或破坏。

作者尼克·米奇利（Nick Midgley）通过深入细致的文献分析研究，将安娜错综复杂而又不断自我超越的思想发展脉络清晰地呈现在读者面前。比如她在事业的后半段发展出的极其重要但常常被忽视的儿童心理"发展线（developmental lines）"理论和发展心理病理学中的"诊断廓图（Diagnostic Profile）"工具，其实就是对她本人在事业早期的儿童精神分析思想的超越——这一过程跨越了整整40年！同时，本书还采撷了大量丰富的回忆安娜工作的历史文献，把一个生动鲜活、亲切可人、情感丰富、精力充沛、不屈不挠的安娜带到读者面前——她是教师、理论家、编辑、基金募集者、学生、同事、伙伴、儿童福利倡导者。如果读者耐心阅读，将会领略到一位精神分析热爱者是如何在经历战争、政治迫害、学术压制、丧亲、丧友等漫长的峥嵘岁月后，依然热情地投入残酷的现实世界，专心打磨心爱的技艺，依然将温暖的笑容挂在嘴角的。

安娜·弗洛伊德终生未婚未育，但是她对推进现代家庭养育模式与世界范围内的儿童福利制度建设的贡献，在我们看来居所有心理学家之首，永远是我们后辈心理学人的榜样，也将永远激励我们毕生勤勉工作，为儿童的福祉、儿童青少年的心灵健康贡献自己的一点点力量。

本书有两位主译——钱捷（文前—第七章），曾林（第八章—第十三章）；全文由钱捷负责统稿梳理。感谢王倩老师的审校与戴婕、罗运轴编辑的专业支持！杨双洁、夏淑楠、陆明和李洋参与了部分章节的初译工作，董瑞瑞、邹筱雯、王佳珏、郑沅昊参与了译稿校对工作，在此一并表示感谢！译文中疏漏不足之处，敬请读者及同行批评指正。

钱捷　曾林

2022年11月

关于《阅读安娜·弗洛伊德》

安娜·弗洛伊德的理论思想在精神分析史上具有什么样的地位呢？时至今日，关于我们该如何与儿童开展治疗性工作这一点，她的著作可以教会我们什么？她的精神分析思想是否依然与婴幼儿和青年福祉发展紧密相关呢？

《阅读安娜·弗洛伊德》一书对安娜·弗洛伊德——精神分析史上最重要的人物之一——的著作进行了通俗易懂的介绍。每一章都介绍了她的大量关键论文，包括这些论文的主要观点和写作背景，讨论了其思想的影响力及当代意义，并提出了进一步的阅读建议。

安娜·弗洛伊德著作所涉及的领域：

- 儿童精神分析与"发展性治疗"的理论与实践
- 精神分析思想在教育、儿科学和法律等领域中的应用
- 儿童精神障碍的诊断与评估
- 精神分析研究与发展心理病理学

尼克·米奇利运用他作为儿童心理治疗师和教师的丰富经验，将安娜·弗洛伊德的思想描绘得栩栩如生。他阐明了安娜·弗洛伊德思想非凡的独创性，并展示了精神分析思想不仅可以用于儿童心理治疗，也可以在家庭、医院、学校、公共抚养机构和法院系统中，用于指导开展儿童照护工作。

儿童治疗师、儿童精神分析师以及在其他儿童和青少年心理健康领域工作的专业人员（例如临床心理学家、儿童精神病学家和教育心理学家）都适合阅读这本《阅读安娜·弗洛伊德》。此书也有助于那些在更广泛的社会情境中负责照护儿童的专业人员，包括教师、护士和社工人员。安娜·弗洛伊德一直热衷于向他们展示精神分析方法的价值。

尼克·米奇利曾在安娜·弗洛伊德中心（Anna Freud Centre）接受儿童

和青少年心理治疗师培训。他目前是该中心的临床医生,并担任发展心理学和临床实践硕士课程的项目主任。尼克的论文写作主题广泛,他也是《启动儿童心智:对儿童、青少年及其家庭进行基于心智化功能的干预》(*Minding the Child: Mentalization-based Interventions with Children, Young People and their Families*,Routledge,2012)和《儿童心理治疗与研究:新方向,新发现》(*Child Psychotherapy and Research: New Directions, Emerging Findings*,Routledge,2009)两本编著的联合主编。

新精神分析图书馆

总编辑：亚历山德拉·莱马（Alessandra Lemma）

"新精神分析图书馆"系列丛书于1987年在伦敦精神分析研究所支持下启动。该丛书自国际精神分析图书馆馆藏中选取大批弗洛伊德著作的早期翻译作品及英国精神分析学派和欧陆精神分析学派的一流分析师作品，重新整理出版。

该项目旨在满足公众对精神分析不断增长并且范围不断扩大的兴趣，并且为精神分析与其他诸如社会科学、医学、哲学、历史、语言学、文学和艺术等学科之间不断深化的共识提供一个交流论坛。其目标是广泛地展现英国精神分析及精神分析学派整体当中不同的理论趋势。新精神分析图书馆系列丛书为英语世界提供来自欧洲各国的精神分析作品，并增加英国和美国精神分析师之间的思想交流。新精神分析图书馆现在还出版"教学系列"书籍，为那些精神分析和相关领域（如社会科学、哲学、文学和艺术）的学习者提供关于选定学科领域的全面且易于获取的概述。

英国精神分析研究所联合英国精神分析学会（British Psychoanalytical Society）运营着一个低价精神分析诊所，组织精神分析相关讲座和科学活动，并负责出版《国际精神分析杂志》。它开设精神分析培训课程，修读该课程可获得国际精神分析协会（International Psychoanalytical Association，简称IPA）成员资格——该协会沿袭了由西格蒙德·弗洛伊德发起和发展的精神分析培训、专业入门以及职业道德和实践等各方面的国际公认标准。本研究所的杰出成员包括迈克尔·巴林特（Michael Balint）、威尔弗雷德·比昂（Wilfred Bion）、罗纳德·费尔贝恩（Ronald Fairbairn）、安娜·弗洛伊德、欧内斯特·琼斯（Ernest Jones）、梅兰妮·克莱因、约翰·里克曼（John Rickman）和唐纳德·温尼科特（Donald Winnicott）。

前任总编辑包括 David Tuckett，他曾为新图书馆的建立四处奔走。他的继任者是 Elizabeth Bott Spillius，随后是 Susan Budd 以及达娜·博克斯特德 - 布林。

顾问委员会现任成员包括 Liz Allison、Giovanna di Ceglie、Rosemary Davies 和 Richard Rusbridger。

顾问委员会前任成员包括 Christopher Bollas、Ronald Britton、Catalina Bronstein、Donald Campbell、Sara Flanders、Stephen Grosz、John Keene、Eglé Laufer、Alessandra Lemma、Juliet Mitchell、Michael Parsons、Rosine Jozef Perelberg、Mary Target 和 David Taylor。

新精神分析图书馆"教学"系列书籍列表

《阅读弗洛伊德：弗洛伊德著作编年研究》(Reading Freud: A Chronological Exploration of Freud's Writings，Jean-Michel Quinodoz)

《聆听汉娜·西格尔：其对精神分析的贡献》(Listening to Hanna Segal: Her Contribution to Psychoanalysis，Jean-Michel Quinodoz)

《阅读法国精神分析》(Reading French Psychoanalysis，Edited by Dana Birksted-Breen，Sara Flanders & Alain Gibeault)

《阅读温尼科特》(Reading Winnicott，Lesley Caldwell & Angela Joyce)

《发起精神分析：不同观点》(Initiating Psychoanalysis: Perspectives，Bernard Reith，Sven Lagerlöf，Penelope Crick，Mette Møller & Elisabeth Skale)

《婴儿观察》(Infant Observation，Frances Salo)

《阅读安娜·弗洛伊德》(Reading Anna Freud，Nick Midgley)

新精神分析图书馆"超越躺椅"系列书籍列表

《皮肤之下：对身体修饰的一项精神分析研究》(Under the Skin: A

Psychoanalytic Study of Body Modification,Alessandra Lemma）

《参与气候变化：精神分析与跨学科视角》（*Engaging with Climate Change: Psychoanalytic and Interdisciplinary Perspectives*,Edited by Sally Weintrobe）

本书献给安娜·弗洛伊德中心儿童心理治疗培训项目中的我的首位临床督导师奥德丽·加弗向（Audrey Gavshon），以及这个项目中其他授课多年的教师们。

同时，纪念帕特·雷德福（Pat Radford，1921—2012）和伊丽莎白·扬-布吕尔（Elisabeth Young-Bruehl，1946—2011）。

致　谢

在 1996—2002 年期间，我在安娜·弗洛伊德中心受训，而后成为一名儿童精神分析师。我对安娜·弗洛伊德思想的理解要归功于我受训期间所有为我授课的天分极高的临床医生和教师们，以及所有我曾经工作过的儿童和家庭，是他们让我懂得了这些思想在实践中的真正含义。

许多人曾多次与我探讨他们对本书初稿的意见，或与我分享关于安娜·弗洛伊德的回忆。我要感谢：Flavia Ansaldo、Liane Aukin、Michela Biseo、Philip Graham、Angela Joyce、Sebastian Kraemer、Mary Lindsay、Norka Malberg、Graham Music、David Norgrove、Reiko Oya、Alejandra Perez 和 Anne-Marie Sandler。我还要特别感谢"新精神分析图书馆"丛书的编辑亚历山德拉·莱马，以及劳特利奇出版社（Routledge）里与我合作的其他两位编辑 Kate Hawes 和 Kirsten Buchanan。

感谢夏洛特·布鲁顿和马什代理处（Charlotte Bruton and Marsh Agency）代表安娜·弗洛伊德遗产托管事务所授权我对安娜·弗洛伊德的著作进行重新加工，允许我大量引用《安娜·弗洛伊德选集》(*Selected Writings of Anna Freud*)中的内容。感谢安娜·弗洛伊德中心管理委员会慷慨地为我支付了相关费用。

我曾在其他关于安娜·弗洛伊德著作的论文中发表过本书中的部分章节或段落，现已做了修改。感谢：

泰勒·弗朗西斯有限公司（Taylor and Francis，Ltd.）授权对论文"'火柴盒学校'（1927—1932）：安娜·弗洛伊德及精神分析影响下的教育思想 [The 'Matchbox School' (1927—1932): Anna Freud and the idea of a psychoanalytically informed education]"相关部分进行改写，原文发表于 2008 年《儿童心理治疗杂志》(*Journal of Child Psychotherapy*, 34/1, pp. 23–42)，由儿童心理治疗师协会出版。

世哲出版社（Sage Publications）授权对论文"时间的考验：安娜·弗洛伊德的《常态与病态》（1965）[Test of Time: Anna Freud's *Normality and Pathology*（1965）]"相关内容进行改写，原文发表于 2011 年《临床儿童心理学与精神病学》（*Clinical Child Psychology and Psychiatry*，16/3，pp. 475–482），由世哲出版社出版。

约翰·威立父子有限公司（John Wiley & Sons，Ltd.）授权对论文"安娜·弗洛伊德：汉普斯特德战时托儿所和对儿童的直接观察在精神分析中的作用（Anna Freud: The Hampstead War Nurseries and the role of the direct observation of children in psychoanalysis）"相关内容进行改写，原文发表于 2007 年的《国际精神分析杂志》（88/4，pp. 939–960）。

美国精神分析协会授权对论文"彼得·赫勒的《安娜·弗洛伊德的一例儿童精神分析》：本案例在儿童精神分析史上的重要性（Peter Heller's *A Child Analysis with Anna Freud*: The significance of the case for the history of child psychoanalysis）"相关内容进行改写，原文发表于 2012 年的《美国精神分析协会杂志》[*Journal of the American Psychoanalytic Association*，60/1（2012），pp. 45–70]。

安娜·弗洛伊德：大事年表

年份	生平	主要出版物
1895	于12月3日出生在奥地利维也纳。玛莎·弗洛伊德（Martha Freud）和西格蒙德·弗洛伊德的第六个孩子	专著《癔症研究》[*Studies on Hysteria*，西格蒙德·弗洛伊德与约瑟夫·布洛伊尔（Josef Breuer）合著]
1911	从考特奇学园（Cottage Lyceum）毕业	
1914	首次访问英格兰。开始教师实习。第一次世界大战开始	
1917	患上肺结核，被医生要求在家休养	
1918	首次参加IPA大会（布达佩斯）。与西格蒙德·弗洛伊德开始第一次分析	
1919	不再担任教师工作，并以助理身份入职德国汉堡精神分析学院。在西格弗里德·贝恩菲尔德（Siegfried Bernfeld）开设的"鲍姆加滕儿童之家（Baumgarten Children's Home）"做志愿者	
1920	安娜的姐姐索菲（Sophie）去世。参加在海牙举办的IPA大会，Hug-Hellmuth在会上发表关于儿童精神分析的讲话	
1921	开启与露·安德烈亚斯–莎乐美（Lou Andreas-Salomé）的友谊	
1922	成为维也纳精神分析学会正式成员	论文"挨打的幻想与白日梦（Beating Fantasies and Daydreams）"
1923	开始与儿童进行精神分析。西格蒙德·弗洛伊德被诊断患有癌症。侄子Heinele去世	
1924	参与维也纳综合医院精神病科查房	

（续表）

年份	生平	主要出版物
1925	在维也纳精神分析学院开始教授讨论班。多萝西·伯林厄姆（Dorothy Burlingham）带着她的孩子们迁居维也纳	
1926	协助创立《精神分析教育期刊》（Zeitschrift für Psychoanalytische Pädagogik，英文名为 Journal for Psychoanalytic Education）	
1927	成为 IPA 总秘书长。创立"火柴盒学校（Matchbox School）"。出席在伦敦举办的儿童精神分析专题研讨会	专著《儿童精神分析技术导论》（Introduction to the Technique of Child Analysis）
1928	"儿童研讨班"（Kinderseminar）首次会议（儿童精神分析研讨班）	论文"儿童精神分析理论（The Theory of Child Analysis）"
1929	在牛津的 IPA 大会上发表关于儿童精神分析的讲话，旁边坐着梅兰妮·克莱因	
1930	在森梅林格和多萝西·伯林厄姆一起购置了一栋小屋	专著《精神分析四讲：写给教师和父母》（Four Lectures on Psycho-Analysis for Teachers and Parents）
1932	"火柴盒学校"关闭	
1935	成为维也纳精神分析训练学院主任。编撰《精神分析季刊》（Psychoanalytic Quarterly）的儿童精神分析特辑	
1936		专著《自我与防御机制》（The Ego and the Mechanisms of Defence）
1937	成立"杰克逊托儿所（Jackson Nursery）"。露·安德烈亚斯–莎乐美去世	
1938	奥地利被德意志帝国吞并。杰克逊托儿所关闭。同家人一起逃离维也纳抵达伦敦	
1939	第二次世界大战爆发。西格蒙德·弗洛伊德逝世	

（续表）

年份	生平	主要出版物
1941	与多萝西·伯林厄姆一同创立"汉普斯特德战时托儿所（Hampstead War Nurseries）"。Minna Bernays（姨妈）去世	
1942	在英国精神分析学会内开展弗洛伊德-克莱因论战	专著《战争时期的幼儿：在战时托儿所工作的一年》（Young Children in War-Time: A Year's Work in a Residential War Nursery，与多萝西·伯林厄姆合著）
1943		专著《战争与儿童》（War and Children，与多萝西·伯林厄姆合著）
1944		专著《遗孤：寄宿制托儿所的赞成与反对案例》（Infants without Families: The Case for and against Residential Nurseries，与多萝西·伯林厄姆合著）
1945	战时托儿所关闭。协助成立"精神分析儿童研究"。患上肺炎	论文"儿童精神分析适应证（Indications for Child Analysis）"
1946	与联合国教科文组织会面	论文"早期教育中的需求自由（Freedom from Want in Early Education）"
1947	与Kate Friedlander创办"汉普斯特德儿童治疗培训课程"	
1949	奥古斯特·艾克霍恩（August Aichhorn）逝世。战后首届IPA大会在苏黎世召开	论文"关于攻击性的笔记（Notes on Aggression）"
1950	首次出访美国。Ernst Kris在耶鲁儿童研究中心设立实验室	论文"精神分析性儿童心理学的进化意义（The Significance of the Evolution of Psychoanalytic Child Psychology）"
1951	玛莎·弗洛伊德去世。与多萝西·伯林厄姆在沃博威克购买一所木屋	论文"精神分析对遗传心理学的贡献（The Contribution of Psychoanalysis to Genetic Psychology）" "对儿童发展的观察（Observations on Child Development）" "一项集体养育实验（An Experiment in Group Upbringing）"（与Sophie Dann合著）

（续表）

年份	生平	主要出版物
1952	"汉普斯特德儿童治疗课程"及汉普斯特德诊所（Hampstead Clinic）开业。在第二次访美期间发表"哈佛演讲"	论文"躯体疾病在儿童心理生活中的作用（The Role of Bodily Illness in the Mental Life of Children）"
1953	西格弗里德·贝恩菲尔德逝世	
1954	开启"汉普斯特德索引计划"。多萝西·伯林厄姆为盲童开设幼儿园	论文"成人精神分析中的技术问题（Problems of Technique in Adult Analysis）" "精神分析与教育（Psychoanalysis and Education）" "精神分析适应证的扩大范围（The Widening Scope of Indications for Psychoanalysis）"
1955		论文"论概念'拒绝的母亲'（The Concept of the Rejecting Mother）"
1956	"西格蒙德·弗洛伊德诞辰100周年"庆典。汉普斯特德诊所扩展到第二栋房子	论文"边缘案例评估（The Assessment of Borderline Cases）"
1957	Ernst Kris 逝世	论文"儿童直接观察法对精神分析的贡献（The Contribution of Direct Child Observation to Psychoanalysis）"
1958	欧内斯特·琼斯逝世	论文"儿童观察与发展预测（Child Observation and Prediction of Development）" "青少年（Adolescence）"
1960	梅兰妮·克莱因逝世	论文"论约翰·鲍尔比的分离、悲伤与哀悼理论（Discussion of John Bowlby's Work on Separation, Grief and Mourning）" "入托（Entry into Nursery School）"
1961	接受耶鲁法学院之邀	论文"回答儿科医生的问题（Answering Pediatricians' Questions）"

（续表）

年份	生平	主要出版物
1962		论文"儿童病理诊断（The Assessment of Pathology in Childhood）" "亲婴关系理论（The Theory of the Parent–Infant Relationship）"
1963	首次出访耶鲁法学院	
1965	在阿姆斯特丹召开的IPA大会上宣读关于强迫性神经症的论文	论文"住院儿童（Children in the Hospital）" 专著《儿童期的常态与病态》（Normality and Pathology in Childhood）
1966	成为欧洲精神分析联盟（European Psychoanalytic Federation）名誉主席	论文"精神分析与家庭法（Psychoanalysis and Family Law）" "儿童精神分析简史（A Short History of Child Analysis）"
1967	被英女王授予"大英帝国司令勋衔"（Commander of the Order of the British Empire，简称CBE）。威利·霍弗（Willi Hoffer）和Martin Freud逝世	论文"论失去与陷入迷茫（About Losing and Being Lost）" "论精神创伤（Comments on Psychic Trauma）"
1968	汉普斯特德诊所扩大规模至三栋房屋。《安娜·弗洛伊德文集》（The Writings of Anna Freud）（第一卷）出版	论文"儿童精神分析的适应证与禁忌证（Indications and Contraindications for Child Analysis）"
1969		论文"发展紊乱的青春期（Adolescence as a Developmental Disturbance）" "精神分析之路的难点（Difficulties in the Path of Psychoanalysis）"
1970	Ernst Freud和Heinz Hartmann去世	论文"婴儿神经症（The Infantile Neurosis）" "儿童期症状学（The Symptomatology of Childhood）"
1971	自1938年之后首次返回奥地利，为弗洛伊德博物馆揭幕并出席在维也纳举办的IPA大会	

(续表)

年份	生平	主要出版物
1972		论文"精神分析儿童心理学的扩大范围：正常与异常（The Widening Scope of Psychoanalytic Child Psychology, Normal and Abnormal）"
1973	当选 IPA 荣誉主席。汉普斯特德诊所拒绝成为官方的训练诊所	专著《超越儿童的最佳利益》（Beyond the Best Interests of the Child，与 J. Goldstein 和 A. Solnit 合著）
1974		论文"超越婴儿神经症（Beyond the Infantile Neurosis）" "精神分析视角下的发展心理病理学（A Psychoanalytic View of Developmental Psychopathology）"
1975	开始受到慢性缺铁性贫血疾病的折磨。汉普斯特德诊所的托儿所所长 Manna Friedmann 退休	论文"关于儿科学与儿童心理学的相互作用（On the Interaction between Pediatrics and Child Psychology）"
1976	Clifford Yorke 和 Hansi Kennedy 双双被聘为汉普斯特德诊所的联合主任	论文"精神分析实践与经验中的改变（Changes in Psychoanalytic Practice and Experience）" "动力心理学与教育（Dynamic Psychology and Education）"
1978	姐姐玛蒂尔德（Mathilde）去世。《汉普斯特德诊所通讯》（Bulletin of the Hampstead Clinic）创刊，Joseph Sandler 为主编	论文"儿童精神分析的根本任务（The Principal Task of Child Analysis）" "弗洛伊德著作学习指南（A Study Guide to Freud's Writings）"
1979	首届"汉普斯特德诊所科学研讨会（Scientific Colloquium of the Hampstead Clinic）"举办。多萝西·伯林厄姆逝世	论文"作为心智成长研究的儿童精神分析：正常与异常（Child Analysis as the Study of Mental Growth, Normal and Abnormal）" 专著《先于儿童的最佳利益》（Before the Best Interests of the Child，与 J. Goldstein 和 A. Solnit 合著）

（续表）

年份	生平	主要出版物
1980	Marianne Kris 逝世	专著《儿童精神分析技术：与安娜·弗洛伊德的讨论》(*The Technique of Child Psychoanalysis: Discussions with Anna Freud*，与 Joseph Sandler、H. Kennedy 和 R. Tyson 合著)
1982	10月9日，安娜·弗洛伊德逝世	论文"重访过去（The Past Revisited）"
1984	汉普斯特德诊所更名为安娜·弗洛伊德中心	

目 录

第 一 章	导论：安娜·弗洛伊德的生活与工作	001
第 二 章	儿童精神分析	023
第 三 章	精神分析思想在教育中的应用	041
第 四 章	自我与防御机制	069
第 五 章	汉普斯特德战时托儿所	087
第 六 章	精神分析研究和儿童观察	105
第 七 章	成人精神分析心理治疗	127
第 八 章	儿童期心理紊乱的评估与诊断	147
第 九 章	发展心理病理学	163
第 十 章	儿童精神分析与发展性治疗	181
第十一章	精神分析与儿科学：对住院儿童的照顾	207
第十二章	儿童与家庭法	227
第十三章	结论：安娜·弗洛伊德的遗泽	247
参考文献		257

第一章

导论：安娜·弗洛伊德的生活与工作

引言：一份外行精神分析师的简历

安娜·弗洛伊德于1895年出生于奥地利维也纳，是西格蒙德和玛莎·弗洛伊德的第六个（也是最后一个）孩子。从一开始，她的生命就与精神分析史的发展密不可分：她出生的那一年，她的父亲出版了第一部重要著作《癔症研究》（与约瑟夫·布洛伊尔合著），她不到5岁就因吃草莓的梦被收入《梦的解析》（The Interpretation of Dreams, Freud, 1900），在精神分析的著作中首次露面。14岁时，她已经坐在维也纳精神分析学会（Vienna Psychoanalytic Society）的会场里，旁听弗洛伊德和阿德勒（Adler）、兰克（Rank）、费伦齐（Ferenczi）、荣格（Jung）以及其他人之间的讨论。22岁时，她开始接受父亲对她的精神分析；26岁时，她被维也纳精神分析学会接受为正式会员，此时她已在小学教师的岗位上任职多年。而后，她很快在维也纳精神分析学会和国际精神分析协会（IPA）担任资深职位。安娜·弗洛伊德一生始终处于精神分析运动的最前沿，她自1973年当选IPA名誉会长起，一直持有这一名誉身份，直到1982年去世。1971年，当纽约城市大学邀请美国精神科医生和精神分析家评选他们"最杰出同事"时，安娜·弗洛伊德的名字在民意调查中两次位列榜首（Peters, 1985: xiv）。

然而，尽管拥有这么多的赞誉，安娜·弗洛伊德在某些方面仍然是一个非常注重隐私的人。她从未撰写过个人回忆录，尽管她多次收到这样的请求。当与老朋友和同事Muriel Gardener谈起写一本关于自己生活的书的想法时，她说："与过去联系在一起的感受太多了，以至于可能超出了其他人真正想要了解的过去"（引自 Gardiner,1983：65）。但是,她确实在许多不同的场合谈到或写下一些关键性记忆和经历（常常出现在她写给她那些英年早逝的朋友和同事的悼词中）。而她的传记作者伊丽莎白·扬-布吕尔则对她的一生和她所处的时代做出了最详尽的记录（Young-Bruehl,1988/2008）。

安娜·弗洛伊德是怎样一个人？

安娜·弗洛伊德在六个兄弟姐妹中排行最小，他们全都是在 8 年里相继出生的。在成长过程中，安娜努力争取着别人对她的关注。她尤其嫉妒比她大 2 岁的姐姐索菲，这位姐姐在家里一直是被公认的"美人"。在之后的岁月里，当她谈到童年经历时，安娜·弗洛伊德会说自己"被大孩子们抛在一边，自己对他们而言不过是个讨厌鬼，而她自己则时常感到无聊和孤独"（引自 Young-Bruehl,1988/2008：37）。在她出生后不到一年，她的姑妈 Minna Bernays 就来到了他们位于维也纳伯格斯 19 号那个宽敞的家中，从某种意义上说，她成为安娜及其兄弟姐妹的第二个母亲。但对于她的童年记忆而言，安娜以最大的热情和挚爱深切怀念的人是她的保姆 Josefine。

安娜从小就对父亲比母亲更亲近，因为父亲很享受与他"顽皮"的小女儿在一起的乐趣。虽然在学校里她是个好学生，但安娜小时候的兴趣是编故事，到了青春期，这变成了一种做白日梦的趋势。她受到自己喜欢的作家 Karl May 和 Rudyard Kipling 的启发，在故事里创造了一个个精妙世界。[她不知疲倦地对"好故事"进行分析，这些分析后来成为她的第一篇论文"挨打的幻想与白日梦（1922）"的资料。] 15 岁时，她的学业终止了，她意识到自己并未获得像她哥哥们那样的传统教育，这让她一直耿耿于怀。但是她从未失去对学习的狂热兴趣——包括在语言学习方面，她表现出特殊的天赋。

尽管有许多求婚者，但安娜·弗洛伊德终身未婚，她与父母同住直到他们去世。1923 年，西格蒙德·弗洛伊德被诊断患有癌症，他把安娜形容为他的"安提戈涅（Antigone）"——在索福克勒斯（Sophocles）讲述的故事中，是这个孩子把双目失明的俄狄浦斯（Oedipus）带出了底比斯，并一直

第一章　导论：安娜·弗洛伊德的生活与工作

陪伴着他，直到他在科罗诺斯去世。安娜·弗洛伊德被恰当地描述为"她父亲的女儿"（Dyer，1983），但这并不意味着她没有自己的生活。她拥有一连串的重要的友谊关系，从露·安德烈亚斯－莎乐美开始，这些关系中的对象都具有母亲的特征。莎乐美既是安娜的导师又是朋友，她俩的友谊贯穿了安娜的青年时期。20世纪20年代中期，安娜·弗洛伊德与一位富有的美国人多萝西·伯林厄姆建立了终生的友谊，当时，多萝西带着她的四个孩子，为了逃离一段艰难的婚姻并为孩子寻求治疗来到维也纳。多萝西成了安娜的同伴——当1938年弗洛伊德一家被迫逃离维也纳时，多萝西与安娜一起逃往伦敦并一同工作，直到多萝西于1979年去世。安娜·弗洛伊德几乎成了多萝西孩子们的代理母亲。多萝西和安娜共同拥有几处度假小屋，每当闲暇时，她们会一起游泳、散步和骑马。

尽管安娜·弗洛伊德没有写过关于她早年的回忆录，但现在人们普遍认为，《自我与防御机制》（1936）中"年轻女教师"的案例片段是她伪装的自画像。这位女教师在年幼时就显露出一种苛求的特质：

> 她希望拥有并体验她年长的玩伴曾经拥有和经历过的一切——事实上，她想要自己把一切都做得比他们好，并渴望自己的聪明才智得到他们的敬仰。她老是哭喊着说"我也是！"，这对她的哥哥姐姐们来说可是件麻烦事。

（1936：134）

然而，当她成年之后，凡是见到这位年轻家庭女教师的人都会惊叹于"她谦逊的性格和对生活的谦卑要求"（p. 134）。她未婚，没有孩子，衣着略显简陋，并尽可能避免与他人竞争。尽管对自己关心甚少，但这位女教师却对她的女性朋友和同事的情感生活很感兴趣，她经常充当她们的知己和媒人。她还"对朋友的衣服表现出了浓厚的兴趣……［并且］非常关注别人家的孩子，正如她选择的职业所表明的那样"（p. 135）。案例片段显示了这位女教师在某些方面"好得过分"，她会通过将自己的感受转移到他人身上并放弃自己的需求,来处理自己的嫉妒与羡慕。但是,与其压抑这种嫉妒和羡慕,安娜·弗洛伊德实际上展示了女教师如何利用投射和认同机制"通过分享他人的满足感来满足自己的本能"(p.137)。她将这种防御机制的特定组合及运用称为一种"利他性屈从"形式,用于克服幼儿时期"自恋性屈辱"的残余:

> 只有接受过精神分析之后她才发现,她渴望长大后能布置她的新家,她也渴望通过考试来确保职业晋升。她的家和考试是在以一种升华的形式象征着她本能愿望的实现,精神分析使得她与自己的生命重新联系起来。
>
> (p.146)

如果女教师是安娜·弗洛伊德的自画像,而她分析出了自己极具个性的防御方式,那么她的这种分析能力也促使她发生改变。随着年龄的增长,她也能够开始享受关注,尽管她仍然是一个非常注重隐私的人。20世纪60年代和70年代,她领导的汉普斯特德诊所(Hampstead Clinic)里有许多人接受训练或在她身边工作,他们都记得安娜·弗洛伊德是一位令人印象深刻且鼓舞人心的人,但在更为非正式的社交场合中,她有些害羞和别扭。(当她与孩子们交谈时是个例外,很多人都认为她在与孩子们互动并且融洽相处方面能力非凡。)然而,尽管安娜·弗洛伊德在表面上很拘谨,但她对生活本身充满了热情,她总是喜欢挑战并承担新任务,解决新问题,结识新朋友,并找到合适的方式与她遇到的人交流。确实,她总是不知疲倦地工作,从未认真考虑过退休这个选择。

然而,安娜·弗洛伊德对工作的专注并没有妨碍她对其他事物保持兴趣。她喜欢接近水,最后一次在海里游泳时她已经80多岁了(Yorke,1983b)。她在家中养了几条狗和一匹马,十分惹人喜爱。她喜欢骑马,也喜欢去山上徒步。她与多萝西·伯林厄姆在爱尔兰乡村拥有一间小屋。她热衷于编织、钩编和纺织(她在伦敦的家中放着一台织布机,家里的许多地毯和垫子都是她自制的);她以惊人的速度阅读犯罪小说和侦探小说。她对马勒、勃拉姆斯和莫扎特等人的音乐都非常喜欢（Valenstein，1983）。

那些直接接触安娜·弗洛伊德的朋友和同事们经常称赞她惊人的记忆力和清晰的思维，她在和孩子们说话、倾听他们说话时的那份快乐，她对工作和精神分析的奉献精神，她在逆境中的坚忍和勇气，以及她对世界的热情和好奇心。他们还会评论她这个人机智幽默，但这在她的专业著作中并不经常出现，而出现时可能被误认为是一种幼稚的"淘气"。

双城记：维也纳和伦敦

安娜·弗洛伊德的一生可以分为两个时期。在她生命的前43年里，她在维也纳生活和工作，这段时间和地点被恰当地描述为"她创造力的摇篮"（Yorke，1983c：15）。1938年，在希特勒进入奥地利（德奥合并）后，她与年迈的父亲逃到了英格兰，次年父亲在伦敦去世。安娜·弗洛伊德在这之后的45年中一直住在伦敦，直到1982年去世。她在维也纳的生活与在伦敦的截然不同：

> 在两个阶段之间出现了德奥合并；地理和环境的重置形成了一道分界线。尽管发生了剧变，但工作本身是一个连续的过程。
>
> （Yorke，1983c：15）

每当安娜·弗洛伊德谈到自己在维也纳的生活，尤其是第一次世界大战后的几年——当时，她是新近开展的精神分析运动的中坚力量——她都会流露出因融入了这一重大的历史运动的欢欣雀跃。她在欧洲历史和精神分析史上这个激动人心的时刻走向了风华正茂的岁月。在1922年获得精神分析师资格后，她发现自己生活在一个奥地利社会——"红色维也纳"——这里充斥着对战争的恐惧，但也充满了建立更美好社会的理想。后来，在回顾一生时，安娜·弗洛伊德写道：

> 当时，在维也纳，我们都很振奋——充满活力：仿佛正在探索一个全新的大陆，而我们是探险家，我们有机会去改变些什么。
>
> （引自 Midgley，2007：939）

自 20 世纪 20 年代中期，安娜·弗洛伊德周围的年轻人、梦想家、激进主义者和乌托邦主义者开始聚集在一起，组成了"儿童研讨会（Kinderseminar）"（Cohler，2008）。之所以这样命名，不仅是因为他们正在探索儿童精神分析的新领域，还因为维也纳精神分析学会的资深分析师认为他们在处于"精神分析的婴儿期（analytic infancy）"[A. Freud, 1967a（1964）：513]。正是在这里，有关儿童精神分析技术的第一个想法出现了，而与此同时，梅兰妮·克莱因在柏林发展了同等重要——但又截然不同——的有关儿童精神分析治疗的论述（本书第二章）。大家都跃跃欲试，想要开辟一个全新的精神分析领域的愿望显而易见。当时与安娜·弗洛伊德一起工作的"儿童研讨会"的成员 Anna Maenchen 多年后回忆起有人曾抱怨说关于临床工作的讨论会经常持续到凌晨 2 点——安娜·弗洛伊德只是微笑着说："睡觉？这是什么？"（Maenchen，1983：61）。

在 1966 年，安娜·弗洛伊德在耶鲁儿童研究中心组织的一次会议上回顾了自己在维也纳的早期职业生涯，总结了影响她职业生涯的关键因素。她写道：

> 我一生特别幸运。从一开始，我就能够在实践和理论之间来回转换。我最初是一名小学教师。我从那个领域转到了精神分析和儿童精神分析领域。从那时起，我就在这些问题的理论研究与其实际应用之间不断地来回转换。
>
> [1967b（1964）：225]

关于她受到的理论训练，十几岁的安娜·弗洛伊德在开始阅读她父亲的作品之前，就已经开始旁听她父亲及其同事的"星期三会议"了。20 世纪

第一章 导论:安娜·弗洛伊德的生活与工作

20年代初期是精神分析史上激动人心的时期,弗洛伊德的论文《超越快乐原则》(Beyond the Pleasure Principle,1920a)、《自我与本我》(The Ego and the Id,1923)和《抑制、症状与焦虑》[Inhibitions, Symptoms and Anxiety,1926(1925)]为心智(mind)带来了全新的观点["结构理论(structural theory)"和死亡驱力(death drive)的概念,以及关于自我功能的新思想],与此同时,弗洛伊德的同事们挑战并发展了他的观点,如《无意识心理学》(The Psychology of the Unconscious,Jung,1912)、《精神分析的发展》(The Development of Psychoanalysis,Ferenczi & Rank,1923)或《出生创伤》(The Trauma of Birth,Rank,1924)。安娜·弗洛伊德通过私人讨论和公开研讨会在第一时间了解到所有这些理论发展。她还在父亲这里接受了两段精神分析,第一段是在1918年,然后是1924年——这两段经历对她所产生的影响受到后来的评论家们的激烈辩论(请参见Young-Bruehl,1988/2008,第三章,其中有较为平和的观点)。像她这一代的许多人一样,安娜·弗洛伊德作为"外行精神分析师(lay analyst)"(即,没有行医资格的人)所接受的教育并没有一个特定程序可循。正如她之后的解释:

> 我们的培训发生在官方精神分析培训机构成立之前的一段时间。我们受训于我们的个人分析师,受训于广泛大量的阅读,在没有督导的状态中对第一批病人进行工作实践,以及受训于在我们的前辈和同辈之间所进行的热烈的思想交流和问题讨论。
>
> [1967a(1964):511]

除了理论训练外,安娜·弗洛伊德在20世纪20年代和30年代的实践经验首先来自为期5年的学校教学工作,也来自与成人和儿童病人工作的一系列临床经验。同时,她还与西格弗里德·贝恩菲尔德一道,为第一次世界大战后无家可归的儿童开办了"鲍姆加滕营地学校(Baumgarten camp school)",并于1926年建立了自己的教育实验"火柴盒"学校[Matchbox School,在文献中也被引作希其希学校(Hietzing School)或柏林厄姆/罗森菲尔德学校

（Burlingham/ Rosenfeld School）]（Midgley，2008a）。作为维也纳精神分析培训课程的一部分，她还开始主讲有关儿童精神分析的讲座，并在维也纳教育委员会委托进行的一系列讲座中，开始探索将精神分析思想运用于更广泛的育儿专业人员群体，尤其是小学教师（参见第三章）。随后，她定期为托儿所的工作人员举办研讨会，并且于1937年在这些探索中又增加了一个实验性托儿所——杰克逊托儿所（Jackson Nursery），该托儿所为该市最贫困地区的幼儿而开办。安娜·弗洛伊德与包括奥古斯特·艾克霍恩和威利·霍弗在内的同事一起，在维也纳培训学院为教育工作者开设了一门课程：

> 在这里，我们以细致严谨、前后一致和孜孜不倦的态度向幼儿园教师、小学教师和高中教师介绍精神分析儿童心理学原理以及这些原理对于理解、养育和教育各个年龄段儿童所具有的意义。这一指导成果被写成了很多有价值的文章，公开发表在《精神分析教育期刊》上，威利·霍弗很快成为杂志的编辑。维也纳教育工作者课程的毕业生们仍然在世界各地的儿童精神分析领域从事相应的职位，尤其是在美国。
>
> （A. Freud，1966a：51）

20世纪20年代后期，除了从事儿童精神分析的临床工作之外，安娜·弗洛伊德也开始了她的第一次"从临床到理论的探索"［1967a（1964）：514］，即对自我防御机制的研究，并于1936年出版了她的第一部重要著作《自我与防御机制》（本书第四章）。然而，此时欧洲法西斯主义兴起，这就意味着精神分析学说——以及仍然生活在中欧的分析师们——的生存岌岌可危。在这段危险时期中，安娜·弗洛伊德曾被盖世太保短暂逮捕，随后她和她的家人先是逃往巴黎，然后又逃亡伦敦。她很少在发表的著作中谈及这段经历，但在1979年为欧内斯特·琼斯（20世纪30年代末英国精神分析学会主席）举行的追思会上，她回忆道：

> 1938年3月，希特勒和他的军队进入维也纳，这标志着我们和许多

其他人的和平生活结束了。出于对我父亲的关心和作为国际精神分析协会主席的职责，欧内斯特·琼斯立即动身前往维也纳，亲自确认了局势的严重性。他发现每个人都深陷困境，维也纳精神分析学会解散了，精神分析出版社被洗劫，书籍被全部没收。对学会中的犹太人来说，除了我父亲需要被说服，所有人都认同移民是唯一可行的解决方案。但是我们人数众多，办理入境许可并不容易，因为许多国家并不情愿接收我们，就像现在接收越南移民的问题一样。

在这个时候，欧内斯特·琼斯做了几乎不可能做到的事情。他说服英国内政大臣不仅向我的父亲和直系亲属发放许可证，而且还向我父亲的私人医生、家庭助理以及他的一些精神分析同事，比如 Bibring 一家、Kris 一家和霍弗一家发放许可证，一共约 18 名成人和 6 名儿童。我一直对他的壮举非常感激。如果可能的话，我对他成就中的另一项举措更加钦佩。要说服英国精神分析学会允许维也纳成员涌入，即向持不同科学观点、预期会打破和平与内部统一的同行敞开大门，这绝非易事。我不知道他是怎么做到的。我也很小心，不会向他提太多问题。但无论如何，它发生了。

（1979d：350—351）

安娜·弗洛伊德将杰克逊托儿所的一些家具和玩具带到伦敦。战争爆发后，她迅速将这些家具和玩具充分利用，成立了伦敦儿童休憩中心（Children's Rest Centre），该中心不久便发展壮大为汉普斯特德战时托儿所（本书第五章）。尽管在她生命的这个中间点发生了巨大的混乱（她的父亲于 1939 年去世，这对她作为女儿和精神分析家来说都是毁灭性的丧失），安娜·弗洛伊德最终还是在她流亡伦敦之前和之后创造了一种连续感。正如她之后解释的那样：

第二次世界大战促使我们在英格兰建立了维也纳杰克逊托儿所的翻版，即一所以"汉普斯特德托儿所"的名字闻名、较大规模地提供食宿的战时托儿所。1939—1945 年间，那里收容了 80 多个战争时期出生的婴幼儿，这也为照顾他们的我们提供了前所未有的、不间断的、连续性的观察资料。

（1974b：x）

战争结束时，汉普斯特德托儿所关闭了。然而，它的位置很快被汉普斯特德儿童治疗课程中心（Hampstead Child Therapy Course，1947）取代，该中心于 1952 年增加了诊所（Pretorius，2012）。汉普斯特德诊所（在安娜·弗洛伊德去世后改名为安娜·弗洛伊德中心）成为战后安娜·弗洛伊德所有主要活动的场所。除了为儿童提供精神分析治疗（通常在各个工作时段都有 50~70 名儿童在接受治疗）之外，该诊所为那些希望从事儿童工作的人士提供了精神分析的集中培训（Green，2012），并开设了托儿所和"好宝宝诊所（Well-Baby Clinic）"，以及幼儿治疗小组（Zaphiriou Woods & Pretorius，2010）。得益于一系列的研究项目和研究小组，理论与实践之间的联系被再次架起。这些研究不仅由安娜·弗洛伊德领导，还由多萝西·伯林厄姆、Humberto Nagera、Joseph Sandler、Hansi Kennedy 和许多其他同事领导。有机会在实践和研究之间建立联系，并探索"在没有实验室条件、结果定量、成立对照组等其他限制的情况下"进行有效的精神分析研究的可能性（1974b：xi），这是安娜·弗洛伊德开发这个新项目的关键动机（本书第六章）。她解释说：

> 正是为了提供这些紧缺的设施，才建立起了汉普斯特德课程中心和诊所的各个部门。在这里，至少就儿童精神分析而言，精神分析的各个方面都被同等地对待；并且，这里的培训从一开始就将精神分析作为一种治疗方法、用于探索和研究的工具、需要审视和扩展的理论，同时也作为一种可以运用于社区中的多种需求的知识体系，引入学生的学习。

（A. Freud，1966a：58）

第一章 导论：安娜·弗洛伊德的生活与工作

在她生命的后 30 年里，安娜·弗洛伊德与汉普斯特德诊所的同事及其他许多合作者一起，基于他们在战前和在汉普斯特德战时托儿所工作期间的创新和发现继续进行理论建构。在此期间，她继续从事成人精神分析工作，并努力保存"经典精神分析（classical psychoanalysis）"的一些关键要素，她认为这些要素很可能会被丢失或忽视（本书第七章）。根据她自己与孩子工作的临床经验，以及她的同事们和学生们的临床工作，她也对"超越婴儿神经症（beyond the infantile neurosis）"这个话题越来越感兴趣（这甚至成为她的一篇论文的标题，这本身就是对她父亲一篇赫赫有名的著作标题的回应，见于 S. Freud, 1920a）。Jean Murray 也指出，在向她父亲的工作致敬的同时，这个标题也标志着属于安娜·弗洛伊德个人的独特理论贡献："对弗洛伊德来说，超越快乐原则的是死本能……但是对于安娜·弗洛伊德而言，超越婴儿神经症的是发展心理病理学"（Murray, 1994: 49）。

正如伊丽莎白·扬-布吕尔所说，安娜·弗洛伊德是一个"伟大的发展主义者"（Young-Bruehl, 1988/2008: 11）。安娜·弗洛伊德在她职业生涯的第一阶段研究了自我的成长和发展，并在后来的几年中拓宽了视野，对儿童发展的各个方面进行了研究：

> 我在精神分析临床工作和精神分析应用之间保持平衡，这也佐证了我的兴趣从儿童的病理学延展到儿童的正常状态；延展到仔细评估儿童的各个发展阶段，及其所依赖的适当环境和内部因素之间相互作用；延展到基于对未成熟人格的元心理学评估得出诊断性陈述；延展到一种与成人心理病理学相区别的诊断类别架构，它仅与偏离童年期预期常态的程度有关。
>
> （1974b: xi）

她将在汉普斯特德诊所参与的各种项目的经验所得都汇聚在了她的第二部主要著作《儿童期的常态与病态》（1965a）中。在这部著作中，她阐述了有关儿童心理障碍评估和诊断的关键性思想（本书第八章）以及关于发展线（developmental lines）和发展心理病理学的重要思想（本书第九章）。这些理论发展对儿童精神分析技术产生了重大影响，并引发她在生命的最后几年里对一些临床概念做出阐释，这些概念已在今日被称为"发展性治疗（developmental therapy）"的核心（本书第十章）。

汉普斯特德诊所延续了20世纪20年代在"红色维也纳"开启的传统——用精神分析性的思考与理解来考量更广泛的社会问题。从一开始，安娜·弗洛伊德就不只是想要为少数具有相对特权背景的儿童提供精神分析治疗。她和她的同事们都意识到，可以**直接**通过精神分析获得帮助的人数是相对较少的。而且，她不相信每个孩子都能从精神分析治疗中受益，在这一点上，她的观点不同于她同时代的一些精神分析家。但是她确实相信，从精神分析中学到的关于心智的知识可能会对儿童的照料方式在整个大环境中产生深远的影响，并且她一生都在探索如何将精神分析通过各种方式**应用**在其他的照料儿童的环境中。这些应用性探索包括她在维也纳与第一次世界大战的战争孤儿工作（鲍姆加滕营地学校），与贫穷的职业母亲的孩子工作（杰克逊托儿所），以及与渐进式的"霍特（Hort）"学校教师一起工作。到英国之后，正如埃里克·埃里克森（Erik Erikson）提到过的，她很快将自己的精力投入到"为从集中营中营救出来的德国儿童和遭遇轰炸的英国儿童提供情感康复的工作中"（Erikson，1983：54）。在汉普斯特德诊所成立后，她再次负责了一个专业组织，同时在许多不同方面开展工作：

> 我又开始面临要解决一系列问题：要负责在托儿所里为正常儿童和残障（即失明）儿童提供日托（day care）服务；要负责婴儿门诊和问题儿童的门诊治疗，大多数是神经症儿童。就我个人而言，这有两个好处。它让我可以有机会保持理论与实践之间的紧密联系，通过实际应用不断核验理论思想，并随着理论知识增长使得我的实务处理能力和实用方法得以拓展。它还具有另一个优势。在日托部、住院部和门诊部工作过之后，我在这些工作场合所有获得的工作经验都可以在我的内心整合起来。如果它们彼此冲突，这种冲突也会发生在我的内心，当我发现哪种照料

第一章 导论：安娜·弗洛伊德的生活与工作

的方式对孩子更好或更糟时，我可以在心里把它们的优劣原因搞清楚，而不会伤害任何人的感情。

[A. Freud, 1967b（1964）：227]

在20世纪60年代和70年代，安娜·弗洛伊德开始关注如何运用精神分析的理解来帮助住院儿童（本书第十一章）以及卷入家庭法律纠纷和儿童照护系统里的儿童，这些孩子要么受到了疏忽照顾（neglect）、虐待或遗弃，要么因为父母的离婚纠纷和分居成了受害者（本书第十二章）。在她生命后期，这些项目满足了她长期探索在更广泛的儿童世界中应用精神分析思想的愿望。安娜·弗洛伊德本人雄辩地刻画出这一愿望：

我们的梦想就是精神分析的梦想——为一切贡献它的一切：不仅对个人，而且还包括学校、大学、医院、法院，以及与"少年犯"工作的"少管所（reform schools）"和社会服务机构。那时我们拥有很多梦想，也抱有很多希望——我们渴望看到这些理想变成现实。

（引自 Coles, 1992：152）

安娜·弗洛伊德始终践行这份事业，Argelander 说得没错，"孩子的辩护者（Advocate of the Child）"是对她一生最贴切的描述，她的目标是"去帮助人们理解，孩子是一个处在初创期的人格，因而孩子必须被认真对待；去批评损毁性的教育方式并力图扭转这种情况；以及时刻准备着（当必要时）通过治疗帮助孩子"（Argelander, 1983：36）。安娜·弗洛伊德逝世后，出版过一本怀念她的私人回忆录，其中她被人们最常提到的特点是她**从孩子的角度看待事物**的能力（她也常常鼓励别人这么做）。例如，Nancy Brenner 曾在汉普斯特德门诊托儿所（Hampstead Clinic Nursery）任教，她回想起自己曾抱怨一个3岁的小女孩。这个小女儿曾在6个月前遭受了与母亲的痛苦分离，但她总是试图在参观学校的人面前炫耀，这引起了所有教师非常不舒服的感觉。Brenner 将这个情况报告给安娜·弗洛伊德［或"弗洛伊德小姐（Miss

Freud)",就像她经常被称呼的那样],她是如此平静地问她"但是,这个孩子在她仍然迫切地需要和母亲在一起的时候离开了她的母亲,我们还能对她期待什么呢?"(Brenner,1983:94)。——对 Brenner 报告的评论足以帮助她以更加共情的方式看待这个孩子。有一位来自耶鲁大学的与安娜·弗洛伊德一同致力于将精神分析思想应用到家庭法中的同事,Joseph Goldstein,他总结得很好:

> 弗洛伊德小姐教会我们,将那些孩子气的东西放在我们面前,而不是放诸脑后。她教会我们将自己放入一个孩子的身体里面,想孩子之所想,去感受孩子的感受,"从一个熟知的环境被转移到另一个未知的环境中",他的居住权被均分给(夫妻大战中的)父母亲,或者不得不按照"预先规定好的天数和小时数"去拜访那个缺席的父母亲,这一切将会是怎样的感受。

(Goldstein,1983:28)

作为一名教师与作家的安娜·弗洛伊德

安娜·弗洛伊德有很多职业身份——临床工作者、理论家、编辑、基金筹集人、委员会成员和许多重要组织的负责人,但也许最重要的是,安娜·弗洛伊德是一名教师。她的职业生涯起始于课堂教学。在成为一名精神分析师之后不久,她也开始在维也纳培训学院从事教学工作。她最早的出版物(1927 年的《儿童精神分析技术导论》和 1930 年出版的《精神分析四讲:写给教师和父母》)都来源于她的授课内容,她文集中收录的许多论文也都脱胎于她在世界各地的演讲。当安娜·弗洛伊德决定为在汉普斯特德战时托儿所工作的护士提供培训时,汉普斯特德战时托儿所就很快融入了教育元素,之后演变成了汉普斯特德儿童治疗课程,而该课程培养了好几代儿童精神分析师。

许多认识安娜·弗洛伊德或与她一起工作的人都高度评价她作为教师的

天分。例如，詹姆斯·罗伯逊（James Robertson）曾是汉普斯特德战时托儿所的一名工作人员，后来他在关于分离对幼儿产生的影响方面做出了重要的研究贡献。他记得：

> 凡是安娜·弗洛伊德教给我们的东西，都可以在我们照顾的孩子身上找到印证。让我们着迷的是她的教学，我们对人们常说的安娜·弗洛伊德的特质深有体会——简洁而明确，她的英文表达所具有的美感，以及她对她的材料的了如指掌。
>
> （Robertson，1983：19）

她的成年学生所体验到的，对她教导的孩子们而言也同样真实不虚。W. 欧内斯特·弗洛伊德①（W. Ernest Freud）小时候曾在"火柴盒"学校接受安娜·弗洛伊德的教育，他回忆起她"有一种罕见的天赋，能够天然与我们这些孩子产生共鸣；她还有一个可爱的习惯，就是她会透过孩子的眼睛看世界……这使她能够以孩子容易理解的方式提出问题……［在她的课堂上］我们认为世界在对我们敞开。她让我们想做自己原本从未想过要做的事情"（W. E. Freud，1983：7）。40 年后，作为汉普斯特德儿童治疗课程的教师，安娜·弗洛伊德保持了同样的能力来帮助人们对学习产生兴趣。一位同事记得她经常将头向一侧倾斜说："这很有趣，这很特别，让我们研究一下"（Bon，1996：224），而汉普斯特德儿童治疗课程的一名学生将安娜·弗洛伊德的思考特性准确地描述为"她的兴趣无处不在"：

> 我记得弗洛伊德小姐安静的专注会伴随着频繁的、突然的、轻微

---

① 西格蒙德·弗洛伊德唯一的一个成为精神分析师的外孙，也曾是《超越快乐原则》里被观察的那个 18 个月大的婴儿。他是 Sophie Freud 和 Max Halberstadt 的儿子，出生时名为 Ernst Wolfgang Halberstadt，第二次世界大战后改名为 W. Ernest Freud。本书英文原著中交替使用这两个名字，为了便于读者理解，我们在中文译著中统一使用 W. 欧内斯特·弗洛伊德（W. Ernest Freud）。——译者注

的头部动作——也许代表着她内心的"是""不是""但是"……也许是她在用身体表达那喷涌而出的思想、感情和评论。然后，当她开口说话的时候，她会用一种少女般的略带尖细的声调，把她的想法清晰、稳定、从容地表达出来。不知怎么地，她的讲话奇妙地平易近人又充满威严——就像一个出色的讲故事的人……就这样，凭借着这种一心一意以及简约表达，她把一切都精炼到了极致。

（Penman，2012：380）

对于安娜·弗洛伊德本人来说，教学也是一种学习形式：既学习如何以清晰、平实且适合她所面对的特定受众的方式进行交流（无论是对一个教室的 6 岁孩子，还是对挤满研讨室的精疲力尽的护士或教师，或是对坐满演讲厅的资深精神分析师），同时也学习有关这个主题的知识，并了解她自己的想法和观念。在与 Robert Coles 交谈时，安娜·弗洛伊德曾说：

当我写作时，我觉得我身上教师的那部分就会出现：我已经做好准备去吸引到那些人的注意力了——我准备通过向他们呈现材料的方式来做到这一点。在我落笔之前，我会先自言自语。我要知道通过说这些话，我试图（希望）实现的是什么……我心里想的是——嗯，我对自己提的问题是：你要写的东西的确切的本质是什么。这是一种底线式的总结。

（引自 Coles，1992：174）

大家都知道，安娜·弗洛伊德演讲时不需要准备讲稿。她最多只带一张小纸条，上面写下她计划涵盖的主要话题（Rangell，1984），但是一旦登上讲台，她就会**即兴**演讲，展现出她对精神分析理论百科全书式的知识储备，以及对自己照顾过的所有孩子的惊人记忆，无论何时何地。在她的作品集中的大部分论文都是基于她所做的演讲内容，而且仅在她发表完演讲后才会被写在纸上——这些写作通常发生在她和她的终身伙伴多萝西·伯林厄姆在爱尔兰的小屋里共度的漫长的暑假期间。

第一章　导论：安娜·弗洛伊德的生活与工作

搬到伦敦后，安娜·弗洛伊德开始用英语撰写所有论文——这是她在欧内斯特·琼斯和 A. A. Brill 于 1908 年拜访她父亲后才下定决心要学的一门语言，因为她一直为不能听懂他们的对话而感到沮丧。到 1920 年，她已经能够以流利的英语在 IPA 大会上发表演讲，而当她移民到英国时，她已经对她的英语写作能力充满信心。她很快就发展出了"让人醍醐灌顶"的写作能力（Wallerstein，1984），就像她早期的德语作品中表现出来的那样。她在战后发表的所有论文都直接用英语撰写。她会用经常对别人重复的一句话来评价自己的文章："如果思想清晰，语言就会清晰"（引自 Vas Dias，1983：91）。

然而，写作绝不是她讲课时所说原话的简单誊写，其写作风格也不像她有时提议的那样平铺直叙。在与 Robert Coles 的谈话中，安娜·弗洛伊德解释说：

> 对我来说，写作是一种用来审视我的思想并把它"理顺"的方法——了解我在想什么，然后与同事和朋友以及任何碰巧阅读我所写东西的人分享。
>
> （引自 Coles，1992：163）

写作也是她的一种情感投资："我对［我的作品］的感觉就像一个好母亲对婴儿的感觉"，她曾在写给一位同事的信里这样说过（引自 Young-Bruehl，1988/2008：319–320）。安娜·弗洛伊德从小就热衷于写诗和读诗，她尤其喜爱歌德（Goethe）和里尔克（Rilke）的作品。她还创作过精心构思的奇幻小说，通常都是英雄主义风格的——她的精神分析的重点就是对其作品进行诠释，这也构成她第一篇公开发表的作品"挨打的幻想与白日梦"（1922）的核心。W. 欧内斯特·弗洛伊德回忆起在维也纳的童年经历时说："在许多个夜晚，我们都围坐在火炉旁，［安娜］会给我们讲故事——通常是她即兴编出来的"（W. E. Freud，1983：7）。不难看出，她的专业写作在某种意义上是对这一早年活动的延续——她或许会将其视为一种"升华"。

除了她的两部最著名的作品《自我与防御机制》（1936）和《儿童期的

常态与病态》（1965a）外，安娜·弗洛伊德的著作很难获得。她的许多演讲在当时并没有发表，当准备日后发表时，则经常出现在专业期刊上。她的作品集《安娜·弗洛伊德文集》共八卷，由国际大学出版社（International University Press）在 1966—1981 年之间出版，但并没有广泛发行，只有 Ekins 和 Freeman（1998）编辑的《安娜·弗洛伊德选集》的单卷本才让更多的公众接触到她的作品。无法获取她的作品，这对精神分析界乃至更广泛的关心儿童福利的人们来说，都是巨大的损失。正如 Jean Murray（1994）所说的那样：

> 她最大的天赋也许是她能够使最困难的概念变得既清晰又简单，并能揭开精神分析学中过于学术化、过于晦涩的语言的神秘面纱。当一个人开始用简洁优雅的语言写作时，其作品往往会冒着被认为是对复杂主题的过度简化的风险。但是任何一位好老师都知道，将艰涩的主题化繁为简地表达，这种能力是知识渊博的标志。
>
> （pp. 52–53）

本书的谋篇布局

本书的每一章都重点介绍了安娜·弗洛伊德的一些关键论文，这些论文与她的作品中的某个主要主题相关。这些章节大致是按照时间顺序组织的，以便读者了解她的思想发展。然而，某些主题不可避免地贯穿了她的整个职业生涯，所以在大多数章节中都有对其早期或后期作品的引用。安娜·弗洛伊德经常会根据她的听众来从不同的角度讨论同一个主题，所以我不会在每个章节只关注一篇论文，而是参考她在相关主题上的大量文章。

本书的主要目的是向感兴趣的读者介绍安娜·弗洛伊德著作的主要方面，以及她在许多领域的主要思想。书中适当地提供了一些历史和传记背景，但是这本书并没有设定为安娜·弗洛伊德的传记，也没有对与她的著作一起发展的所有当代精神分析（或其他）观点给出完整的描述。每章的末尾都有一

第一章 导论：安娜·弗洛伊德的生活与工作

节引出她的作品对近代思想的一些影响，而本书的最后一章则更全面地论述了安娜·弗洛伊德作品对后世的遗泽。

由于安娜·弗洛伊德的大部分著作已经绝版或不易获得，我尽己所能地大量引用她自己作品中的文字，以便让读者尽可能充分地感受到她作为一名作家的声音。但是，除了早期的著作外，安娜·弗洛伊德很少提供临床案例来支持她的观点，并且没有出版任何长程的案例研究报告，因此在必要时，我会借鉴安娜·弗洛伊德的许多同事和合作者，尤其是来自汉普斯特德诊所撰写的已发表的临床材料来说明她的一些关键思想。正如这本书所要说明的那样，安娜·弗洛伊德自己认为，在与维也纳的、汉普斯特德战时托儿所的以及后来的汉普斯特德诊所（及其他）的同事的协作中，她的思想受到极大启发，因此我在本书中通过介绍她的一些同事的工作来说明安娜·弗洛伊德的思想，希望这样做是合适的。

由于她的许多论文最初都是作为讲座讲授的，后来才发表，所以我遵循了《安娜·弗洛伊德文集》中使用的时间标识系统，如果两个时间有所不同，我们会同时给出出版日期（在方括号中）和首次撰写日期（在圆括号中），例如：安娜·弗洛伊德［1974（1954）］。

> ·拓 展 阅 读·
>
> **《安娜·弗洛伊德文集》**八卷本包括她的大部分（但不是全部）论文，并于1966—1981年之间由国际大学出版社出版。文集按时间顺序划分如下：
>
> - 卷一：**《精神分析导论：面向儿童精神分析师和教师的讲座》**（1922—1935）
>   [*Introduction to Psychoanalysis: Lectures for Child Analysts and Teachers* (1922–1935)]
> - 卷二：**《自我与防御机制》**（1936）

[*The Ego and the Mechanisms of Defence* (1936)] (Revised edition: 1966 [US] , 1968 [UK])

- 卷三：《遗孤：汉普斯特德托儿所的报告》（1939——1945）
 [*Infants without Families: Reports on the Hampstead Nurseries (1939–1945)*]
- 卷四：《儿童精神分析适应证和其他论文》（1945——1956）
 [*Indications for Child Analysis and Other Papers (1945–1956)*]
- 卷五：《在汉普斯特德儿童治疗诊所的研究和其他论文》（1956——1965）
 [*Research at the Hampstead Child-Therapy Clinic and Other Papers (1956–1965)*]
- 卷六：《儿童期的常态与病态：发展评估》（1965）
 [*Normality and Pathology in Childhood: Assessments of Development (1965)*]
- 卷七：《关于精神分析训练、诊断和治疗技术的问题》（1966——1970）
 [*Problems of Psychoanalytic Training, Diagnosis, and the Technique of Therapy (1966–1970)*]
- 卷八：《关于正常发展的精神分析心理学》（1970——1980）
 [*Psychoanalytic Psychology of Normal Development (1970–1980)*]

Ekins 和 Freeman（1998）出品的单卷本**《安娜·弗洛伊德选集》**由企鹅出版社（Penguin）出版，书中有一篇不错的导言和对每篇收录论文的简要概述。

关于安娜·弗洛伊德最重要的一本书是伊丽莎白·扬－布吕尔撰写的人物传记**《安娜·弗洛伊德传》**（*Anna Freud: A Biography*），首次出版于 1988 年，第二版发行于 2008 年。传记对安娜·弗洛伊德的一生进行了翔实的记录，并且对她所有的重要著作进行了讨论。其他长篇记述安娜·弗洛伊德本人及其作品的重要书籍包括 Peters（1979，1985 年出版英译本），Dyer（1983），Sabler（1985，德语），Coles（1992），Yorke（1997，法语）以及 Edgcumbe（2000）等人的作品。Yorke 和 Edgcumbe 两位作者都是当年与安娜·弗洛伊德在汉普斯特德诊所并肩工作的同事，他们为我们了解安娜·弗洛伊德在战后岁月里的思想和工作方式提供了宝贵的一手资料。近期，由 Malberg 和 Raphael-Leff 编辑出版**《安娜·弗洛伊德传统》**（*The Anna Freud Tradition*，2012）一书，不仅让读者深切感受安娜·弗洛伊德的为人（所有作者都曾与她工作或受她训练），更可以体会到她的工作给人们留下的宝贵遗泽，尤其是她在汉普斯特德诊所推动的临床工作与应用工作。

关于安娜·弗洛伊德工作的最佳简介包括以下诸位的论文：Edgcumbe（1983），Solnit 和 Newman（1984），Lebovici（1984，法语），Murray（1994），Miller（1996）以及 Ekins 和 Freeman（1998）等人。有关她著作的特定领域的导论可以在本书各章节的"拓展阅读"部分查阅。

在安娜·弗洛伊德逝世后，出版过一些纪念版刊物，包括《汉普斯特德诊所通讯》（Vol. 6，第一部分，1983）、《国际精神分析杂志》（Vol. 64，第四部分，1983）和《儿童精神分析研究》（*Psychoanalytic Study of the Child*）（Vol. 39，1984）。除了对她的工作表示敬意之外，这几期刊物也收录了对安娜·弗洛伊德的许多私人回忆和悼念。在庆贺她的白岁纪念日时，《儿童精神分析研究》（Vol. 51，1996）和《儿童心理治疗杂志》（Vol. 21，第三部分，1995）还专门出版了安娜·弗洛伊德作品的专刊，其中也收录了大量来自她生前朋友和同事的私人记事。Maenchen（1985），Menaker（1989），Sophie Freud（1988），Furman（1995）以及 Bon（1996）等人的回忆录也可以让我们对安娜·弗洛伊德在她一生中的不同阶段和不同的场景中所展现出来的性格了解一二。Coles（1992）根据他在20世纪60年代后期与安娜·弗洛伊德进行的一系列讨论写成了一本书，这本书也可以帮助我们很好地看见她作为一个普通人和一位思考者的模样。

Barbara Peltzman（1990）曾写过一本书**《安娜·弗洛伊德：一位研究向导》**（*Anna Freud: A Guide to Research*）也很有价值，书中提供了关于安娜·弗洛伊德出版的和未出版作品的大量细节，对于想要研究安娜·弗洛伊德著作的学者而言，是一本必读书籍。

（钱　捷　译；董瑞瑞　校）

第二章

儿童精神分析

> **主要著作**
>
> 1927 《儿童精神分析技术导论》
>   (*Introduction to the Technique of Child Analysis*)
> 1928 "儿童精神分析理论"
>   (*The Theory of Child Analysis*)
> 1930 《精神分析四讲：写给教师和父母》
>   (*Four Lectures on Psycho-Analysis for Teachers and Parents*)
> 1945 "儿童精神分析适应证"
>   (*Indications for Child Analysis*)
> 1966 "儿童精神分析简史"
>   (*A Short History of Child Analysis*)

儿童精神分析起源

安娜·弗洛伊德在精神分析领域做出了诸多贡献，或许她在当今最广为人知的是她作为儿童精神分析先驱的身份。她本身是一名科班出身的小学教师，因此她顺理成章并且饶有兴趣地将精神分析中的发现运用在和孩子的工作中。到了安娜·弗洛伊德成年时，恰逢精神分析学界开始关注如何运用这些发现来影响儿童养育，于是，这一新兴领域的领导者角色就被恰如其分地放在了她的身上。

为什么精神分析学派在20世纪20年代初开始对儿童精神分析话题如此感兴趣呢？原因之一是婴儿期早期的经验被视为成人神经症的根源所在，因此对儿童精神分析的兴趣也就不可避免地出现了。随着《性学三论》（Three Essays on the Theory of Sexuality，1905）的出版，其中一章就是关于婴儿期性欲的，因此，对弗洛伊德而言，他需要通过直接观察婴儿和儿童，为其"多态性倒错（polymorphous perversity）"、阉割情结（castration complex）和俄狄浦斯情结（Oedipus complex）等概念找到实证性支撑。早在1902年，他就开始要求同事们收集关于自己的孩子和别人家的孩子的观察资料。但直到"对一个5岁男孩的恐惧的分析（Analysis of a Phobia in a Five-Year-Old Boy）"[即"小汉斯（Little Hans）"]于1909年出版时，儿童精神分析才称得上是正式诞生了。

"汉斯"的父亲Herbert Graf开始对他进行规律性观察时，汉斯才2岁。他父亲当时是维也纳精神分析学院的成员。他会把对小汉斯的成长观察记录拿来与弗洛伊德和其他同事们一起讨论。当汉斯5岁大的时候，他突然对马产生了一种恐惧感，这使得观察具有了新的意义。弗洛伊德鼓励孩子的父亲和儿子展开一系列具有精神分析意味的交谈，讨论他的梦和症状，尤其是孩子痴迷于性及性欲相关的问题。首例儿童精神分析就这样出现了，这让大家加深了对神经症婴儿期根源的理解，也帮助小汉斯克服了他对马的恐惧。

弗洛伊德自己反而不太看重这项研究，忽略了儿童精神分析中可能蕴含着的治疗性价值，他声称这种情况只是一次例外，并且该案例不应被用来支持在更广泛的儿童群体中运用精神分析的观点（Freud，1909）。这个问题被留给了其他人，比如Hermine Hug-Hellmuth延续了弗洛伊德的工作，试图发展出一种可以与儿童进行分析工作的特别模式（参见Geissmann & Geissmann，1998）。Hug-Hellmuth的论文"论儿童精神分析技术（On the Technique of Child Analysis，1921）"发表于1920年的IPA大会上，为下一个10年里在这一领域中涌现出的卓越的创造力拉开了帷幕。在聆听这篇论文报告的听众中，就坐着安娜·弗洛伊德和梅兰妮·克莱因。她们俩虽然都还是精神分析世界里的新成员，但两个人都已经在思考如何将这些革命性的理念应用于儿童工作当中。继 Hug-Hellmuth 于 1924 年英年早逝之后，这两位先驱领导了这项工作，最终形成了两个截然不同的儿童精神分析流派：一个位于维也纳，以安娜·弗洛伊德的思想为核心；另一个位于伦敦，以梅兰妮·克莱因的思想为核心。

安娜·弗洛伊德和儿童精神分析技术

在放弃教师工作，转向全职从事精神分析工作之后，安娜·弗洛伊德在 1923 年接待了她的第一位小病人——一个患有严重强迫性神经症的青春期女孩［A. Freud, 1967a（1964）］。在接下来的 3 年中，她与 10 位儿童开展了十分密集的精神分析工作，年龄从 6—11 岁，他们的困难各不相同，包括焦虑、攻击、强迫症状以及"不端行为（delinquency）"(Dyer, 1983: 58)。1927 年，在其里程碑式的著作《儿童精神分析技术导论》［也被称为《儿童精神分析四讲》(*Four Lectures on Child Analysis*)］中，她发表了对这一密集的精神分析实践阶段的思考结果。此书脱胎于她早年的一系列讲座内容，在书中，安娜·弗洛伊德基于她的临床经验，确立了进行儿童精神分析工作所应当遵循的基本原理。她特别强调，儿童精神分析师必须顾及儿童与成人之间存在的根本性差异，即"成人是或者起码在一定程度上是一个成熟的独立存在，而儿童是不成熟和有依赖性的"（A. Freud, 1927: 5）。虽然，随着时间的推移，她关于儿童精神分析方法的其他方面有所改变，但这条核心观点始终没有改变过。她在 1965 年写道：

……因为尚未成熟，儿童缺乏许多被认为是在进行成年人精神分析时必不可少的品质和态度：儿童对自己的异常毫无洞见，因此无法发展出像成年人那样的改善愿望以及治疗联盟；他们的自我（ego）会习惯性地偏袒阻抗；他们无法自己决定治疗的开始、持续或者完成；还有，他们与分析师的关系不是排他性的,而会让父母在许多方面成为他们自我或超我的替代者或供给者。

(A. Freud, 1965a: 29)

安娜·弗洛伊德在1926年发表的数场讲座是她在1927年出版著作的基础,这也是她第一次尝试提出这些"困境",因此,她在第一场讲座中提出"儿童需要为接受精神分析治疗做哪些准备"这个问题就显得十分恰当了。她认为,应当安排某种形式的准备期(preparatory period)来帮助儿童变得"可被分析",她也描述了帮助儿童建立对分析师的信任的重要性,这种信任可以让分析师和儿童结成同盟,与此同时,帮助孩子对他或她自身的紊乱形成一定程度的洞见。

治疗的"准备期"

安娜·弗洛伊德在她于1927年出版的书中第一次提到"准备期"这个概念,当时引起了许多争议。在开始一个完整的精神分析工作之前专门设定这样一个阶段,原因是安娜·弗洛伊德考虑到大多数儿童不会选择接受精神分析,或者许多孩子还压根不认为自己有问题这一现实情况。安娜在这个问题上所采取的方式很大程度上受到了奥古斯特·艾克霍恩(1925)的影响,艾克霍恩通过许多富有创意的方法与他所谓的"任性的年轻人(wayward youth)"打交道——这些孩子脱离了家庭掌控,参与犯罪或不端行为。安娜·弗洛伊德曾近距离地观察过艾克霍恩在奥博霍拉布朗恩(Oberhollabrunn)开设的寄宿之家里与这些孩子工作的场景,她相信从事儿童工作的精神分析师可以借鉴他的经验和方法。

安娜·弗洛伊德建议,在与一个儿童开始精神分析工作之前,治疗师需要获得这位儿童的信任,并且帮助儿童对他或她自身的紊乱获得某种洞见。她举了一个令人头疼的7岁小女孩的例子。这个小女孩的行为令所有人困扰,但她自己却心安理得。安娜·弗洛伊德描述了她如何将这个女孩的"坏"分离出来并且把它拟人化，给这部分取了个名字。最终，这个女孩"开始向我抱怨这位新创造出来的人，并且开始明白自己因其存在所不得不承受的痛苦"（p. 15）——这使得小女孩为开始分析做好了准备。另一个案例讲的是一个极其抗拒和不信任他人的 10 岁男孩。安娜·弗洛伊德在治疗的第一阶段花了很大力气把自己变成他"对抗周围环境的盟友"。她向这个男孩演示如何打复杂的水手结，为了证明自己对他有用，主动提出把他新编的故事打印成稿，甚至还在他做错事的时候出面与他父母交涉，帮他摆脱惩罚。"我的态度，"她写道，"就好像一部电影或小说，要通过服务于观众或读者的更低级的本能来吸引他们"（p. 12），直到这个男孩与她之间建立起"一条坚固到足以维持即将开展的精神分析的纽带"为止（p. 14）。

1927 年，在伦敦举办了一场关于儿童精神分析的研讨会。在会上，安娜·弗洛伊德因在儿童治疗中引入这些"非分析性"元素而遭受到了猛烈批评。梅兰妮·克莱因在研讨会上指出，"用安娜·弗洛伊德所描述的这些方式让我们确保从病人那里获得一种正性移情，这是一种严重的错误……显而易见，在这种'破冰'之后，她将再也无法完整地建立起一种真正的分析性情境"（Klein, 1927b: 343）。

在随后几年里，安娜·弗洛伊德回顾了她关于准备期的观点。尤其在 Berta Bornstein（1945）的影响下，她开始相信，她想要在准备期完成的大量工作可以通过"防御分析（defence analysis）"的方法来达成，即聚焦于儿童的阻抗和儿童用来防御焦虑的典型方式。然而，她始终认为儿童精神分析师必须努力争取建立与儿童的同盟关系以取得治疗成功，这个观点从未改变。在 Zetzel（1956）和其他人的努力下，这个观点逐步变成对建立"治疗联盟（therapeutic alliance）"的讨论——如今，无论在儿童精神分析还是成人精神分析中，这个概念都被认为是治疗成效的关键指标（Shirk, Karver & Brown, 2011）。安娜·弗洛伊德关于如何与儿童建立关系的思想并不仅限于儿童精神分析师。正如 Raymond Dyer 曾指出，"教师、从事儿童照护事业的官员、打算领养孩子的领养者，以及所有会碰到难以相处、焦虑以及对他人缺乏信任的儿童的人，都可以从这些方法中极大获益……即便在不需要进行正式的分析性干预或治疗性干预的时候，这些方法依然是难能可贵的"（Dyer，1983：72）。

对比成人精神分析与儿童精神分析

在1927年的第二场讲座中，安娜·弗洛伊德考察了几种可以用于儿童精神分析的方法，她以成人精神分析技术为起点，再根据儿童发展阶段来审视哪些部分需要进行改变。她先罗列了成人治疗中各种常见的沟通模式——有意识的回想、报告梦、自由联想以及呈现移情现象——接着，安娜·弗洛伊德探讨了这些元素中哪些可以适用于儿童治疗。尽管她相信例如释梦技术可以比较直接地从成人精神分析转移到儿童精神分析，她还是提出，儿童无法进行完全自由地联想这一点会对分析技术产生深远影响。尽管安娜·弗洛伊德认识到喜爱游戏、画图和做白日梦等儿童特点都具有重要价值，但在她看来，自由联想能力——精神分析的"基本原则"——的相对匮乏会对儿童精神分析的工作造成深远后果，而这个问题也未在克莱因等人发展的"游戏技术（play technique）"中得到完全解决。

因此，安娜·弗洛伊德指出，儿童精神分析应仅针对已经进入"潜伏期（latency）"（大约6岁或更大）的儿童，因为他们已经具备了语言表达能力，并且，基于愿望和内在审查机制之间的内在冲突也已经成为他们人格结构的一部分。她相信，在孩子6岁之前，精神分析师应当致力于其环境的改善，主要通过与父母或幼儿园教师的合作，使得神经症性紊乱在真正被内化之前得到有效预防。在发表于1928年的一篇关于儿童精神分析的论文中，她举了一个仅有1岁半大患有惊恐性焦虑发作的小女孩的例子。安娜·弗洛伊德认为，正是因为父母在清洁问题上对小女孩施加了过分的要求导致小女孩对被父母拒绝这件事感到焦虑和恐惧，因而每当有人敲门时，她就会担心被送走。于是，在与父母工作时，她帮助他们理解孩子对失去他们的爱的担心，从而使得父母改善了对待孩子的方式，并且决定推迟孩子的如厕训练。此外，父母还会在孩子尿湿裤子的时候向她保证他们依然很爱她。很快，父母报告说孩子变得更平静了，不再焦虑了。在安娜·弗洛伊德看来，这次成功的治疗意味着，在孩子不到 5 岁之前，精神分析师的关注点应放当在与父母和幼儿园教师的工作上，而不是直接对儿童进行精神分析。

在《儿童精神分析技术导论》一书中，安娜·弗洛伊德对针对儿童开展的精神分析工作和针对父母开展的精神分析工作进行了明确区分，同时她也强调当儿童在分析治疗过程中，分析师与其父母协同工作的重要性。归根结底是因为每次带孩子来做治疗的是父母，最有资格提供孩子早期发展史的是父母，在私人治疗中支付治疗费并且决定治疗是否继续的是父母，当分析结束之后关心孩子是否还需要回到分析中的还是父母。因此，她十分重视在治疗中与孩子的父母建立联盟——在遵守儿童-分析师之间关系保密性的同时——她会定期会见小病人的父母，并且试图利用这些会面影响这些父母对待孩子的方式。尤其当孩子的阻抗机制以一种负性移情的形式呈现，导致孩子"拿分析师对抗家长"的时候，这些与父母的会面就变得更加重要。在这种情况下，父母-治疗师联盟是至关重要的。"在我们设想的案例中，"她写道，"我们和送孩子来治疗的那位父母一起分担我们的工作，正如我们与他们分担着孩子对他们的爱与敌意一样"（1927：46）。

移情在儿童精神分析中的作用

安娜·弗洛伊德在其《儿童精神分析技术导论》（1927）的第三讲中专门分析了移情在儿童治疗中的作用。尽管她认可正性移情的价值［尤其是她父亲所指的"无可非议的正性移情（positive unobjectionable transference）"，例如一种基本的善意和信任］，她也意识到移情作为一种阻抗必须被分析，但是，安娜·弗洛伊德对处理负性移情的工作持更加谨慎的态度。"我们知道，在与成人工作时，我们通过持续的诠释和溯源，"她写道，"可以就负性移情进行长期工作。但是，当工作对象是孩子的时候，针对分析师的负性冲动——可能以各种形式表现——本质上是令人不安的，应当尽快进行分析性处理"（p. 41）。安娜·弗洛伊德例举了一个 6 岁小女孩的精神分析案例中的片段，其中她本人出现在了这个小病人的幻想中，"以各种卑微的身份——乞丐、可怜的老女人，有一次倒是我自己，但是在房间中央一个人站着，被跳舞的恶魔围绕"（p. 43）。在安娜·弗洛伊德看来，这些卑微的象征是在分析师对女孩的自慰行为进行了某种分析性探索之后出现的，因为分析师在接收到"（这个孩子）对（她）自己在其他时间里对被禁止的本能冲动所表达出来的所有憎恨和厌恶"之后变得"危险和怒气汹汹"（p. 41）。一旦这些冲动和防御被完整诠释，负性移情就会逐渐减弱，分析性工作将继续进行。

然而，这种展现出来的敌意和爱意果真应当被视为移情吗？安娜·弗洛伊德指出，儿童对他的"真实的（real）"客体（父母或者主要照顾者）的持续依赖意味着不可能产生一个完全的移情神经症（transference neurosis），至少对幼儿来说不可能。在她看来，因为这些早期客体关系依旧在孩子的日常现实生活中起到重要作用，因此无法期待孩子对早期客体关系进行"新的编辑"。虽然孩子会对分析师表现出各种正性或负性的冲动，但安娜·弗洛伊德相信，这些不应当被理解为等同于"移情神经症"，而"移情神经症"只有在（相对）更独立的成人病例中才可以见到。

精神分析和／或教育："恶魔女孩"的案例

安娜·弗洛伊德发表在 1927 年出版物中的最后一讲或许是最具争议性的。这个讲座是关于儿童的超我问题的，一定程度上，她认为儿童精神分析师应当在承担较为经典的分析性角色的同时起到教育作用。安娜·弗洛伊德认为，在童年早期，孩子的超我发育尚未完全，孩子依然需要依靠照顾者来辨别是非。这种对早期发育的观点会对技术应用产生影响。在成人精神分析中，诠释压抑的愿望是为了使得被禁止的冲动在意识中重新浮现，从而让自我能够发展出更强大的能力来管理这些冲动（正如西格蒙德·弗洛伊德所言："何处有本我，何处就应出现自我"）。而安娜·弗洛伊德认为，儿童心智尚未发育到足以使他们能够成功地独自应对"被压抑物的返场（return of the repressed）"的程度。因此，安娜·弗洛伊德认为儿童精神分析师不得不承担双重角色,"进行分析和进行教育,即分析师必须同时实施允许和禁止,即一边松绑一边又把他约束起来"(p. 65)。

这种双重角色在"恶魔女孩"案例中得到了最佳体现,这个案例在1927年的讲座中被数次提及。(这个案例是从安娜·弗洛伊德的早期笔记中收集整理了许多评论之后得以重现的,出处是 Peters,1985:71–78。)这个小女孩从6岁时开始接受精神分析,她患有"异常严重的"强迫性神经症,但同时她"十分聪慧并且逻辑强大"(A. Freud,1927:8)。当被问到她是否知道为何被送来做分析,女孩回答道:"我身体里有个恶魔。您能把它给赶出来吗?"(p. 8)。安娜·弗洛伊德向她担保可以——但这个过程可能相当耗费精力,而且她将"有可能不得不做许多她根本不愿意做的事情"(p. 8)。在同意了这个前提条件后,精神分析工作便开始了。

每当安娜·弗洛伊德讨论到她关于"准备期"的想法(p. 9),在治疗中使用释梦(p. 27)、白日梦和绘画技术(p. 31),以及她对强迫症状的理解(p. 34)时,她都会提到这个案例。但关于"恶魔女孩"案例最长的论述出现在她的第四次讲座中,讨论的焦点是关于分析师既是分析师又是教育者的双重角色问题。在该讲座中,她描述了在儿童治疗过程中,对压抑愿望的诠释是如何使得儿童开始"允许她的'恶魔'开口说话"的(p. 61)。随即肛欲幻想大量出现。随着治疗不断推进,女孩在治疗中愈加口无遮拦,而分析师保持了一种非评判式的姿态。然而,不久之后,父母就报告说孩子在家里又出问题了,而她的照顾者对她的行为再也忍无可忍(当时她没有和父母同住),治疗几乎失败了。"我把一个压抑的、强迫的孩子,"安娜·弗洛伊德评论道,"变成任意释放她'倒错(perverse)'倾向的孩子"(p. 63)。

当面对怒不可遏的照顾者时,安娜·弗洛伊德承认她"犯了一个错误,她以为孩子的超我已经具有了一种独立的抑制能力,但其实她的超我还不具备这种能力"(p. 63)。在这种情况下,安娜·弗洛伊德开始表现出更多的教育者的角色,她坚持要求女孩只能在分析小节中表现出这种行为,但不允许在其他地方出现;如果她不能遵守这个条件的话,治疗就只好终止。女孩接受了这个限制条件,但代价是她"从一个淘气的、倒错的小孩重新又变回到一个压抑的、淡漠的孩子"（p. 64）。在接下来的治疗中，安娜·弗洛伊德注意到在分析工作中，她一方面对女孩那些被压抑了的愿望进行诠释，另一方面在冲动出现时帮助"恶魔女孩"找到控制冲动的方法，直到她自己学会"掌握两者之间的中间过程"（p. 65）。

1927年儿童精神分析研讨会

安娜·弗洛伊德关于儿童精神分析技术的讲话于1927年在德国出版，这些内容在同年于伦敦召开的儿童精神分析研讨会上成为大家议论的焦点。就是在这个研讨会上，梅兰妮·克莱因和她的诸多同事回应了安娜·弗洛伊德的观点，并且当涉及儿童精神分析的许多技术问题时，大家都各持一端，意见不一。这些技术问题包括是否需要准备期，以及游戏和移情在儿童精神分析中的相对重要性。研讨会还讨论了对五六岁以下的儿童进行精神分析的可能性，而当时这项工作已经在伦敦开始了。

然而，克莱因及其同事与安娜·弗洛伊德最大的根本性分歧在于，儿童精神分析师是否应当在病人面前承担任何形式的"教育"角色——以及对这种技术差异最终倚仗的、关于超我早期发展的本质和俄狄浦斯情结发生的时机等问题在理解上的根本不同。

对安娜·弗洛伊德而言，俄狄浦斯情结直到潜伏期才得到解决，因为此时儿童的是非观念才在超我的运作下得到真正内化。安娜·弗洛伊德相信，在这个年龄之前，儿童对禁忌冲动的压抑依旧有赖于父母亲般的真实人物。在1927年研讨会上，克莱因及其同事们就这一点与安娜·弗洛伊德展开辩论。他们主张，儿童和成人精神分析的基本认同是将儿童精神分析师的作用视为对早期的俄狄浦斯情境进行分析，而这个早期俄狄浦斯情境是在孩子出生后的第一年里从婴儿与母亲乳房的关系中发展出来的。因为在早期关系中已经出现深刻的攻击幻想和深远的湮灭焦虑，克莱因相信，一旦这种巨大的焦虑感以负性移情的形式在治疗中出现，儿童精神分析师必须立即进行处理。在克莱因看来，与其试图与孩子建立一种积极关系，儿童精神分析师应当在治疗的最开始就接受孩子的敌意和暴力的移情幻想，只诠释最深和最原始的焦虑，从而帮助孩子改善业已形成但十分脆弱的超我。克莱因及其支持者还认为，与其强调孩子在精神分析中的沟通表达如何有限，不如看到游戏在直达孩子心智中最深最无意识层面的价值（Klein，1927b）。

克莱因的案例"厄娜"：回应安娜·弗洛伊德

在克莱因发表于1927年的论文中，她特别批评了安娜·弗洛伊德的"恶魔女孩"案例。为了回应安娜的案例，克莱因提到她对一个6岁孩子"厄娜（Erna）"的治疗工作，这个孩子也患有类似的强迫症状，并且"在所有人际关系中都表现出明显的冷漠倾向（1927b：362）。跟安娜·弗洛伊德的病人一样，这个孩子也表现出明显的"'天使与魔鬼'般的分裂人格"，分析过程也"自然释放出如同肛门施虐冲动般大量的猛烈情绪"，发怒、发脾气、暴力行为等也随之而来。"我和安娜·弗洛伊德的结论是一致的，"克莱因解释道，"分析师犯了一个错误。"然而，她继续说道：

> 不过——这里可能是我们观点中一个显著而根本的差异——我的结论是我的失败是在分析方面而非在教育方面。我的意思是，我未能在分析时间里完全解除病人的阻抗，并将其负性移情完全释放。
>
> （p. 363）

克莱因继续解释她如何理解她的病人"恶魔般的"行为，而她的理解与安娜·弗洛伊德十分不同。这种行为在安娜·弗洛伊德看来是病人在释放一种先前被抑制的**冲动**，因此这种释放行为必须通过一种新方式被管控；而克莱因认为这种激越行为实际上反映出了病人根深蒂固的**焦虑**。在克莱因看来，这种被焦虑驱动的敌意爆发实际上是受到厄娜针对其母亲的竞争（rivalry）和死愿（death-wishes）驱使的，而这源于极早期的俄狄浦斯情境。死愿会产生大量焦虑，随后焦虑让厄娜在家和在治疗中都表现出爆发性行为。克莱因认为，此类行为的解决方式是更深层次的分析工作，即对这种与原始俄狄浦斯情结相关的敌意进行诠释。"在我看来，"她总结道，"这并不是指引她对从抑制状态释放出来的冲动进行令人痛苦的主导和控制的问题。对这些冲动背后的动机-力量进行更深刻更完整的精神分析才是我们需要做的"（p. 364）。因为安娜·弗洛伊德并没有从这个方向进行工作，因此克莱因指出，"安娜·弗洛伊德……在这里停止了分析性工作，没有将分析推向前进……她的这种做法实际上意味着彻底清除了全部的俄狄浦斯情境……相反，她将其探索限制在了肤浅的意识或前意识层面"（p. 364）。

安娜·弗洛伊德"儿童精神分析理论"[1928（1927）]

安娜·弗洛伊德的"儿童精神分析理论"一文最初发表在1927年的IPA大会上，并在次年出版发行。这是她在当年早些时候的伦敦研讨会上受到强烈批评之后，首次将自己关于儿童精神分析的观点公之于众；也是她在近20年的时间里关于儿童精神分析技术的最后一篇重要论述。鉴于以上理由，这是一篇儿童精神分析早期历史上的重要文献。

安娜·弗洛伊德在文章开篇就提到近年来儿童精神分析已经广受关注。她从一个更宽泛的角度重申了儿童精神分析的重要性：首先，这是一种手段，用来检验在成人精神分析治疗中所形成的假设；其次，它可以作为一种方法，用来影响儿童养育的方式。接着，安娜·弗洛伊德讨论了哪些是最适合儿童精神分析的技术。她提到了梅兰妮·克莱因并介绍了"游戏技术"（Klein, 1927a），也提出了儿童精神分析与成人精神分析存在哪些异同，还讨论了关于儿童精神分析师的教育角色的争议性等重要议题。

这篇论文主要呈现了两个临床片段：一个片段讲的是一个拥有强烈女性身份认同的11岁男孩，他的脑袋里充斥着死亡念头；另一个就是前面已经提到过的"恶魔女孩"。在前一个案例中，安娜·弗洛伊德通过诠释男孩带入治疗的一个幻想的白日梦，证明他的症状与俄狄浦斯焦虑相关。这些症状仅仅是在这个男孩"沦陷在对母亲的爱中，强迫自己用女性视角看问题"之后才产生的,因此他将自己视为女性,并把父亲视为"他同性之爱的客体"[1928(1927):166]。男孩脑海中充斥的死亡念头可以理解为针对他父亲的死愿,而他的整个治疗方式"与成人精神分析无异"(p. 166)。

在论述"恶魔女孩"案例时,安娜·弗洛伊德提供了对她的症状之下潜在的俄狄浦斯动力的理解,比她在1927年书中所写的更为详尽。与克莱因截然相反,安娜·弗洛伊德强调这个女孩如何经历了"对父亲的一段早年的热烈的爱"[1928(1927):167]。然而,这段爱因为弟弟妹妹的出生而中断,导致这个女孩的生殖器期陷入"向肛门施虐的完全退行",并发展出一种对母亲的深刻敌意——"恨她,因为她从她身边夺走了父亲;恨她,因为她没有把她生成一个男孩;最后还有,恨她,因为她生的孩子原本也是我的小病人自己想生的孩子"(pp. 167–168)。然而,这种敌意与她对母亲隐性的爱形成冲突,从而导致了一种分裂状态(同时伴随着与分裂状态相匹配的肛门施虐),其表现形式就是那些"恶魔般的"念头,与她"淡漠且压抑的性格"形成明显反差(p. 168)。

> 因此,她的日常生活是由反向形成、悔恨行为,以及对分裂性的恶行进行弥补等行为构成的。我们或许可以说,她既努力想要继续拥有母亲对她的爱,又想要被社会接纳,让大家认为她是个"好"孩子,但她并没有把该怎么做想清楚,又表现得很急迫,结果很糟糕,她的努力失败了,导致她患上了一种强迫性神经症。
>
> (p. 169)

在1928年的这篇论文中,安娜·弗洛伊德提供了一条理解女孩困境的思路,指出女孩指向母亲的敌意(克莱因曾批评她忽略了这个方面),但她依然将这种敌意牢牢地归置在"经典"俄狄浦斯结构之中,从而隐秘地驳斥了克莱因对生命第一年以及对母亲的原始死愿(primitive death-wishes)的强调。这个理论性理解帮助安娜·弗洛伊德在之后调整了对这个女孩的治疗技术方法。正如安娜·弗洛伊德在她1927年的书中所写的,她继续描述了这个女孩的被压抑的本能在治疗进程中不断释放，而她作为治疗师不得不在分析师和教育者两个角色之间来回移动。安娜·弗洛伊德在总结中重申了她认为儿童精神分析与成人精神分析在如下范围内是**相似**的，包括通过诠释使得被压抑的本能冲动在意识层面呈现；然而，两者在本质上是**不同**的，鉴于儿童的不成熟和超我力量的相对薄弱，因此儿童很大程度上需要依赖外界。因此，安娜·弗洛伊德总结道，儿童精神分析师必须扮演双重角色——一方面关注儿童的内在世界，另一方面关注他或她的外部现实，分析师需要在这两个层面上进行同等精湛的干预工作。

游戏在儿童精神分析中起到什么样的作用？

克莱因和安娜·弗洛伊德的另一个主要论战之一是关于儿童的游戏在儿童精神分析实践中的作用。在安娜·弗洛伊德1927年的著作中，她曾指出对儿童开展分析性工作的主要障碍之一就是儿童相对比较难以遵循精神分析的基本原则——自由联想。但对梅兰妮·克莱因而言，这并不是一个重要障碍，因为"孩子是如此被他们的无意识主导，以至于真的没有必要专门要求他们排除意识性观念"（1927b：351）。换句话说，在克莱因看来，孩子表达的天然方式，尤其是绘画和游戏，就是对自由联想再好不过的替代，这些都为儿童精神分析师提供了"丰沛的分析素材，并将我们引领到心智岩层的最深处（deepest strata of the mind）"（p. 352）。

毫无疑问，安娜·弗洛伊德在其早期工作中并未领略到游戏在儿童精神分析中的价值，并且在其1927年的著作中，她依然热衷于维护儿童治疗与成人治疗的精确的平行关系（包括使用躺椅）。但是，安娜·弗洛伊德不强调游戏使用的原因是复杂的，而她关于儿童游戏不应等同于成人自由联想的论断也经常受到人们的误解。安娜·弗洛伊德认同克莱因所谓的游戏比成人的自由联想更为直截了当地接近儿童无意识幻想；正如她在1936年写道，她的担忧仅仅是认为游戏有可能会造成治疗上的倒退：

儿童的梦和白日梦、在游戏中表达出的幻想活动、他们的绘画，等等，这些都能暴露孩子的本我倾向，比成年人表达的更真实、更直接……但是，当我们省去了这个精神分析的基本原则时，基于这个原则的冲突也会消失，而正是从这个冲突之中我们才在成人精神分析中得到了关于自我阻抗的知识……因此，风险在于儿童精神分析可能会获得大量关于本我的信息，但对婴儿性自我（infantile ego）却所知寥寥。

（1936：40–41）

因此，安娜·弗洛伊德所担忧的是，透过游戏所呈现出来的无意识可能会绕过孩子不成熟的自我，就像弗洛伊德和布洛伊尔在早期工作中用催眠绕过成年人的自我一样（Freud, 1895），虽然可以迅速接触到被遗忘的无意识记忆，但这并不能使分析师明白这些记忆是如何在"自我"的审查机制下被动力性地压抑的。早期工作中使用催眠的后果是疗愈性结果在刚开始有些戏剧化，但一旦医生的影响衰弱之后，大多数病人很快会发展出新的症状。我们可以说，自我并没有在治疗中发展出应对压抑材料的新方法。在安娜·弗洛伊德看来，儿童精神分析师应当对以下两者保持平衡的兴趣——压抑的本能驱力（游戏可以十分清晰地展现这一部分）和自我的无意识运作（游戏几乎都避开了这一部分）。假如失去了这个双重焦点，安娜·弗洛伊德担心精神分析会回到"前精神分析"时代，弗洛伊德自己也认为那时候并没能帮助病人将发现的记忆整合到他们的人格中去。她相信，这种对游戏价值的强调是片面的，而并没有对心智中的冲突领域给予完整关注。

在其后期著作中，安娜·弗洛伊德愈加体会到克莱因所倡导的"游戏技术"的价值，但她坚持警告那些试图绕过婴儿性自我的儿童精神分析师要始终留意"心理岩层的最深处"，正如她在关于自我与防御机制的著作中提到的那样（参见第四章）。

安娜·弗洛伊德在儿童精神分析方法方面的遗泽

在《儿童精神分析技术导论》和 1928 年论文出版后的一年里,安娜·弗洛伊德对刚刚萌芽的儿童精神分析领域产生了深远影响。许多年轻分析师从欧洲各地来到维也纳,在安娜·弗洛伊德组织的维也纳儿童研讨会上汇报案例。多次参与的演讲者中有:Marianne Kris 和 Ernst Kris(两人之后在耶鲁大学儿童研究中心工作),Wilhelm Reich [当时他在发展"人格铠甲(character armour)"理论],海因兹·哈特曼(Heinz Hartmann,后成为战后北美"自我心理学"领军人物之一)以及 Berta Bornstein(被安娜·弗洛伊德认为是她那代人中最有天赋和重要的儿童精神分析师之一)。此外,参加研讨会的还有来自欧洲各地的访客,其中许多人持续对精神分析领域产生重要影响,比如 Alice Balint(来自布达佩斯)和玛格丽特·马勒 [Margaret Mahler,她随后发展出在学步儿期存在"分离-个体化(separation-individuation)"阶段的思想]。安娜·弗洛伊德及其同事们所做的工作很快被称作"儿童精神分析大陆(或维也纳)学派",以便与梅兰妮·克莱因在伦敦发展的"英国学派"进行区分。

随着希特勒上台,欧洲精神分析在 20 世纪 30 年代受到重创,许多曾经与安娜·弗洛伊德一同工作的同事移民去了美国。这使得她的儿童精神分析思想在战后对北美的精神分析工作,尤其是对耶鲁大学和克利夫兰的儿童中心(A. Freud, 1966a)的发展产生了重要影响。之后她的思想又再次被欧洲接受。但是,虽然安娜·弗洛伊德自 1938 年之后就一直居住在英国,但她的思想在英国本土的影响力日渐微弱,主要原因是梅兰妮·克莱因思想在英国已经占据主导地位,并且塔维斯托克诊所(Tavistock Clinic)的培训项目奠定了克莱因思想在新兴的儿童心理治疗领域的影响力。两人于 1927 年研讨会上显露出的关于儿童精神分析的思想分歧,在始于 1942 年伦敦的所谓"论战(Controversial Discussions)"(参见第七章)中被进一步扩大。这导致安娜·弗洛伊德在战后不再参加英国精神分析学会的常规活动。她对英国儿童精神分析学界的影响，包括她写于1928年之后的许多工作进展（参见第十章），大都被局限在汉普斯特德儿童诊所（Hampstead Child Therapy Clinic，现已更名为安娜·弗洛伊德中心）。安娜·弗洛伊德在1952年创办了这个诊所，她在此工作和训练儿童精神分析师，直到她生命的终点。

> ## · 拓 展 阅 读 ·
>
> 安娜·弗洛伊德的一篇文章"儿童精神分析简史"（1966a）为我们生动展示了20世纪20年代维也纳这座城市以及崛起中的儿童精神分析这一新兴领域的生机盎然。她也在文中简要讨论了克莱因的方法，并谈及儿童精神分析可以为精神分析发展而做出的几种贡献。
>
> 虽然安娜·弗洛伊德从未公开出版过她任何一个儿童精神分析工作的详细案例，但Peter Heller在1990年出版了一本重要著作**《安娜·弗洛伊德的一例儿童精神分析》**（*A Child Analysis with Anna Freud*）。该书不仅是根据他自身的记忆所写，也包含了安娜·弗洛伊德亲笔撰写的治疗笔记，这是安娜在临终前寄给他的。Heller曾在1929年他9岁时开始接受安娜·弗洛伊德的精神分析治疗，为期3年。书中包含了安娜·弗洛伊德在治疗过程中所做的大量详细笔记——包括Heller在期间所有创作的画和诗歌，以及Heller自己的相关回忆和对临床材料的"自由联想"。同时，Heller也曾就读于安娜·弗洛伊德所创立的"火柴盒学校"。因此，该书为读者们了解在那个时期维也纳的儿童精神分析世界提供了一个独特视角（参见Midgley，2012）。
>
> 关于安娜·弗洛伊德早期的儿童精神分析方法有海量二手文献，其中更为推荐的作品包括：Dyer（1983），Miller（1996），Edgcumbe（2000），以及扬-布吕尔的作品（Young-Bruehl，1988/2008）。
>
> 想要了解更多安娜·弗洛伊德和梅兰妮·克莱因关于儿童精神分析方法上的差异，包括1927年儿童精神分析研讨会的更多内容，请参

阅 Likierman（1995），Viner（1996），Donaldson（1996），Salomonson（1997），de Oliviera Prado（2001），Holder（2005）以及 Midgley（2012）。

（钱 捷 译；邹筱雯、郑沅昊 校）

第三章
精神分析思想在教育中的应用

主要著作

1930 《精神分析四讲：写给教师和父母》
（Four Lectures on Psycho-Analysis for Teachers and Parents）

1934 "精神分析与育儿"
（Psychoanalysis and the Upbringing of the Young Child）

1946 "早期教育中的需求自由"
（Freedom from Want in Early Education）

1949 "托儿所教育：用处及危险"
（Nursery School Education: Its Uses and Dangers）

1952 "回答教师的提问"
（Answering Teachers' Questions）

1954 "精神分析与教育"
（Psychoanalysis and Education）

1960 "入托：心理上的先决条件"
（Entrance into Nursery School: The Psychological Pre-requisites）

1962 "幼儿的情感性发育和社会性发育"
（The Emotional and Social Development of Young Children）

1966 "托儿所与儿童指导诊所之间的相互作用"
（Interactions between Nursery School and Child Guidance Clinic）

1976	"动力性心理学与教育"
	(Dynamic Psychology and Education)
1979	"精神分析视角下的托儿所"
	(The Nursery School from the Psychoanalytic Point of View)
1982	"重访过去"
	(The Past Revisited)

引言

在所有精神分析的应用领域中，也许没有一个比精神分析在教育中的应用更重要，却又如此令人忧虑。从西格蒙德·弗洛伊德发现成人神经症根植于婴儿期那一刻起，精神分析师们就自然而然开始想方设法找到可以尽早阻止紊乱发展的方法。但是，对于弗洛伊德的第一代追随者而言，大家还不能确定精神分析治疗方法能否适用于非常年幼的孩子。即使适用，能否在儿童群体中广泛使用精神分析治疗也是不确定的。

结论是显而易见的：精神分析性的理解应当被切实应用在儿童抚养过程中，一方面可以影响父母，另一方面可以与教师和学校合作开发新的、更少"致病性的"育儿方式。1925 年，西格蒙德·弗洛伊德亲自宣布：

> ……精神分析在任何一种领域中的应用都未曾引起人们如此大的兴趣，点燃如此大的希望，因此，在教育的理论和实践中运用精神分析这件事吸引了数量众多的才俊为之努力。这让我们不难理解，儿童已经成为精神分析研究的主要对象，并已取代了神经症在精神分析研究初期中的重要位置。精神分析已经表明这个小孩是如何一直继续活在我们的生命里，在病人身上能看到，在梦想家和艺术家身上也一样，而且几乎没

有变化。……因此，大家期待儿童精神分析会有益于教育工作，这就不奇怪了。教育的目的原本就是指导和帮助儿童进一步的成长，并保护他们不要误入歧途。

（Freud，1925：vii）

弗洛伊德承认，他把在教育中应用精神分析视为"所有精神分析活动中最重要的事"，但他在自己的职业实践中却"很少关注"（引自 Field, Cohler & Wool，1989：961）。他把这项工作留给了女儿安娜，以尝试弄清"精神分析指导教学法"在理论上和实践上该如何呈现（她在成为精神分析师之前曾接受培训并担任小学教师）。尽管安娜·弗洛伊德作为学校教师的工作时间并不长，但她在职业生涯中的大部分时间都与学校和托儿所的教师一起工作，还参加了许多教育实验以检验她的想法，并从成败中积累经验。

精神分析与教育：早期历史

尽管安娜·弗洛伊德是尝试在学校环境中系统性应用精神分析思想的先驱者之一，但她绝不是第一位做这类尝试的人。然而，精神分析的早期贡献主要集中在对现有教育实践进行批判，并且往往只涉及"性启蒙"问题（例如，Freud，1907；Ferenczi，1908；Jones，1910）。例如，费伦齐和琼斯都侧重于研究压抑对人产生的有害性，尤其是压抑婴儿的性好奇心。这样一来，他们的工作被认为是站在第一次世界大战结束时出现在欧洲的反威权主义（反独裁主义）一边的。当时，许多人都在反对那些未能阻止欧洲陷入战争的"旧"制度。正如 Ekstein 和 Motto（1969：6）所指出的那样，"[早期]精神分析对教育的基本贡献是对旧的社会形式的反抗。……渐进式教育被认为是对本能的解放。"

多年后再去回顾这些早期试图在教育上提供精神分析视角的尝试，安娜·弗洛伊德（1954c：319）将其描述为"乐观主义时期"，在这一时期中，神经症性紊乱主要被归咎于父母的不当行为：禁止关于性的表达以及对性的好奇、阉割威胁、父母滥用权力等。此时,大多数精神分析师还认为,简单去除此类禁令就可能完全消除婴儿神经症。在回顾这一时期时,安娜·弗洛伊德指出,这些希望"太过绝对,以至于带来一系列的失望"(p. 319)。他们片面地强调孩子不应受压迫,却没有考虑孩子的整体性或人类心灵在本质上的分裂性,而这种分裂的本质总是会在孩子遭遇内在冲突时呈现出来。

这些早期努力的价值也是有限的,因为它们很少是基于将精神分析思想应用于教育环境的真实经验。诸如弗洛伊德、琼斯和费伦齐等第一代精神分析师几乎没有与儿童直接打交道的经验,也没有作为教师或在学校工作的经验。但是,安娜·弗洛伊德经常将两种活动结合在一起。作为第一代精神分析师(其中有许多是女性),她不但具有教育学背景,并且后来接受了精神分析训练。正如 Ekstein 和 Motto(1969:8)所观察到的那样,精神分析教育学和儿童精神分析"从社会学角度讲,两者都源于同一社会矩阵——教师这个职业"。在 20 世纪 20 年代,许多女性最初是幼儿园或小学教师,后来成为第一批儿童精神分析师。这个社会学背景对这一领域的发展产生了深远的影响,这一点也在安娜·弗洛伊德身上得到非常真实的呈现。

"红色维也纳"和激进式教育

在安娜·弗洛伊德接受教师培训期间——这几乎直接与第一次世界大战(1914—1918)时间吻合,维也纳的教育界本身也正在经历一场革命,因为第一共和国的社会主义实验推翻了旧的奥匈帝国并取而代之。在战前的君主制体制下,维也纳的学校是按照 Gruber(1991)所描述的"三个基本教育目标"开展教学活动的,即:培养顺从的臣民、接受等级森严的上下级秩序、支持军队和教会。安娜·弗洛伊德后来回忆道:

> 我们当时想要脱离这种片面和狭隘的教育律令。……实际上,只有和在欧洲大陆上经历过战争的儿童一样体验过营养不良和住宿条件恶劣等此类经历的人才能相信,儿童的思想并不能脱离其身体独立运作……

［并且］不能将儿童仅仅看作是他们自己，他们在很大程度上是其家庭背景的产物。

[1976b（1964）: 308–309]

第一次世界大战结束后，面对社会崩溃和建立新世界的强烈愿望，教育改革成为整个欧洲的当务之急。在维也纳更是如此，民众的骚乱浪潮导致旧政权被推翻和社会民主党在1919年的选举中获胜。对于新政府而言，教育改革成为重中之重。尽管教育副部长Otto Glöckel提出的改革在政府垮台之前尚未完成，但他于1922年又成为维也纳教育委员会主席，并在维也纳推行了一些最激进的教育改革，这些改革的印记在如今的欧洲依然可见。

不难看出为何早期的维也纳精神分析家们会对这些教育改革抱有深切同情，他们中很多人还对社会主义或自由主义抱有强烈的同情。激进的教育改革被理解为更广泛的儿童福利计划的一部分，这意味着在维也纳，那些最富有理想主义和最热心的年轻人会来选择接受培训成为教师。这些年轻的理想主义者中有很大一部分人自然而然地被精神分析所吸引，并希望把自己对教育改革的兴趣与对这种新的"关于心智的科学"的热情结合在一起，希望它会彻底改变人们对儿童心理学的思考方式。

安娜·弗洛伊德受到的早期教育影响：蒙台梭利、贝恩菲尔德和艾克霍恩

安娜·弗洛伊德在关于她在学校任教期间（1914—1920）的回忆录里清楚地表明，她珍惜自己在课堂上的时间，认为这是"双重学习"的绝好机会："一个人在备课时学习，同时也在向他的学生学习"（Coles，1992：53）。她以在课堂上保持严肃的纪律而闻名，但她同时也被她的学生们称为"在沉闷而艰难的战时生活中的一片温暖和热情的绿洲"（Young-Bruehl，1988/2008：76）。作为一名教师，安娜·弗洛伊德显然接受了渐进式的、"以儿童为中心"的方法，这种方法在战后几年中改变了教育，其灵感主要来自意大利教育家

玛丽亚·蒙台梭利（Maria Montessori）的工作。第一次世界大战后，蒙台梭利的影响力大大增加。事实上，西格蒙德·弗洛伊德于1917年给蒙台梭利写过一封信，信中他告诉蒙台梭利，他的女儿安娜认为自己是"你的门徒之一"（E. Freud，1960：320）。

年轻的安娜·弗洛伊德会被蒙台梭利的工作所吸引，个中原因显而易见。正如安娜·弗洛伊德（1976b：5）所看到的那样，蒙台梭利是第一个认识到孩子对课堂上分到的材料可以**自由**发展其兴趣，而不是被成年人过度规定的人。因此，"为自己的成功感到高兴"成为学习的恰当动力，"在精心安排的范围内自由自在"可以成为教育的新原则，这对实践产生了重大影响。然而，尽管在维也纳，蒙台梭利的追随者们尝试在两种新的社会运动之间进行直接的调解和结盟，但蒙台梭利对精神分析并不太在意（Kramer，1976）。

在战后的几年里，在维也纳，为了帮助安娜·弗洛伊德认识到精神分析如何应用在学校教育中，西格弗里德·贝恩菲尔德和奥古斯特·艾克霍恩这两位先驱者做出了重要贡献。安娜·弗洛伊德［1976（1974）b：308］在她暮年时回忆道，自己"很幸运地与两位先驱分享了他们将精神分析知识应用于［教育问题］的首次尝试"。虽然贝恩菲尔德和艾克霍恩的气质和方法截然不同，但他们都是安娜·弗洛伊德的重要导师和同事，她从他们的教育实验中学到的知识，对于她成长为教育思想家和实践者至关重要。

尽管与安娜·弗洛伊德的年龄相近，但到第一次世界大战结束时，贝恩菲尔德已经是一位广为人知的教育改革家、期刊编辑、奥地利犹太青年协会主席、犹太人自卫国防军领袖，以及一所教师渐进式培训学院的创始人。自1913年起，他就一直参加维也纳精神分析学会大会，通过这些会议，他开始萌生了将弗洛伊德关于人性的见解应用于渐进式教育的想法。多年后，Helen Deutsch 在她的《回忆录》（*Memoirs*）中这样描述他：

> 他是堂吉诃德的化身……高大而憔悴，丑陋却给人以美的印象［……］一个令人神魂颠倒的演讲者，许多热情的年轻追随者皈依了他的

第三章 精神分析思想在教育中的应用

思想。

（引自 Peters，1985：61）

那些狂热的年轻追随者之一就是安娜·弗洛伊德，当时她已经开始在为工人家庭开设的儿童日托中心兼职，并且在战后几年开始参加"犹太裔战争受难者美国分区委员会［The American Joint Distribution Committee for Jewish War Sufferers，简称"分会（the Joint）"］"的志愿服务工作，该"分会"为失去父母双亲和无家可归的犹太儿童提供帮助。此时，贝恩菲尔德刚刚出版了《犹太民族及其青年一代》(*The Jewish People and Its Youth*，1919)，其中概述了一种无阶级社会（后来在集体农庄运动中具有重要影响力）内的渐进教育模式，并设法说服"分会"资助了一所位于前军事医院营房的犹太儿童寄宿学校。"鲍姆加滕儿童之家"于1919年8月收留了约240名3—16岁的战争孤儿。

"鲍姆加滕实验"

安娜·弗洛伊德一直对鲍姆加滕实验十分推崇，认为它在许多方面都是她在1940年建立的"汉普斯特德战时托儿所"的榜样，后来，安娜·弗洛伊德将其描述为"第一个将精神分析原理应用于教育的实验"（1968c：7）。贝恩菲尔德在他的书《鲍姆加滕儿童之家：对新式教育的一次严肃探索》(*Kinderheim Baumgarten: A Report on a Serious Attempt at New Education*，1921)中描述了该实验以及鲍姆加滕儿童之家的基本运行原则。贝恩菲尔德热衷于将儿童时期视为生命中一个拥有其自身价值的阶段，而不仅仅是对成年期的准备。他想纠正儿童在战争中遭受疏忽照顾的社会不公，希望让儿童先天的能力来决定教育环境，而不是让来自成年人世界的期望和要求来决定。他希望建立一种新的教育环境，在这个新的教育环境中，儿童可以得到帮助而非控制，同时，儿童可以有机会表达心理困难而非压抑它们（Paret，1973：xix）。

虽然，贝恩菲尔德对他的新式教育项目雄心勃勃，但多年后（1965），他的一位年轻的助手对"鲍姆加滕实验"进行了更全面、更真实的描述。他叫威利·霍弗，曾与贝恩菲尔德一起工作，后来成为安娜·弗洛伊德的亲密同事之一，他也是精神分析运动中的主要人物。霍弗最初作为志愿者在学校院子里帮助建造兔笼和鸡笼，那是在1919年10月。他很快就发现自己在学校充当了教师的角色，随后，在贝恩菲尔德生病时，他便接手了学校运营的主要责任。

在对鲍姆加滕实验的记录中，霍弗描述了这些年幼的、受到战争创伤的孩子们在面对成年人时表现出许多困惑：这些成年人邀请孩子在组织自己的生活中发挥领导作用，但拒绝告诉孩子该怎么做。贝恩菲尔德建立了议会会议（parliamentary sessions）制度，所有孩子们都要参加会议；在没有任何既定形式纪律的情况下，孩子们自己举行"法庭会议"。除此之外，一群12—14岁的孩子还组成了属于他们自己的"警察部队"，用他们自己制定的"严厉的纪律"来应对频繁爆发的暴力事件。在工作人员、学生和管理者之间发生了一系列对抗之后，这所学校不到半年就倒闭了。

贝恩菲尔德和他的同事对所有发生的事件进行了详细的观察记录（也成为安娜·弗洛伊德建立汉普斯特德战时托儿所的灵感），其中一些形成了精神分析视角下群体动力学的资料，令人叹为观止，这也预示了此后关于此类现象的许多探索（Hoffer，1922）。尽管许多方面都表明这个实验的失败，但霍弗指出，凡是见过在鲍姆加滕实验学校待过几个月的孩子的人，都不会觉得他们是"机构儿童（institutional children）"的典型代表，这些孩子身上也不存在"机构儿童"这个词语所隐含的人格发展缺陷。用贝恩菲尔德的精神分析术语来说，这群孩子虽然有被剥夺和战争创伤的经历，但他们先前被束缚在自恋水平上压抑的力比多（libido）已被释放，他们从而初步变成了一群自重的年轻人。

然而，鲍姆加滕实验的突然崩溃对期待用精神分析影响教育的人来说是一种打击。安娜·弗洛伊德（1968c：7）后来将这次"艰难的冒险"形容为"令人沮丧的经历……这使贝恩菲尔德变成了怀疑论者"。她自己的观点是，鲍姆加滕实验向精神分析教育者传授了一个艰难的教训,即"所有的教育工作,无论其方向如何,都有着广泛而深远的局限性"(1978a:272)。对于那些可能过于乐观地认为精神分析可以用来改变教育和改变人的童年期体验的精神分析家来说,这是一个值得反思的重要教训。

安娜·弗洛伊德、艾克霍恩以及与"任性的年轻人"工作

由于贝恩菲尔德不再积极参与这个项目,将精神分析理论实际应用于教育实践的任务就落到了安娜·弗洛伊德的另一位重要导师奥古斯特·艾克霍恩身上,他对发展新式教育模式所投入的精力和决心与贝恩菲尔德旗鼓相当,并且他已经吃透了精神分析原理。与贝恩菲尔德不同,艾克霍恩比安娜·弗洛伊德年长一些。他对精神分析的兴趣始于战后,在此之前,他已经拥有了受人尊敬的教师和教育家的身份(Schowalter,2000)。作为两处"不端行为"少年管教所——一处位于奥博霍拉布朗恩(1918—1920),另一处位于圣安德拉(St Andrä,1920—1922)——的负责人,艾克霍恩革新了针对严重人格和品行障碍年轻人的住院治疗方案,并且,为了阐释他的许多已经十分明确的直觉性思想,他转向精神分析寻求理论资源。他的书《任性的年轻人》(*Wayward Youth*)于1925年首次出版(西格蒙德·弗洛伊德为其作序),逐渐成为畅销书〔在美国,此书比弗洛伊德自己的杰作《梦的解析》(1900)更广为人知〕,影响了从事少年管教工作的整整一代人。

据安娜·弗洛伊德(1951b:628)所说,艾克霍恩凭借其作为年轻人的教育者和再教育者的专长加入了维也纳精神分析学会,这"标志着精神分析学开辟了新的应用领域"。从各方面来说,艾克霍恩都是一个非凡的人物,"一个身材高大的人,总是穿着黑色衣服,用一个优雅的烟嘴抽着烟,看上去……就像是一个蒙马特的浪荡子"(Young-Bruehl,1988/2008:100)。艾克霍恩似乎具有与年轻人互动的直觉能力,从某种角度来说,这种方式对年轻的安娜·弗洛伊德产生了深远影响。在20世纪20年代初,她会在每个星期五陪同艾克霍恩在维也纳周围的每个角落观察各种机构和福利院如何对待少

年犯。50年后,安娜·弗洛伊德这样回忆这些经历及其对她的影响:

> 他不仅能够接触到别人无法接触的孩子,他还影响了我们中许多不是"任性的年轻人"或"被疏忽照顾的年轻人"的人。有些人"天生"是教师,而艾克霍恩则是一位特别"天生"的教师[……]教师经常急于让他们的学生知道一些东西,并获得正确的答案:一种占有。艾克霍恩知道如何边挠头边说:嗯,我们可以这样看这个男孩,但是我们也可以那样看他,也许还有其他方式。他在向我们挑战:你能做到同样的事情吗——聚焦和再聚焦,改变你的视角,调整你的观点?
>
> (引自Coles,1992:46)

带着教育者的角色,艾克霍恩反对对少年犯采取专制的惩罚性方法,并反对将不端行为视为某种与生俱来的"堕落"标志。然而,他同样也怀疑用"感伤主义"法鼓励这些年轻人"无限放纵"的做法,认为这可能同样无济于事。相反,艾克霍恩注意到,需要关注不端行为背后的人格结构,并据此提供最适当的治疗/教育。

艾克霍恩摆脱了将不端行为主要视为神经系统疾病的观点,他特别注重将不端行为视为基于人格发展的一种表现形式,而且他认为这个问题主要源于早期亲子关系中的缺陷。这标志着精神分析的聚焦从本能冲动转向整个人格结构的这个根本性转变,以及精神紊乱中除神经症之外的发展性维度。用安娜·弗洛伊德的话说,这也迫使那些认为精神分析应该完全站在"解放论"一边的人认识到,"如果没有在童年时期对驱力进行削减和对道德进行引导,那么结果并不会像我们预期的那样给人带来心理健康,而是更容易导致不端行为"(p. 272)。

对于艾克霍恩而言,早期亲子关系困难的意思是他工作中遇到的许多少年犯并未完成早期教育所特有的基本过程:通过升华机制将原始的反社会冲动逐步调整到符合现实原则并使其具有社会适应性。这样的过程只能在与依恋对象的力比多关系的影响下进行。没有依恋关系,人们就没有动力去放弃享乐原则,也没有任何强有力的认同基础能够促进自我和超我的发展(A. Freud, 1951d: 633)。

那么,艾克霍恩是如何对待这些少年犯的呢?他的做法产生了哪些后果呢?他的著作《任性的年轻人》中生动地描述了一系列片段和案例研究。书中解释了他最初是如何鼓励所在机构的工作人员容忍少年犯们在牢房里的不端行为(这使年轻人感到惊讶),即使这会导致故意破坏和财产毁坏(这令住在附近的邻居们感到恐慌,就更不用说工作人员了)。然而,其目的并不是要简单地"释放"被抑制的冲动。相反,艾克霍恩认识到,重要的不是允许犯罪行为得逞,而是要让这些年轻人树立起对更高一级别的权威的概念(对外和对内)。然而,要帮助少年犯树立起这种对"上级权威"的意识并非易事,但艾克霍恩相信,只有通过支持人格中的"力比多"的一面(libidinal side)才可实现这一目标。这个重要想法对安娜·弗洛伊德产生了深远的影响,她后来将整个想法概念化为"力比多驱力和攻击驱力的融合"。但是,这在实践中意味着什么呢?

艾克霍恩指出,一旦不端的攻击性冲动耗尽,(他认为处于沉睡状态的)被压抑的对爱和温柔的渴望就会开始再次显现出来。以前好斗的男孩变得眼泪汪汪,更加脆弱,这时,艾克霍恩鼓励他的工作人员(每个人都与特定的一组男孩一起工作)开始对他们所照顾的人提出更高的行为要求。用艾克霍恩的话来说,年轻人与工作人员开始发展正性移情——一种强有力的、积极的情感关系,并且后者现在可以指导年轻人一步步进行其早年缺失的心理成长:

> 首先,学生对老师产生温柔的感觉,这会使他们有动机去做规定的事情,而不去做被禁止的事情。老师作为学生的力比多对象,提供了可被认同的特征,从而使得他们的自我理想(ego-ideal)的结构发生持久的变化。
>
> (Aichhorn, 1925: 235)

艾克霍恩的著作对安娜·弗洛伊德的思想在许多方面都产生了明显影响。在对不端行为和发展障碍（developmental disorders）的具体理解上，很明显她追随了艾克霍恩，而且在对儿童精神分析过程的早期思考中（1927），她也强调了对"正性移情"的使用和分析师扮演的自我理想的角色。不过，早期精神分析观点强调（本能）自由表达在早期教育中的重要性，艾克霍恩也对该观点进行了某种程度的纠正。就像安娜·弗洛伊德多年以后解释的那样：

> 我想说，我希望孩子们能够"表达自己"（现在孩子可能会反对这一点），但也应当所保留。我和艾克霍恩见到过没有建立起内部控制的孩子变成了什么样子。……这些孩子"表达自己"没有障碍！与受抑制的或典型的"神经症"儿童不一样，他们受本能的摆布。症状的形成过程可能有所不同，但这仍然是个问题——而对于学校教师来讲，这通常是一个更严重的问题。
>
> （引自 Coles, 1992：41）

安娜·弗洛伊德目睹了艾克霍恩和贝恩菲尔德的教育实验，并完成了自己作为教师和精神分析师的培训，到了20世纪20年代中期，她已经为开始她的工作做好了充分的准备。安娜·弗洛伊德与艾克霍恩、贝恩菲尔德和威利·霍弗组成了每周一次的教育和精神分析研究小组，在20世纪20年代持续会面。在此期间，她还定期向在维也纳托儿所工作的教师提供咨询。1926年，安娜·弗洛伊德帮助建立了《精神分析教育期刊》，该期刊一直印刷至1938年，在两次世界大战之间的那些岁月里，它曾是探讨在教育中应用精神分析的主要论坛。（1945年，该杂志在美国以一种新的形式复苏，名为《儿童精神分析研究》，由安娜·弗洛伊德、海因兹·哈特曼和Ernst Kris主编。）

教育界积极性不断升温，这促进了精神分析在教育实践中的理论发展。维也纳青年工作部邀请安娜·弗洛伊德为在该市工作的托儿所教师举办连续性的研讨会，并为在学校工作的教师主持四场讲座。安娜·弗洛伊德意识到这种工作有些过于零碎，便支持威利·霍弗建立"维也纳教师精神分析培训课程"（一种专门针对教师的精神分析培训），与为希望受训成为精神分析师的人员提供的培训相媲美，并专门针对教师的需求把案例讨论和理论讲座结合在一起。所有这些工作创造了两项主要成就，一项是实践成就，另一项是教育成就。1927年，安娜·弗洛伊德参与建立了一所新的实验学校，并于1928年进行了一系列演讲，这些演讲很快就被编辑成册，《精神分析四讲：写给教师和父母》（1930）。这两个项目很好地概括了安娜·弗洛伊德关于精神分析与教育之间关系的思想。

安娜·弗洛伊德和"火柴盒"学校

安娜·弗洛伊德始终意识到，只有密切观察孩子，并且与孩子们互动，才能加深她对儿童的精神分析性的理解。她想要有机会将自己所学和思考的内容付诸实践。机会终于出现在1927年，当时她正参与建立一所新的实验学校。关于这个学校的名称，在文献中有多种讲法，比如"希其希学校"（以所在地命名），或"柏林厄姆/罗森菲尔德学校"（以其捐赠者命名），还有"火柴盒"学校（以其规模和设计命名）。

安娜·弗洛伊德能够有机会参与这所学校的实际运营，其实是得益于她与多萝西·伯林厄姆的相识。多萝西是美国珠宝业著名百万富翁Charles Tiffany的孙女，于1925年带着四个孩子来到维也纳，希望安娜·弗洛伊德给她的大儿子鲍勃（Bob）进行精神分析治疗（M. J. Burlingham，1989：151）。但是，当多萝西·伯林厄姆第一次来到维也纳时，她面对的一个更直接的问题是她该如何让她的孩子们接受教育。作为一名自由进取的女性，她不想把自己的孩子送进奥地利的公立学校，因为她觉得这些学校的教育方式还是太传统了。

在与安娜·弗洛伊德的讨论中，她逐渐萌生了创建一所小学校的想法，认为这样就可以为孩子们提供渐进式的教育。这些孩子要么是与安娜·弗洛伊德或她的同事在一起进行精神分析工作的孩子（比如她的大儿子鲍勃），要么是他们的父母与精神分析有一定联系。当时，在这所学校就读的学生包括奥古斯特·艾克霍恩的儿子沃尔特（Walter），他因为生性紧张在与多萝西·伯林厄姆进行分析；一位著名舞蹈家的女儿，Kyra Nijinski（她被她的同学 Peter Heller 形容为"活泼而不失优雅，嘴上带点小绒毛，皮肤有点暗"：Heller，1990：xxix）；以及安娜·弗洛伊德的侄子 W. 欧内斯特·弗洛伊德，他后来自己也成了著名的精神分析师。正如安娜·弗洛伊德（1980）之后说的那样，当时唯一的问题是"没有地方，没有房子，连教师也没有"（p.4）。

然而，对多萝西·伯林厄姆这个个性如此张扬并且能力超凡的女人来说，这些只不过是小小的障碍。首先，伊娃·罗森菲尔德（Eva Rosenfeld，安娜·弗洛伊德和多萝西·伯林厄姆的亲密朋友和同事）提供了她家花园的一半作为新学校校址（学校刚开始运行时，她每天还为孩子们做午饭），以及一间挪威式两层小木屋，里面的教室都按照特定功能进行了划分。小木屋因其外形简单且内在结构紧凑而得名"火柴盒"学校。不仅如此，她们还决定让一个年轻人 Peter Blos 担任学校校长（他曾是伯林厄姆孩子们首次抵达维也纳时的私人家庭教师）；他的朋友，美术系学生埃里克·洪贝格尔·埃里克森（Eric Homberger Erikson）被任命为第二位教师。这两位都在之后持续为精神分析领域做出了重要贡献，部分原因无疑是这些早期形成的经历。

到 1932 年时，"火柴盒"学校以精英教育的方式已经运行了近 5 年时间，在校学习的儿童数量一直保持在 20 位以下。尽管学校受到了精神分析的启发，而就像 Erikson 和 Erikson（1980）所说的那样，安娜·弗洛伊德"在整个即兴创作中，隐秘地无处不在"（p.4）。但正如西格蒙德·弗洛伊德自己在 1925 年所倡导的那样，所有参与其中的人在教学和临床分析之间保持了明显的边界。学校里的许多孩子正在接受精神分析治疗（与安娜·弗洛伊德做分析），这意味着他们在一天中的某个时候会消失 1 小时。尽管孩子的分析师有时可能在某次员工会议中提到这个孩子正在经历特别困难的时期，但除此之外"几乎不会披露任何临床谈话，而且［老师］肯定也不会进行任何的个人诠释"（p.5）。正如埃里克森明确指出的那样，精神分析原则并没有在"任何过分理智或时髦的意义上"被应用（p.4），但其影响力以更微妙的方式直接或间接地普遍存在着。

尽管所有工作成员都对精神分析和渐进式教育皆抱有兴趣，但"火柴盒"学校并没能摆脱教师之间关于"什么才是最好的教育"这个充满张力的命题。一方面，精神分析和渐进式教育之间有很多共同点。毕竟，蒙台梭利和早期的精神分析家都提出了"以儿童为中心"的教育理念，强调让儿童遵循自己的道路并提供尽可能不施加强迫的环境的重要性。精神分析师将这种方法视为避免不必要的压抑的方式，而信奉"以儿童为中心"的教育学家则将其视为培养儿童自身先天学习愿望的一种方法。

但是，安娜·弗洛伊德在1929年给伊娃·罗森菲尔德的信中曾暗示，自己在使用这种方法时遇到了一些困难。她在信中抱怨了学校的教师们（即Blos和埃里克森）："他们只知道强迫或是从强迫中解放，而后者导致了混乱。"这封信暗示罗森菲尔德曾建议学校的学生必须被强制学习某些东西，即使他们对此不感兴趣。安娜·弗洛伊德的回应很有趣，并对此做出了重要（但微妙）的区分：

> 我们真的没有分歧。我也相信学校教育必须是带有强制性的。我们的分歧只涉及一点。我希望**使得孩子们想做他们应该做的事**。你希望使得他们也做他们不想做的事情。……我的例子——如果你允许的话——是艾克霍恩。
>
> （Heller，1992：112，表示强调的字体变更由安娜·弗洛伊德所加）

安娜·弗洛伊德提到艾克霍恩的名字，这清楚地说明她受到他工作方式的影响，他通过自己的方式培养了孩子对成年人的积极依恋，以此为孩子提供了愿意"放弃"享乐原则并去应对挫败感和"工作"的动机。在安娜·弗洛伊德的信中，可以看到她是如何将艾克霍恩的这一观念移植到普通的学校环境中的，以便为强迫和解放之间的"中间道路"辩护：必须让孩子想做他应该做的事情。为了使这种方法成功，教师必须同时处理被压抑的（本能）和正在进行压抑的（防御、自我）。换句话说，教师必须向学生提供可以被认同的自我理想,这样孩子便愿意遵守社会要求,并通过包括学习在内的升华活动找到替代的满足感。

提供给家长和教师的精神分析导论

当安娜·弗洛伊德在"火柴盒"学校开展工作时,维也纳教育局曾邀请她和奥古斯特·艾克霍恩为教师和育儿工作者提供讲座。安娜·弗洛伊德的四场讲座是为在该市刚成立不久的福利中心(霍特)里的工作人员举办的。这些中心为贫困或有身体残障的6—14岁的儿童提供放学后的照料服务,这是政府试图对城市中最弱势的青少年群体的教育起到积极影响的关键要素。然而,那些在中心工作的人面临许多实际挑战,而安娜·弗洛伊德的演讲旨在帮助他们在这项富有挑战性的工作中坚持下去。

40多年后回首再看,在与Robert Coles的讨论中,安娜·弗洛伊德想起了参加讲座的教师们:

> 他们非常努力……他们的工作非常艰巨,和许多教师一样,他们没有得到应有的社会认可。他们在那里从事着可以想象到的最重要的工作。……他们不需要我来告诉他们,他们在心理上都遇到了麻烦,他们越早见到分析师就越好。……我想向他们解释我们所学到的东西。我牢记奥古斯特·艾克霍恩给我的建议:就像我们在尝试做的那样,教师们一直在向孩子学习,如果你记得这点,他们会热情地接待你。
>
> (Coles,1992:45)

这种态度反映了这些讲座以及安娜·弗洛伊德后来所做的许多写作的重要内涵。在演讲中,她没有把自己定位为"权威"来向听众传授关于儿童的知识,而是把自己定位为一位"同伴旅行者(fellow traveller)",因为她了解大家所共同面临的一些挑战,并且致力于促进对儿童生活和发展的真正好奇。

在提供自己的精神分析研究见解的同时,她如此谨慎地说道:"这就是我所看到的——这与您已经知道的在多大程度上相符呢?这对您有帮助吗?"正如她在第一次演讲开始时所说:

> 在听完这四个讲座之后,您将能够判断,我是辜负了您的期望(即,对精神分析学的新领域多一些了解,可以为您的困难工作提供一些帮助),还是我或多或少满足了您的一些希望。
>
> (A. Freud, 1930: 74)

随后的讲座(以及基于该课程内容的著作)都以这种非正式的、对话式的方式继续进行,这成为安娜·弗洛伊德作品的特征。她的讲座通常从对她遇到的孩子的实际观察开始,并使用她自己的临床和教学实践中的故事来介绍新的想法,并为其提供进一步的探索。她没有声称要告诉教师们他们尚不了解的有关学校儿童行为的任何信息;她只是在提供一种思考或观察这种行为的方式,这可能会很有用。

该系列的前三讲为教师提供了关于儿童早期发育的精神分析观点,涵盖了诸如婴儿遗忘症和俄狄浦斯情结(第一讲),婴儿的本能生活(第二讲)和潜伏期(第三讲)等主题。在此过程中,她提出了有关教育的性质和目标的问题,并说明了这些问题在过去的几个世纪中是如何变化的。她特别关注教育如何应对儿童的本能冲动,并如何与对这种本能冲动的直接满足进行"永无止境的战斗"。她说,成年人:

> ……想要用自己厌恶泥土的态度取代孩子从泥土中获得的快乐,用不知羞耻取代羞耻,用残忍取代怜悯,用破坏取代关心。……一步步地,教育的目的完全背离了孩子的愿望,并且在每一步中与孩子天然的本能的努力截然相反。
>
> (p. 101)

安娜·弗洛伊德演讲的目的既不是谴责这场战斗也不是支持，而是要表明这种争斗对儿童的发展以及对教育的影响。考虑到她即将发表关于自我的作用的著作，她讨论了儿童在潜伏期开始发展的一些防御机制，包括反向形成和升华。她强调，教师要了解孩子们在学校的某些行为的意义（常常反映出人格中的分裂和挣扎），了解超我的发展规律尤为重要。这种内部的分裂和防御机制可能会导致神经症性的抑制和对教师的敌视，但它们也可能成为孩子对教师认同的基础，以及在学习中获得升华的乐趣。

所有教师都需要精神分析师吗？

安娜·弗洛伊德的演讲深刻表述了教师们如何受到孩子的情感影响，尤其是那些本身有情感困难和行为困难的孩子。从第一堂课开始，她就已经认识到来到霍特福利中心的孩子最有可能会带有的固有心态，在接近教师时可能带有他们先前与其他成人打交道时所产生的怀疑、蔑视或警惕（p. 76）。在阐明了精神分析如何理解孩子一生的最早阶段，尤其是俄狄浦斯情结之后，她继续向听众解说在早期生活中形成的态度会如何通过移情过程重新出现在教室中：

> ……那些你一旦表现出一点权威就做出剧烈反应的孩子，或者那些十分胆怯以至于不敢直视你的脸或在课堂上提高音量的孩子，他们已经把你替换成了他的父亲，并把对他父亲的敌意和死愿或是对这些愿望的拒绝，都转移到你身上，而其结果是充满焦虑的顺从。
>
> （p. 87）

在进行这些演讲时，精神分析学界对反移情的理解仍处于起步阶段，但安娜·弗洛伊德仍然敏锐地意识到，孩子的移情将如何触及教师自身无意识生活的各个方面。她以一位出色的年轻教师为例，这位女教师刚摆脱了不愉快的家庭生活，成了三个男孩的家庭教师。排行第二的孩子出现了严重的学业问题,并且"在课程上退缩,显得非常胆小、内向、呆板"(p.129);年轻的女教师竭尽全力发掘这个男孩的潜力,在她的照顾下,他开始蓬勃发展。这个男孩越来越依恋他的女教师,但此时女教师突然开始对这个孩子满怀敌意,然后突然辞职,这使孩子和父母都深感遗憾。

安娜·弗洛伊德描述了这位教师多年后如何进入精神分析,并逐渐开始了解自己的童年经历如何使她感到自己不被爱和未被欣赏,并对她做教师的工作产生了影响。在担任女教师的过程中,她首先认同了这个"落后"的孩子,并将她从小就被剥夺的所有爱和关怀奉献给了他。但是在她影响下孩子取得的成功反而破坏了这种认同感,并激起了她对他获得的成功和爱的极大嫉妒,因为这些是在她自己的生活中并未得到过的。由于没有意识到这些强烈情感的根源,教师被驱使着通过拒绝孩子重新活现自己的经历,就像她自己曾经被拒绝过的那样。

安娜·弗洛伊德评论说,在某些方面,这位教师对孩子的无意识认同实际上导致了巨大的教育成功。也许最好不要过分深入地研究这种行为的潜意识动机,以免这样做会导致失去一名好老师?但是她继续说:

> 我觉得这些教育成功的代价太昂贵了。那些没有表现出症状或痛苦,从而没有使他们的老师回忆起自己童年的孩子反而是不幸的,他们的教育反而会失败……我认为我们有理由要求教师在开始教育工作之前,就应该学会了解和控制他们自己内心的冲突。否则,孩子们只是在充当多少合适用来消除潜意识和未解决困难的材料罢了。

(p.131)

这是否意味着安娜·弗洛伊德认为所有教师都需要接受精神分析,并且目的是移除导致我们希望帮助儿童的所有无意识动机呢?相反,安娜·弗洛伊德强调说,她并不是在倡导每位教师都应该接受个人分析。她更想让教师知道,"有时候,一个人会在工作中失败,而这个人却不知道为什么。如果这种情况持续发生,那么有些事你可以尝试;你可以进行调查"(Coles,1992:

44—45）。如果没有这种态度，教育者就有可能利用师生关系来帮助自己，而不是帮助那个孩子。

  既然教学是一种职业，[教育者]应该与儿童有一种整体性的关系。教师不能做到完全客观，但是一旦她对童年的过程产生了兴趣，所有的孩子就会在一种更加客观的意义上变得有意思了。

（1952a：562）

精神分析与教育的关系

  在1930年出版的著作中的最后一讲"精神分析与教育的关系"也许是安娜·弗洛伊德的四次演讲中最重要的一次，其中提出了她在其整个职业生涯中将继续解决的问题。她反对早期的精神分析先驱者提出的一些较为乌托邦式的承诺，并警告说，教育和精神分析不应"彼此要求过多"。但她也承认，教师们是想在这些讲座中寻求"实用的建议，而不是扩展理论知识"（p. 123）。

  当时，许多人都将精神分析理解为促进不受限制地自由表达，与此主流观点相反，安娜·弗洛伊德强调，"缺乏约束力"对儿童的危害与"过分压制的伤害性影响"一样有害。尽管早期的精神分析师大多强调了压制性的教育系统的有害影响，并提倡性的开化是对抗成人神经过敏症的潜在灵丹妙药，但是安娜·弗洛伊德本人的结论是更加平衡的：

  在分析性理解的基础上进行儿童抚养，其任务是在这些极端之间找到一条中间道路，也就是说，为孩子生活中的每个时期在驱力满足和驱力控制之间找到正确的比例。

（p. 128）

  为了说明这个观点，她举了一个小女孩的例子。这个小女孩过分高兴地向兄弟姐妹们展示自己的裸体，并且"特别喜欢在睡前光着身子地跑着穿过各个房间"（p. 125）。她解释说，这时候对这个小女孩进行教育会抑制这种欲望，并促进她的羞耻和羞怯，这些感觉可能会延续到她今后的生活中。在成年期，这可能会导致某些神经症性的抑制，从而限制她充分发挥潜能的能力。如果她来寻求帮助，精神分析师很可能只会看到这种早期羞耻感和内疚感的规训所造成的有害影响。但是，安娜·弗洛伊德基于与奥古斯特·艾克霍恩合作的经验，也使她的听众想起"任性的孩子"，这个孩子"在抑制驱力满足方面没有足够成功"，因此变得失控和"狂野"（p. 126）。这类缺乏控制同样令人担忧。安娜·弗洛伊德描述了一个8岁女孩的情况，这个女孩在家庭和学校都无法被容忍，以至于她一直被排斥在外并被送往寄宿家庭照料，她评论道：

> 你可以要求孩子放弃从她自己的身体获得满足感，但没有任何人提供的爱足以通过某种方式弥补这一缺失；同样，父母希望通过施加严厉的惩罚来达到约束孩子的目的，但这种努力常常无功而返。
>
> （p. 127）

安娜·弗洛伊德提出的"中间道路（middle way）"是让孩子在对所爱的成年人有强烈依恋的背景下放弃享乐驱力。这是一种发展性模式，在她的一系列领域中，这种模式对她的思想变得越来越重要。但是在这一点上，她强调说，试图提出一个完整的、具有精神分析性的知识教育模式"还为时过早"。她建议，现阶段精神分析可以做出某种程度上较为温和的贡献：（1）对现有的教育方法提出批评；（2）提供有关儿童早期成长的观点，以扩大教师对与他们一起工作的儿童的知识和了解；（3）提出一种治疗模型，以试图"修复在教育过程中对孩子造成的伤害"（p. 129）。所有这些目标（尤其是后两个目标）奠定了安娜·弗洛伊德在接下来的50年中所从事的大部分工作的基础。

与家长合作的重要性

尽管 1930 年的讲座是面向教师的，但出版物的标题清楚地表明，安娜·弗洛伊德正在对教师**和父母**讲话，因为她认为这两个群体在孩子的"教育"中都起着至关重要的作用。她认为，精神分析的知识对于任何负责教养孩子的人都是重要的资源，尤其是母亲。几年后，她写道："抚育幼儿是一项严格的任务，即使在最有利的情况下。……母亲，尤其是年幼的婴儿的母亲，被期望将多种技能和美德结合在一起，这种结合在任何一个人类个体身上都是罕见的"（1949b：528）。

鉴于母亲（以及通常包括父母和照料者）已经在承受着巨大压力，安娜·弗洛伊德认为父母需要得到支持。她认为，精神分析师应该利用他们从对儿童和成人的治疗中学到的知识来提供有关"精神卫生"的知识，可与当时医生所提供的"身体卫生"（消毒、接种疫苗、饮食等）知识相匹配。她认为，精神分析为"现代"父母提供了"对孩子的心智在前 5 年的发展历程的第一个完整和连贯的描述"，从而"为更开明和有效的养育方式奠定了基础"（1949b：535–536）。

除了为父母和照顾者写作和讲课外，安娜·弗洛伊德还是在美国和西欧兴起的"儿童指导（child guidance）"诊所的大力支持者。在随后的几年中，她进行了一系列的演讲，她认为精神分析可以帮助这些诊所为父母提供支持，这些支持可能对孩子的生活产生重大影响（例如 A. Freud, 1960b, 1964）。但是随着时间的流逝，安娜·弗洛伊德也开始对精神分析可以为"好的育儿法"提供任何程度的绝对处方表示怀疑。她批评精神分析倾向于"以不适当的语言或过分强调最新发现来过于频繁地将研究发现公之于众"（1960b：287）。她在一篇关于"将精神分析知识应用于儿童的养育中"的论文（1956a）中指出，精神分析"潮流"已将公众引导到一系列单方面的建议，所有这些建议都包含一些重要的事实，但单独使用这些建议都是幼稚的，甚至是有害的。她解释说，起初，精神分析师强调性启蒙的重要性（以免造成过分的压制）；然后限制父母的权力（以使超我的苛刻程度降到最低）；后来提出"母亲的拒绝"的危险性（一些分析家将其视为从抑郁症到自闭症的一切根源）。她指出，过分强调这些单一因素，尤其对那些异常孩子的母亲过分强调这一点（1955：591），会导致她们进行太多内心探索和自我指责，而这对儿童和家庭的长远幸福并没有任何帮助。她意识到，还需要注意另一种危险，即对儿童的成长提出错误的期望，这可能会使精神分析本身的声誉受到损害，有价值的东西可能会与没有价值的东西一起被抛弃。

尽管她从未低估通过教育和指导对抚育子女行为的影响力（这可以从在安娜·弗洛伊德一生中精神分析所发生的巨大变化，如母乳喂养和如厕训练中看出），但她也谨记，"成功抚养年幼的孩子……并不取决于母亲的客观知识，而取决于她的主观情感态度"[1960（1959）：497]，一旦理解这一点，"与父母一起工作不再意味着师生关系，而是开启一种治疗关系"（1960b：292）。安娜·弗洛伊德对于对父母的指导何时是足够的、何时对儿童进行治疗可能导致家庭动态的变化，以及何时父母需要治疗等议题都进行了研究。她始终相信，对于年幼的孩子来说，精神分析可以通过为父母亲自解决孩子的困难直接提供支持，这是一种最具价值的治疗工作。

结论

安娜·弗洛伊德于20世纪20年代在维也纳将精神分析与教育进行了结合，这是欧洲历史上特定时刻的产物，也为她后来的许多工作奠定了基础。安娜·弗洛伊德在举办了这四场讲座之后，开始为幼儿园教师定期举办研讨会（与多萝西·伯林厄姆共同举办），并与威利·霍弗等人一起对教师进行精神分析培训，她觉得他们在设法帮助教师加深对课堂上非言语交流的理解，"为孩子的困惑、困扰、焦虑、不守规矩和不合作提供了答案，即解决了其他情况下无法解释的行为问题"[1976（1974）b：309–310]。

1937年，安娜·弗洛伊德受到与教师合作成功的鼓舞，与同事 Edith Jackson 和多萝西·伯林厄姆一起为维也纳最贫困地区的幼儿建立了一个实验性日间托儿所。虽然由于法西斯主义的兴起,"杰克逊托儿所"项目很快就结束了,但这为安娜·弗洛伊德移居英国后进行的活动奠定了基础,包括经营汉普斯特德战时托儿所、汉普斯特德诊所,以及她在战后时期向教师和托儿所工作人员所做的许多演讲。她后来写道:"那时,主导我们行动的是探索精神,以及开发越来越多的潜伏在每个孩子中的潜能、释放被过时的教学所压制而不是增强的智力的愿望"[1976(1974)b:311]。

在她去世的前一年,在芝加哥精神分析学院的开幕典礼上,安娜·弗洛伊德受到她的同事 George Pollock 博士提醒,提到距她为教师们开设的讲座内容首次以英文出版已有 50 年了。在这个周年纪念日上,她进行了反思,她指出,如果像这样的入门书达到了其目的,那么随着它的教义逐渐被人们所接受为常识,它的信息就有望被淘汰。强调儿童必须先得到喂养才可以从教育中受益,或者孩子学习困难的原因并不总是纯粹由于智力局限或"顽皮"的结果,这些理念现在已经司空见惯,以至于普遍到几乎无须提及。回顾过去,安娜·弗洛伊德回忆起当时的师生关系是那么地不同,当时学校职工里还很少有人关心儿童广泛的情感成长和心理发展。她解释说:

> 我试图为听众创造孩子的一个整体形象,包括他最初的无助,他所产生的依赖性,他的爱、恨和嫉妒,他不断发展的性驱力,他与紧迫的需求和愿望之间的战斗,以及他在努力适应环境对他提出的要求的痛苦挣扎中所有的成败得失。

(1982:260)

然后,她继续推测如果在 1981 年再进行这样入门级的讲座,有多少内容需要调整。她认识到,在 50 年前,大家都主要在关注儿童"被新发现和新揭示的性欲"(p. 260),而当代精神分析师则想要强调更广泛地理解"成人化过程(humanizing process)",其标志着孩子从不成熟到成熟的成长之路(p. 260)。这种更广泛的理解被封装在她的"发展线"理论中,这将在第九章中进行更全面的描述,安娜·弗洛伊德认为这种"发展线"理论可能对教师和负责儿童照护的人们有极大的好处。

安娜·弗洛伊德在20世纪70年代与Robert Coles讨论时，热情地谈到了教师的重要性——不仅是作为向学生传授知识的人，而且更重要的是，作为成年人，教师的作用是说服孩子"对世界感兴趣，想了解它"（Coles，1992，p. 31）。她坚信，许多有心理困扰的儿童不一定需要治疗，而是可以由知识渊博、体贴入微的教师以多种方式提供帮助。Robert Coles在听她的讲话时写道：

> 一段时间后，我开始意识到，她对在这些年来结交的教师们有多么尽心尽力，无论是在奥地利还是在英国；她对他们在与孩子一起工作时不仅投入智力还投入情感的能力有多么敬佩。她不仅将自己视为一名后来成为儿童精神分析师的教师，而且事实上她从未停止过教学。
>
> （p. 52）

· 拓 展 阅 读 ·

20世纪20年代，在维也纳的精神分析界和教育界之间，发生过许多创造性的相互作用，这些互动在安娜·弗洛伊德同时代的人的许多书中都有体现，包括艾克霍恩的《任性的年轻人》（1925），贝恩菲尔德的《西西弗斯，或者教育的局限》（*Sisyphus, or The Limits of Education*，1925b）和霍弗的文章"学校社区的团体发展（Group Development in a School Community, 1922）"，该篇论文在霍弗的文集《儿童的早期发展与教育》（*Early Development and Education of the Child*，1981）中被翻译和再版。Gardner和Stevens（1992）在《红色维也纳和心理学的黄金时代，1918—1938》（*Red Vienna and the Golden Age of Psychology, 1918—1938*）以及在《红色维也纳：工人阶级文化实验，1919—1934》（*Red Vienna: Experiment in Working Class Culture, 1919—1934*）中很好地

描述了20世纪20年代维也纳战后时期的整体风貌以及发生的激动人心的发展（1991）。安娜·弗洛伊德去世后不久，埃里克森研究所将关于她为这段时期所做贡献的回忆录集结成册，题名为**《纪念安娜·弗洛伊德》**（*Anna Freud Remembered*, Piers, 1983）。

Peter Heller 在**《安娜·弗洛伊德致伊娃·罗森菲尔德的信》**（*Anna Freud's Letters to Eva Rosenfeld*, 1992）一书的引言以及他自己在1990年出版的**《安娜·弗洛伊德的一例儿童精神分析》**一书的引言中，对安娜·弗洛伊德在"火柴盒"学校的工作做了详尽的描述。Midgley（2008a）和 Houssier（2010，法语）对学校进行了全面介绍。尽管伊丽莎白·扬–布吕尔在给安娜·弗洛伊德书写的传记（1988/2008）中详细讨论了该项目，但缺乏关于安娜·弗洛伊德在杰克逊托儿所中工作细节的资料。

遵照安娜·弗洛伊德学派理论传统所撰写的关于精神分析和教育的论文集有两本最为清晰，分别是由 Ekstein 和 Motto（1969）编辑的**《从为爱而学到热爱学习》**（*From Learning for Love to Love of Learning*），以及后来由 Field、Cohler 和 Wool（1989）编辑的**《学习与教育：精神分析观点》**（*Learning and Education: Psychoanalytic Perspectives*）。对于那些阅读德语的人来说，《精神分析教育期刊》上发表的许多论文都为这两个领域之间的互动增添了风味。安娜·弗洛伊德和她的同事在战后几年创办的《儿童精神分析研究》杂志中保留了这一跨学科期刊的大部分精髓。Wilson（2004）、Malberg（2008）、Radford（2012），以及 Malberg、Stafler 和 Geater（出版中）的论文描述了安娜·弗洛伊德学派的理论传统在当下学校教育工作中的一些延续性工作。

在今日英国，为教育工作者准备的维也纳精神分析培训课程的传统可能在塔维斯托克诊所保持了最佳活力，其中"教学中的情感因素"这门课已开展多年。塔维斯托克诊所主要基于该课程材料发表了三本重要的论文集,这些论文展示出精神分析可以对课堂教育做出的贡献,其中一本是由 Salzberger-Wittenberg、Williams 和 Osborne(1999)编辑的**《学与教中的情感体验》**(*The Emotional Experience of Learning and Teaching*)。第二本书是由 Biddy Youell(2006)撰写的**《学习关系:教育中的精神分析思维》**(*The Learning Relationship: Psychoanalytic Thinking in Education*)。第三本书是由 Harris、Rendall 和 Nashat(2011)编辑的**《与复杂性结合:儿童和青少年的心理健康与教育》**(*Engaging with Complexity: Child and Adolescent Mental Health and Education*)。(很可惜的是,这些书很少提及安娜·弗洛伊德和她的同事所做的贡献。)

如要了解英国学校中开展的精神分析工作,可参阅 McLoughlin(2009)以及《儿童心理治疗杂志》关于学校中的精神分析儿童心理治疗师工作主题的专刊(Vol. 34, No. 1, 2008);若要了解更宽泛的有关教室的精神分析视角,可参阅 Bibby(2010)。

(钱　捷　译;邹筱雯、郑沅昊　校)

第四章
自我与防御机制

主要著作

1936 《自我与防御机制》
(*The Ego and the Mechanisms of Defence*)

1952 "自我与本我发展中的共同影响因素:讨论简介"
(*The Mutual Influences in the Development of the Ego and the Id: Introduction to the Discussion*)

1966 "哈特曼的自我心理学与儿童精神分析师思维之间的关联"
(*Links between Hartmann's Ego Psychology and the Child Analyst's Thinking*)

1985 《对防御的精神分析》(与 Joseph Sandler 合著)
[*The Analysis of Defence* (with Joseph Sandler)]

引言

《自我与防御机制》这本书是安娜·弗洛伊德最负盛名的作品,并长期在许多精神分析课程的阅读清单里榜上有名。与安娜早期所写的关于儿童精神分析技巧的文章不同,这本书刚问世就引发了同行热烈的讨论(例如:Fenichel, 1938; Jones, 1938),并一直广受欢迎。事实上,在 20 世纪 80 年代中期，Robert Wallerstein 甚至认为这本书"可能是我们专业读物中被读得最多的一本书"（1984：66）。虽然这句话在今天可能并不完全正确，但这本书的巨大影响力可见一斑，尤其是在北美洲，该书一度被认为是"现代自我心理学基石"（p. 66），其重要性等同于海因兹·哈特曼的《自我心理学与适应问题》（*Ego Psychology and the Problem of Adaptation*, 1939）。这两部作品在问世后的 40 年里，尤其在北美的精神分析理论和实践领域，其重要性影响之深远无可争议。

然而，当安娜·弗洛伊德刚开始为创作这本书收集素材时，她的目的似乎更为质朴，最终版本中的大部分内容都脱胎于她在 1929 年之后所做的一系列讲座；她在 1934 年写给 Max Eitington 的信中提起自己的这本书，将其描述为自己过去几年间"对青少年思考的一种理论基础"（Young-Bruehl, 1988/2008：203）。虽然这本书尤其是最后两章特别关注青春期和青少年期，但这本书的中心焦点却逐渐转移到了自我（ego）在精神分析中的地位，特别是防御机制在人类思维运作中所起的重要作用。

这本书主要由三个部分组成。第一部分（第一章—第五章）从精神分析的角度考察了自我的作用，并认为"防御机制"是自我功能的重要方面。第二部分（第六章—第十章）对她父亲关于各种防御机制的观点进行了分类和系统化，并介绍了两种新的防御机制——"向攻击者认同"（第九章）和"一种利他主义形式"（第十章）。第三部分（第十一章—第十二章）讨论了防御机制在青春期和青少年期的特殊作用。

精神分析中的自我概念

尽管西格蒙德·弗洛伊德从一开始就使用了"自我"这个概念［德语中的"das Ich"——字面意思是"我（the I）"］，但这个术语在他于 1923 年发表《自我与本我》之后被赋予了新的意义，当时弗洛伊德介绍了他新的三元（或结构）心智模型。弗洛伊德将自我看作是人格中代表防御的一端，本我是人格中代表本能的一端，而超我则是作为理念与抑制系统，对自我进行评判。

弗洛伊德早期经常将"自我"和"意识"作为同义词，随后他意识到，自我活动的很大一部分也是在意识之外的。弗洛伊德用马及其骑手的形象来比喻本我与自我的关系，虽然表面上是骑手（自我）负责行进，但若没有马（本我）的配合，他将寸步难行。因此，自我必须尝试去驾驭本我的能量而不被掀翻在地，或被带往不想去的方向。（弗洛伊德还用立宪制君主来比喻自我，他提到自我不仅要满足本我和超我的要求，也要满足外部世界的要求。）

在这个关于自我的新的思考方式中，自我被赋予了一整套各式各样的新功能。正如 Laplanche 和 Pontalis 所说，这些新功能"不仅包括对运动与知觉进行控制、对现实实施检验、对事物进行预判、在心理过程中进行时间排序、理性思维以及其他，等等，也包括拒绝承认事实、合理化，以及对本能需求进行强迫性防御"（1973：139）。后面的这些方面构成了安娜·弗洛伊德1936年出版的书籍《自我与防御机制》的核心内容。

超越深层心理学

在安娜·弗洛伊德生命晚期的一次讨论中，她回忆道，在撰写《自我与防御机制》时，"大多数分析师对将自我引入精神分析讨论或学术文献中尚持怀疑态度"（Sandler & Freud，1985：6）。精神分析早期的一个伟大发现是，在人类心灵中，有一个部分是完全由无意识思维、愿望和幻想组成的。这在当时鲜为人知，尤其是对于当时的主流心理学和精神病学领域而言。西格蒙德·弗洛伊德受到 Hienrich Schliemann 当时对特洛伊城的挖掘活动启发，就想到用考古学的隐喻来描述精神分析师的工作。就像考古学家一样，精神分析师深入到心灵的深处去挖掘，发现那些个人历史中被我们遗忘至今的未知碎片，并试图将碎片拼凑在一起使整个图景浮出水面……

尽管早期精神分析"所关注的重点是无意识，或者我们今天所说的本我"（A. Freud，1936：4），它也并未忽视自我的功能。安娜·弗洛伊德在首章中指出，作为一种治疗方法，精神分析一直关注人格的两端——无意识的驱力或愿望，以及大脑对这些愿望的反应方式，例如审查机制（在梦中）、阻抗（在自由联想中）或压抑（在症状的形成过程中）。换言之，对安娜·弗洛伊德来说，"精神分析"和"深层心理学（depth psychology）"并不是一回事；事实上，探究表现在我们的行为和意识中的"衍生物（derivatives）"是我们认识心灵所隐藏内容的唯一途径。

该书的第二章描绘了自我与本我在自由联想、梦和移情中的各种互动。具体来说，对自由联想而言，其链条中的停顿或中断可以理解为自我的防御被唤起了，这提示着冲突的存在；而在梦中，梦通过梦的工作进行的伪装可以理解为无意识自我的活动；在移情中，病人不仅会把他的力比多冲动转移到分析师身上，也会把他一贯使用的防御手段转移到分析师身上——这一现象具有重要的临床意义，下文会对此进行讨论。

安娜·弗洛伊德在回顾历史的基础上，通过赋予自我运作以更高的权重，特别是无意识自我及其防御行为，重新定义了精神分析。她写道：

> 自从［《自我与本我》以及那个时期其他论文出版后］，"深层心理学"这个术语已无法涵盖精神分析研究的整个领域。现如今，我们可能应该把精神分析的任务界定为：精神分析是要对我们所认为的构成精神人格（psychic personality）的三个部分获取尽可能最全面的了解，并理解它们彼此之间的关系，以及它们与外部世界的关系。这就是说：涉及自我时，要探索自我的内容、边界和功能，还要追溯外部世界、本我以及超我在塑造自我的过程中所产生的各种影响；而涉及本我时，要关注本能，例如本我内容（id-contents），并观测它们如何在进程中得到转化。
>
> （pp. 4–5）

这种精神分析观点逐步被大家熟知为"自我心理学"（其实，鉴于安娜·弗洛伊德强调要关注所有三个心智机构，这个命名并不贴切）。

第四章　自我与防御机制

"自我心理学"的诞生

弗洛伊德的《群体心理学与自我分析》(Group Psychology and the Analysis of the Ego, 1921) 和《自我与本我》(1923) 深深地影响着20世纪20年代早期进入这一领域的第二代分析师们，这两本书在当时弥补了精神分析领域中的关于心灵 (psyche) 的理论空白。用安娜·弗洛伊德自己的话说，这些著作把自我研究从"对精神分析理论中作为异类的厌恶感"(1936：4) 中解放出来。随后一系列著作如雨后春笋般涌现，如关于自我发展的早期阶段 (Klein, Jones)、人格的发展 (Reich)、自我的整合功能 (Nunberg) 和"自我边界 (ego boundary)"的概念 (Federn)——所有这些都无一例外地直接建立在弗洛伊德对人类心灵进行调查的这一转折之上。

但有两本几乎同时创作于20世纪30年代维也纳的作品，对自我研究的影响远超其他：安娜·弗洛伊德的《自我与防御机制》(1936) 和海因兹·哈特曼的《自我心理学与适应问题》(1939)。用Wallerstein的话来说，这两本书是"自我心理学其他部分得以建立的支柱"(1984：71)，覆盖了自我作为防御和适应性结构的两方面作用。安娜·弗洛伊德本人认为哈特曼的贡献是更具革命性的，因为其引入了自我中相对自主发展的一些方面，并且这些方面不涉及冲突（1966b：207）。她回忆说，哈特曼这样做的目的是"将精神分析的地位从一种深层心理学提升到一种普遍性心智理论，它兼顾了深层以及表层；本我、自我和超我；简言之，包含了人类人格的全部"[1965 (1964)：501]。在一些人看来，此观点是对传统精神分析独特地位的背叛，使之沦为了心理学的一个分支；对于另一些人来说，这却被认为是实现了弗洛伊德关于人类心灵——包括健康心理和病态心理的精神分析的最初愿景。

不管人们持何种观点，自我心理学的影响是巨大的，特别是在北美。至少在20世纪70年代之前，安娜·弗洛伊德、哈特曼以及他们许多同事的工作构成了精神分析的主要观点。他们所传递的思想"标志着精神分析从最初的本我或驱力心理学，关注本能驱力的变化……并将其视为正常或神经症性行为的原初动力，转变为自我被赋予同等重要性并被认为是正常行为和神经症性行为的主要塑造者和调节者。在美国，这段时期被称为自我心理学的时代"（Wallerstein，2002：136）。

"防御机制"的概念

虽然安娜·弗洛伊德撰写这本书的目的在于阐明精神分析应该给予人格的所有层面以平等的地位，但她更多的贡献是在于关注了自我功能的一个特定方面，即作为防御机制所发挥的作用。

在第四章开头，安娜·弗洛伊德明确地阐明了这个术语的含义。她指出，"防御"概念早在1894年就被弗洛伊德所使用，被认为是"精神分析理论中动力性观点的最早代表"（A. Freud，1936：45）。她用"动力性（dynamic）"来表示心智中有多种力量在相互竞争或发生冲突：特别是"自我（ego）与痛苦的或难以忍受的想法（ideas）或情感（affects）进行搏斗"（p. 45）。正是由于人类生存的本性，使我们试图避开或逃离造成我们痛苦或不适的事物或情境；在心理学术语中，"防御"一词描绘我们达到这个目的的方法。

然而，弗洛伊德很快就放弃了"防御"二字，而改用更为具体的"压抑"一词来描述这一特殊的机制。正是通过这种机制，心智得以摆脱不愉快或不想要的想法——特别是来自无意识中的本能愿望。直到1926年，在《抑制、症状与焦虑》一书中的关键论文里，弗洛伊德才重新提出了"防御"概念。他解释说：

在讨论焦虑问题的过程中，我重新提出了一个概念，或者更谦虚地说，是一个术语，即"防御过程（defensive process）"。30年前，我在刚开始研究这个问题时曾使用过这个概念，但后来我放弃了它。我用"压抑"代替了"防御"，但两词之间的关系仍然是不明确的。我认为重启原先的"防御"概念无疑是有好处的，只要我们将其明确为自我在可能导致神经症冲突中所运用技巧的统称，与此同时，我们将"压抑"一词定义为防御的方式之一。我们在探索中所采取的研究进程让我们对它有了更好的理解。

[1926（1925）：163]

弗洛伊德的不少同事，包括 Reich（1928）、Glover（1930）、克莱因（1932）和 Nunberg（1931）在内，开始再次关注这些防御过程，而安娜·弗洛伊德已经开始尝试对精神分析中关于防御机制的知识进行系统化加工，并在更广阔的人格发展和心理病理学模型下解释它们的工作原理。安娜·弗洛伊德不满足于将其父已经识别出的防御机制（如压抑、反向形成、退行、抵消、隔离、内摄、认同、投射、攻击自身、反转和升华）体系化，还提出了一系列更深刻的问题：比如，当防御机制运作时，它在保护心智免受什么样的伤害？这些机制是如何形成的？是否这些防御机制存在"原始"与"成熟"之间的差别？除了西格蒙德·弗洛伊德已经识别出的机制之外，还有其他的防御机制吗？防御机制、心理病理学、心理健康以及幸福感之间，究竟有什么样的联系？

为什么心智需要使用防御机制？

尽管安娜·弗洛伊德接受了弗洛伊德关于防御的定义，即"自我在可能导致神经症的冲突中运用的所有技巧"（S. Freud，1926：163），但在她的书中，实际上大大扩展了这个术语的含义，她在正常的发育过程和在神经症这些范畴中，都对心智如何在各种痛苦或不愉快的感觉（不仅仅是冲突）中保护自己进行了探索。

精神分析最为人所熟知的领域是心灵对焦虑的反应方式，这种焦虑涉及在一个（无意识）愿望和拒绝这个愿望的心灵部分之间所产生的内在冲突。在神经症中，这可以被理解为"超我焦虑"，在安娜·弗洛伊德看来，这构成了成人所有神经症的基础。正如她解释的那样，"一些本能的愿望寻求进入意识……但是超我守卫着。自我不得不服从更高的内在结构，忠顺地进入一场对抗本能冲动的斗争中……超我焦虑激发了这个防御"（1936：58–59）。

为了说明超我焦虑在神经症形成过程中的作用，安娜·弗洛伊德举了一个年轻女性的例子。她小时候曾对母亲产生强烈的羡慕和嫉妒，这使她产生了强烈的敌意。然而，这种敌意导致了这个小女孩的心灵内的冲突，因为她既爱着母亲，又害怕母亲因她那心存敌意的想法而对她进行报复。因此，孩子的攻击性冲动被抑制了，使得她跟母亲相处时是有些温顺的。

然而，这种压抑的冲动从未完全消失，而是在不断地寻找表达的机会（被压抑的再现）。在这个女性的案例中，它以成年后恐怖症的形式出现，当时新的环境使她在"婴儿神经症"时期心灵达成的平衡受到了挑战。曾被压抑的冲动被迫回到意识中，但是这又一次制造了痛苦，并再次受到压抑，于是，攻击性冲动被投射到外部世界里，使得外部世界充斥着她试图从内心抹去的所有攻击。

安娜·弗洛伊德认为，如果这位女性的自我更多地依赖诸如反向形成、隔离或抵消等防御机制，那么这些本能的冲动可能以过分敏感或强迫行为的形式表现出来。这些防御机制工作的目的是相同的——即保护她免受任何攻击性冲动爆发所带来的焦虑——但代价可能是过度严苛的道德感、个性特征的减退以及那些阻碍她享有自由与平静的症状。安娜·弗洛伊德在本书中只是简要提到为什么一个人在处理内部冲突时会更多地依赖于这种防御方式，而不是另一种防御方式，但这个问题也引导她之后对本能和自我功能的"发展线"进行了更深入的研究（参见第九章）。

向攻击者认同

除了对精神分析文献中已经描述过的防御机制进行分类外，安娜·弗洛伊德还确立了一些"新的"防御机制——其中最著名的是"向攻击者认同"。她告诉我们，她对这种防御机制的最初识别要归功于她的同事奥古斯特·艾克霍恩告诉她的一个故事。他描述了一个经常因为在课堂上做出奇怪表情而与老师闹别扭的小男孩。每当有人责骂他或责备他时，他都会摆出一副这样的表情，使班上其他的孩子都放声大笑。老师不确定这个男孩是单纯的无礼还是面部抽搐。通过观察他的行为，艾克霍恩意识到，这个男孩的鬼脸"简直就是对老师愤怒表情的夸张模仿，当他不得不面对老师的责骂时，他试图通过不自觉的模仿来控制自己的焦虑"（A. Freud, 1936：118）。换句话说，这个男孩不知不觉地认同了老师的愤怒，模仿了他的表情，从而让自己和老师这个可怕的外在客体变得一致。

对安娜·弗洛伊德来说，这个故事的意义在于它描述了一个过程，这个过程虽然看似简单，但实际上呈现了"自我最有力的武器之一，用来应对外部客体引发的焦虑"（p. 117）。无论一个孩子是看完牙医回来后愤怒地折断铅笔，还是在操场上撞上老师摔倒受伤的第二天穿着军帽、带着玩具剑来学校，我们都可以看到孩子是如何识别出能够引起心理痛苦或焦虑的物体的某种特征，并进一步吸收这种体验的。在某些情况下，个体所面对的焦虑可能是一种内在的焦虑，比如有一位在做分析的5岁男孩，一旦分析涉及与他自慰幻想相关的材料，他的状态就会从羞怯和压抑转变成咄咄逼人，仿佛是一头正在用怒吼攻击治疗师的狮子。正如安娜·弗洛伊德指出的那样，这并不是一种先天的攻击性，而是焦虑的一种表达：孩子害怕自己会因为性的想法和愿望而受到惩罚，所以在扮演凶猛狮子的那一刻，他仅仅是在"将他所恐惧的惩罚进行戏剧化呈现，并且先发制人"（p. 124）。

"向攻击者认同"这一概念具有重要意义，其中的原因有很多。它不仅提供了一种方法来理解儿童喜欢玩的许多假装和模仿游戏，还对儿童攻击性提供了一种思考方法，而不再认为儿童的攻击性仅仅源于先天的"攻击驱力"或"死亡驱力"概念。它还清楚地表明，无论一个人是在处理来自内部的威胁（如无法接受的本能冲动）还是来自外部的威胁，防御机制都起着相同的作用——识别威胁或危险，使自我启动某种形式的防御策略以减少威胁，从而避免痛苦或愉悦的感受。

也许最重要的是，"向攻击者认同"的概念也可以提供一种思考早期超我发展的正常过程的方法。通过内化具有威胁性的客体，孩子将批评内化，尽管孩子在这一阶段仍会表现出许多过错行为。因此，当一个蹒跚学步的孩子因为做了一件淘气的事而正在被批评时，他会指着另一个孩子说是他做的，这可以被看作是一个"道德的初步阶段"（p. 128），在这个阶段中，孩子的是非感已经确立，只是超我的评判还未能指向自身。正如安娜·弗洛伊德多年后所说，也许真的只存在"具有道德感的幼儿"，而可能不存在"罪孽深重的幼儿"（Sandler & Freud，1985：412–413）。

青春期和青少年期

"向攻击者认同"被认为是发育过程中较早出现的一种重要的防御机制，同时，安娜·弗洛伊德相信，作为自我持续发展的结果之一，其他防御方式会在生命的稍后阶段发挥作用。特别是她认为青少年期是一系列新的防御方式得以呈现的关键时期。正如本章前面提到的，安娜·弗洛伊德的著作《自我与防御机制》成书原意是将她关于青春期的观点整合在一起。尽管后来这部作品的目的改变了，但它其中仍然蕴含着对青春期发展阶段的精神分析式思考的重要贡献，尤其是最后两章：关于"青春期的自我和本我（The Ego and the Id at Puberty）"和"青春期的本能焦虑（Instinctual Anxiety during Puberty）"。

尽管早期的精神分析师非常重视性欲在人类发展中的作用，但令人惊讶的是，他们忽视了青春早期与青少年期这个发展阶段。安娜·弗洛伊德试图对此进行解释，她认为第一代分析家对婴儿性欲的发现同时也意味着"青春期早期被简化为一个转变阶段，被当成是架在弥散的婴儿性欲和以生殖器为中心的成人性欲之间的一个过渡桥梁"（1958a：138）。如果青少年期仅仅被看作是婴儿性欲早期阶段的再现，那么确实没有必要给予它精神分析性的关注。但在几年后，安娜·弗洛伊德评论道，青少年期是"被精神分析思想忽视的时期，仿佛一个继子"（1958a：137）。

安娜·弗洛伊德曾与贝恩菲尔德和艾克霍恩一起工作，他们两位着迷于与青少年一起工作（或理解青少年）时所面临的挑战。安娜对这一时期的意义有着不同的看法，尽管她认同从本质上讲，这一阶段是对早期儿童冲突的重演。不过，作为一种再现，它依然保有相当的重要性：

> 虽然人在生命的前 5 年所经历的事件奠定了其神经症发展的基础，但生命的第二个 10 年的经验决定了婴儿神经症在多大程度上会被重新激活或保留，可能会成为精神健康的永久威胁。
>
> （1949d：96）

在《自我与防御机制》一书中，安娜·弗洛伊德特别关注自我在青春期早期的挣扎，在这一阶段，自我需要控制本能力量的高涨所产生的压力。她用了一个比喻十分形象，她说自我和本我之间先前一直进行着的一种婴儿期争斗（infantile battle），由于潜伏期的开始而暂时进入"休战"状态。然而，随着青春期早期的到来，敌对情绪再次爆发，本我和自我之间的平衡会因为来自性欲和攻击的本能力量的高涨而变得不稳定。因此，安娜·弗洛伊德认为青春期是自我的"生存斗争，在这种斗争中，自我无所不用其极地使用了各种防御方法"（1958a：140）。对许多青少年来说，这可能会导致极端化的防御，包括对本能全然否定（如理智化、禁欲或进食障碍），但"我们几乎总是可以看到青少年从禁欲摇摆到本能，比如青少年突然沉溺于他以前坚决克制自己的事情"（1936：170）。安娜·弗洛伊德认为，这种在自由与克制之间，或在反抗与服从权威之间的摆荡，是"正常"青春期的特征，不应被视为病态。

在她后续的著作中［例如 A. Freud, 1958a, 1969（1966）］，安娜·弗洛伊德继续沉迷于青少年心理研究，包括与年轻人开展精神分析工作时的技术挑战以及青少年的"不端行为"（1949c）。特别是，她饶有兴趣地探索这样一个问题：青春期的"**疾风骤雨**（Sturm und Drang）"何时是正常青春期过程的一部分，何时又是"真正的病理"信号。她继续探索生命这一阶段显现出的独特防御机制（可能表现为她所谓的"不妥协的青少年"或"禁欲的青少年"）中，她认为混乱和不和谐本身可能是健康发展的一个标志。同时她也拓展了视野，不仅关注自我结构的变化或防御机制的运用，还关注客体关系、道德发展、社会关系和本能驱力的变化。除了提供对人类发展这一关键阶段的复杂理解外，安娜·弗洛伊德认为精神分析师还需要学习何时以及如何进行干预治疗。但同样重要的是，他们需要知道什么时候"应该给予年轻人时间和空间来解决自己的问题"（1958a：165）。她在 1958 年的论文结语中，展现了她本人对于理智、实用主义和共情的典型结合：

>……可能是（青少年的）父母需要帮助和指导，以便能够忍受他们的孩子。生活中很少有什么情况比应付一个正在试图解放自己的青春期的儿子或女儿更难的事情了。
>
>（1958a：165）

对本能的防御与对情感的防御

安娜·弗洛伊德在《自我与防御机制》一书中所讨论的核心问题之一，是当自我运用防御机制时是在防御什么。精神分析一直认为超我焦虑对于理解神经症（即我们的愿望和我们"应该"做什么的感觉之间的冲突）至关重要，但安娜·弗洛伊德指出，超我焦虑只是自我防御活动的触发因素之一，但在儿童期它绝不是首要因素。安娜建议对于年幼的孩子（基于其父亲在《抑制、症状与焦虑》一书中提出的一些观点）来说，自我生存的最大威胁来自"客观的焦虑（objective anxiety）"[这是一个术语，德语原文 Realangst（意为现实的焦虑），安娜·弗洛伊德后来建议将其在英语中翻译成"正当的恐惧（justified fear）"]。所谓正当的恐惧，安娜·弗洛伊德指的是所有对孩子造成威胁的危险，从最初对失去爱的客体（losing the loved object）的恐惧，到发展意义上更为复杂的对失去客体的爱（losing the love of the object）的恐惧。

但安娜·弗洛伊德更进一步认为，不管焦虑的来源是什么——心智本质上是保护自己避免**不想要的情感**（unwanted affects）或不愉快的感觉。无论危险的来源是本能冲动还是外部威胁，它激活自我防御机制的原因是这个危险**被体验为**不愉快或痛苦的东西。就像战斗或逃跑的生理过程一样，心灵也会寻求摆脱这种不受欢迎的感觉状态的方法，并利用任何必要的策略来恢复幸福感。

回顾自己直到生命晚期的工作，安娜·弗洛伊德评论说，她强调自我对情感状态和正当恐惧的反应"或多或少是一种异端的革命思想"（Sandler & Freud，1985：264）。在19世纪90年代末，当放弃了所谓的诱惑理论之后，弗洛伊德在他关于神经症和心智运作的理论中，几乎将注意力都集中在如何处理内在危险的方式上，特别是那些被压抑在无意识中的危险。但现在安娜·弗洛伊德的理论通过关注与威胁有关的情绪，对无论来自内部抑或外部的任何形式的危险都给予了同等的地位。安娜·弗洛伊德努力将精神分析的注意力重新集中在外部现实上，比如父母的虐待、创伤和疏忽照顾，以及与本能愿望和内部冲突相关的危险。尽管心智可能以类似的方式对这些截然不同的危险做出反应（无论是通过反向形成、投射，还是其他任何已确认的防御机制），但不应掩盖这样一个事实，即自我是在利用这种防御手段来应对各式各样的威胁。

不同防御动机之间的区别支持了她在关于儿童精神分析技术的早期讲座中提出的观点，即对症状的评估总是需要考虑到病态行为的动机。尤其是对于年龄较小的儿童，如果症状可能是基于"正当的恐惧"，那么最好的帮助可能是针对恐惧源本身的干预措施——无论是通过对重要关系给予支持，还是试图去影响孩子成长的环境。仅仅改变孩子的环境是不够的，还需要对孩子长期以来建立的防御结构进行消解。在某些案例中，我们可能会意识到，当初激发自我防御反应的情境现在已经不存在了，甚至这种情境只是幻想的产物（A. Freud，1936：69）。但是，如果恐惧的建立是基于外部现实的，比如那些被粗暴对待或被虐待的儿童，那么（治疗）重点应该放在改变致病环境上。安娜·弗洛伊德认为，对年幼的孩子来说，这样的改变可能就足够了；当冲突已经被真正"内化"时，精神分析治疗的关键才是解决孩子受损的内心世界。

《自我与防御机制》的临床运用

虽然《自我与防御机制》并不是一本主要谈论临床工作的书，但其中蕴含着很多对临床精神分析实践有意义的内容。安娜·弗洛伊德指出："分析师的任务是将无意识的内容带入意识中，不管它存在于哪个精神结构"（1936：30）。如果只关注"挖掘"被压抑的愿望和无意识幻想，那就如同于只关注病人的阻抗和无意识的防御活动一样，这是片面的。事实上，精神分析核心技术（包括对梦、自由联想和移情的关注）的迷人之处就在于后者给出了平等地进入本我、自我和超我的活动的路径。正如安娜·弗洛伊德所说：

> 事实上，当病人通过他仅剩的可及的方式来表达冲动或情感，也就是用扭曲的防御手段来表达的时候，实际上，他已经是坦诚的了。我认为，在这种情况下，精神分析师不应该跳过本能转变的所有中间阶段，不惜一切代价直击被自我防御的原始本能冲动，把它引入病人的意识中。更正确的方法是转变分析中的焦点，将研究的首要焦点从本能转向具体的防御机制，即从本我转向自我。如果我们成功了……分析会事半功倍。……我们不仅填补了病人本能记忆的空白……也获得了能够填补和完成病人的自我发展史空白和过去的本能转变史空白的信息。
>
> （p. 21）

这里所提倡方法如今已被称为"防御分析（defence analysis）"，尽管安娜·弗洛伊德在书中并没有使用这个术语，但她在书的第三章中基于自己在儿童精神分析中的经历给出了一个非常清晰的例子。一位年轻女孩因急性焦虑发作和拒绝上学前来接受治疗。在分析的早期阶段，分析师注意到这位年轻女孩友好且合作，但她却对自己的焦虑发作只字未提。当分析师基于儿童游戏或联想中的材料对焦虑做出解释时，女孩对安娜·弗洛伊德的态度突然转变成嘲笑和轻蔑。起初安娜·弗洛伊德仅把这些作为移情的信号，但过了一段时间后，她发现这种行为与分析情境本身并没有联系。相反，她开始注意到，女孩也用同样的自嘲方式来回应自己身上的脆弱和易受伤的感受。

安娜·弗洛伊德意识到，对这个孩子任何的焦虑进行深层解释（针对本我的解释）都只会强化小女孩的抗拒和她特有的自嘲语气——即使这种解释是"正确的"。换言之，在被压抑的愿望能够被意识到之前，首先必须使病人意识到其保护自己情绪不受痛苦影响的方法。进一步的探索发现，女孩的父亲从她很小的时候就开始"通过在女儿情绪失控时对她冷嘲热讽来训练她的自控力"（p. 39）。即使父亲不在场，这种处理感情的方式也已深深地"刻印"在了女孩的心中。要想让孩子意识到更深层的焦虑，最先需要分析的是她避免痛苦情感时的典型防御方法，不管这些痛苦情感的来源是什么。

安娜·弗洛伊德在开篇中强调，分析自我防御技术的挑战在于我们可能只关注心灵中更"表层"的部分上，这点值得注意。毕竟，本能冲动最根本的愿望是进入意识并得到表达。在某种意义上，这意味着病人愿意让分析师对其本能冲动进行意识化的工作。尽管（冒着人格化的风险），对于自我而言，"分析师的出现就是为了打破平静"（p. 31）。毕竟，运用防御方法是为了避免痛苦的感觉（就像刚刚提到的小女孩，当她的父亲嘲笑她表达出的情绪并将其看作是一种软弱的时候，她学会了如何避免羞耻感带来的痛苦感受）。尽管将这种防御行为带入意识有可能重新激活这种痛苦的感受，然而，从治疗的角度来看，它为病人提供了重新评估内部和外部现实的机会，也让病人有可能找到更好和更适应的方法来处理这些问题。

安娜·弗洛伊德这本书中对临床技术的最重要贡献可能在于，她关注了"防御分析"的价值，并将其认为是精神分析技术的一部分（而不是全部）。但这本书的贡献不止于此。整部作品都在凸显关注孩子的情感对于儿童精神分析的重要价值（尤其是那些似乎与情境不一致的情感，比如当在描述一些非常悲伤的事情时，孩子却笑了）；她也提到自我的观察功能可以成为分析师的盟友（因此她预言了"治疗联盟"的概念，这一概念在20世纪50年代才得到更充分的阐述）；她还强调了关于支持自我的工作（ego-supportive work）的重要性的一些重要观点，特别是在与儿童的工作中，需要帮助他们学习在不使用惯常防御行为的情况下去承受极度的疼痛或不适（p. 69）。这一想法在1936年的作品中才有所提及，但在她后期关于"发展性紊乱（developmental disturbances）"的写作中进行了着重阐释，我们将在第九章中看到这一点。

安娜·弗洛伊德在自我和防御机制方面的遗泽

正如本章开头所描述的，《自我与防御机制》一书对当时及随后几十年精神分析思想的影响可能比安娜·弗洛伊德的任何其他著作都要大，这使得它很快变成其他专业（如精神病学和社会学）的培训课程中的标准教材。对许多人来说，这可能是他们读过唯一一本安娜·弗洛伊德的作品。虽然方法和术语可能已经改变了，但是时至今日几乎没有精神分析师会忽略对自我的关注，他们也会十分关注心灵如何以各种方式来保护它自己免受痛苦和焦虑。

这本书的具体内容也带给我们相当可观的遗泽。例如，通过"向攻击者认同"章节，在精神分析理论中引入了这一新的概念并沿用至今。在20世纪30年代末，随着法西斯主义的兴起和世界大战的进程，能有这样一种用于理解普通人也可能犯下的暴力行为、理解目睹这种暴力和破坏行径对儿童发展影响的方法，是非常必要且有价值的。如今，理解家庭暴力和政治暴力对儿童的影响仍然和1936年一样重要，安娜·弗洛伊德提出的关于道德感早期发展的观点也是如此。

1936年出版的这本书在安娜·弗洛伊德自身的发展中也占有重要地位。正如Raymond Dyer所说：

> 正是因为有了对防御理论的独创性贡献，再加上列举了具体的防御机制的系统性的自我心理学模型，才奠定了维也纳儿童精神分析学派的优势地位。这一学派现在不但拥有有效的技术方法和活跃的成员，还有强大凝练的理论模型来检验它的理论和观察。现在，安娜·弗洛伊德思

想的心理学和科学的学徒期已初告完成。

(Dyer, 1983: 113)

> **· 拓 展 阅 读 ·**
>
> 安娜·弗洛伊德在她的作品中提及了她关于自我和防御机制的观点,但对这些材料更全面的回顾可参阅**《对防御的精神分析》**一书(Sandler & Freud, 1985),这本书以安娜·弗洛伊德和汉普斯特德诊所工作人员在1972—1973年间的讨论为基础,由Joseph Sandler整理成稿。讨论紧密围绕着1936年出版的那本书,逐篇审视书中各章并提出问题。最终版以逐字稿的形式对讨论内容进行了出版,生动鲜活地再现了安娜·弗洛伊德的思维方式,并对《自我与防御机制》提出的观点做了一些有趣的评论。关于防御分析的使用及其对精神分析技术的影响的临床说明,参见Gray(1996)。
>
> 关于**自我心理学**的主题以及安娜·弗洛伊德本人与它的关系,她在1966年的论文"哈特曼的自我心理学与儿童精神分析师思维之间的关联"中非常清晰而翔实地做了说明。Wallerstein(2002)对美国自我心理学的发展和转变做了极其清晰的阐述,表明了自我心理学的广泛影响以及安娜·弗洛伊德的著作在其发展中所起的作用。雅克·拉康(Jacques Lacan, 1954)对自我心理学的这种模式提出了一个批判性的观点,而后来Greenberg和Mitchell(1983)在他们极具影响力的关于精神分析和客体关系的书中也提出了一个批判性的观点,即自我心理学的方法所呈现出的是过时的"一人心理学(one-person psychology)"。
>
> 安娜·弗洛伊德对青春期的兴趣,促成了她与Moses和Eglé Laufer的重要合作,他们在伦敦建立了布伦特青少年中心(Brent Adolescent Centre)。他们出版重要的著作有**《青春期与发展性故障:一种精神分析观点》**(*Adolescence and Developmental Breakdown: A Psychoanalytic*

View，1984）。安娜·弗洛伊德在"火柴盒"学校工作的两位同事，埃里克·埃里克森和 Peter Blos，也创作了关于青少年发展的重要著作，包括 Blos 的**《论青春期：一种精神分析的解释》**（*On Adolescence: A Psychoanalytic Interpretation*，1962）和埃里克森的**《同一性：青少年与危机》**（*Identity: Youth and Crisis*，1994）。关于艾克霍恩对青少年心理治疗实践的影响，参见 Houssier（2009）以及 Houssier 和 Marty（2009）的文章。

（钱　捷　译；邹筱雯、郑沅昊　校）

第五章
汉普斯特德战时托儿所

主要著作

1942 《战争时期的幼儿：在战时托儿所工作的一年》（与多萝西·伯林厄姆合著）

[*Young Children in War-Time: A Year's Work in a Residential War Nursery* (with Dorothy Burlingham)]

1943 《战争与儿童》（与多萝西·伯林厄姆合著）

[*War and Children* (with Dorothy Burlingham)]

1944 《遗孤：寄宿制托儿所的赞成与反对案例》（与多萝西·伯林厄姆合著）

[*Infants without Families: The Case for and against Residential Nurseries* (with Dorothy Burlingham)]

1949 "关于攻击性的笔记"

(Notes on Aggression)

1949 "与情绪发展相关的攻击性：正常和异常"

(Aggression in Relation to Emotional Development: Normal and Pathological)

1951 "对儿童发展的观察"

(Observations on Child Development)

1955 "幼儿的特殊经历，尤其是在社会动荡时期"

>   （Special Experiences of Young Children, Particularly in Times of Social Disturbance）
>
> 1958　"论约翰·鲍尔比的分离、悲伤与哀悼理论"
>   （Discussion of John Bowlby's Work on Separation, Grief and Mourning）
>
> 1973　《汉普斯特德托儿所的报告，1939—1945》（与多萝西·伯林厄姆合著）
>   [*Reports on the Hampstead Nurseries, 1939–1945*（with Dorothy Burlingham）]

引言

在安娜·弗洛伊德的前半段职业生涯中，她一直都是儿童精神分析这一新领域的领军人物之一，直到后来她因法西斯主义兴起而被迫离开维也纳。她关于自我和防御机制的研究为精神分析理论做出了重大的贡献。除这两项重大贡献之外，她还致力于深入了解幼儿的发展，尤其希望能够将精神分析理论应用到幼儿的养育和教育中。

1937年，安娜·弗洛伊德于维也纳创建了杰克逊托儿所，这让她在这一领域的工作达到了巅峰。这个托儿所主要是为2岁以下的儿童提供服务，而她的这个想法在当时几乎是闻所未闻的。安娜·弗洛伊德自己把这家托儿所描述为"某种介于育婴所（crèche）和幼儿园（nursery school）之间的机构"，主要面向以下人群开放："维也纳最贫困的家庭中的幼儿，他们的父亲要么靠着救济金生活，要么就在街上乞讨，而他们的母亲最多也就做一些清洁工的工作"（引自Young-Bruehl，1988/2008：219）。不过这家托儿所的目的并不是只是做慈善，其目的也同时包含着科学性：

第五章　汉普斯特德战时托儿所

> 我们通常通过以下这些方式来了解婴儿：发展性的研究、成人对自身婴儿时期的回顾，以及在儿童精神分析中探究婴儿的内心世界。我们现在需要亲眼看看儿童生命最初几年的实际经验，从外部直接观察儿童们所呈现出的样子。我们的目标是全面掌握关于婴儿期的知识。
>
> （引自 Young-Bruehl，1988/2008：218）

虽然托儿所取得了相当大的成功，但由于欧洲法西斯主义的兴起，这个项目仅仅运行了不到一年就被迫中止了。1938 年 6 月，纳粹占领了奥地利，西格蒙德·弗洛伊德和他的家人们只得逃离维也纳。安娜·弗洛伊德把杰克逊托儿所的一些设备，比如一套特别设计的蒙台梭利玩具装在她的行李箱里，就好像在之后还会有类似托儿所的工作要开展。很快，弗洛伊德和他的家人就在伦敦的马雷斯菲尔德花园（Maresfield Gardens）定居下来，一年多后弗洛伊德在此住所里去世。

随着父亲的去世以及 1939 年第二次世界大战的爆发，安娜·弗洛伊德全身心地投入工作。在意识到战争给儿童带来的痛苦之后，她和她同事多萝西·伯林厄姆决定建立一个疏散中心（evacuation centre），即儿童休憩中心，以便能够照料一些儿童，他们中的大部分在"伦敦闪电战（London Blitz）"中失去了自己的家（"伦敦闪电战"摧毁了伦敦东部的很大一部分）。随着城市中的孩子们所面临的困境变得越来越明显，这一计划很快得到推进。在"美国寄养父母计划"的资助下，安娜·弗洛伊德和她同事建立了后来被称为"汉普斯特德战时托儿所"的项目，这个项目不仅改变了那些曾被照料过的儿童的生活，也改变了许多在那里工作的人员的生活，这其中包括安娜·弗洛伊德本人。这个项目还带来了许多改变，但在这些改变中，正是与战时托儿所中的儿童一起工作的经历，更加坚定了安娜·弗洛伊德的信念，即儿童对其照料者的早期依恋对其之后的发展非常重要。并且，这段经历使她越来越重视儿童的内心世界（本能、动力或气质）与其经验的互动方式，这些方式都是非常重要的，并且在儿童的人格发展中起着决定性作用。

汉普斯特德战时托儿所和观察性研究

在1942年初,多萝西·伯林厄姆和安娜·弗洛伊德先着手进行的是一个相对较小的项目,为10~12名受战争影响的儿童建立一个儿童休憩中心。随着项目的不断扩大,到1942年年中时,汉普斯特德战时托儿所已经拥有了三栋楼,两栋在伦敦,一栋在城外的埃塞克斯(Essex),有大约120名儿童得到照料。这些儿童中,小的有婴儿,而稍大一点的儿童年龄则处于潜伏期。在那里工作的很多护士本身就是来自中欧的年轻难民,他们中的许多人后来接受了儿童精神分析的训练,并为战后的儿童福利事业做出了重要贡献。

虽然安娜·弗洛伊德主要是为了满足那些在伦敦轰炸中受害的幼儿及其家庭的迫切需要,但她从一开始就清楚地认识到,战争环境以及为照顾受战争影响的儿童而建立的托儿所是一个"自然实验",应该利用这一实验去更多了解儿童早期的发展特性(Edgcumbe,2000)。伯林厄姆和安娜·弗洛伊德在界定战时托儿所的目的时,把修复战争已经造成的伤害和防止更进一步的伤害作为主要目的,同时她们也把研究和培训定为更进一步的工作目标。

回顾在汉普斯特德战时托儿所的经历,安娜·弗洛伊德把她当时进行的观察性研究(也许是过于谦虚地)描述为"不过是高强度的战时慈善工作的副产品"[A. Freud,1951(1950):145]。虽然她这么说,但安娜·弗洛伊德也承认,战时托儿所是"进行儿童观察的理想场所":

> 通过各种不同的案例,我们可以亲眼见到孩子几乎从一生下来就在经历的各种情况,包括被母亲照料的或是被剥夺母亲照料的、母乳亲喂的或是用奶瓶喂养的、忍受与客体分离或是重要客体失而复得的,还有由母亲的替代者或教师照料的,以及他们如何发展与同辈人的关系。我们还可以近距离地跟踪观察儿童性欲和攻击性发展的阶段、儿童断奶和如厕训练的过程和效果,以及语言和各种自我功能的获得。

(p. 146)

第五章　汉普斯特德战时托儿所

多年后，在托儿所工作的年轻助手 Ilse Hellman 更准确地回忆起了当时观察中所使用的方法。她提到所有工作人员都被鼓励在检索卡（index card）上记录下他们平时和儿童互动时所得到的观察。这些观察结果要以一种严格的非理论性的语言来填写，并尽可能详细描述儿童的行为。由于这些记录都写在检索卡上，所以采用了汇集观察法（the method of pooling observation），于是每个儿童的观察材料逐渐积累，同时这些观察资料也被用来加深工作人员对该儿童及其需求的了解。

每天晚上工作人员都会聚集在一起进行一系列的讲座和讨论。在晚间会议期间，他们也会针对工作人员所做的观察进行分类和协调，并且通过一个相互参照系统，将特定儿童和特定主题（例如：与父母的分离或对空袭的反应）的相关卡片集中在一起。根据最先在杰克逊托儿所中制定的政策，每个儿童都建立了专属于自己的发展图表，内容包括了体重、喂养和睡眠模式、性的发展、卫生训练、防御机制、内疚感和责任感的发展以及客体关系等主题信息。这种广泛而系统的收集带有精神分析性的资料的做法，带动起一系列的研究，例如"对家庭生活中断的反应""对代替性母性照料的反应"和"集体生活的影响"，以及更详细地阐述了精神分析中的概念，例如性心理发展（Hellman，1990：23—24）。

在 1941 年 2 月以后撰写的战时托儿所"月报"广泛使用了所有工作人员的观察结果。这些报告提供了大量的观察细节，回过头来看，我们也能发现这些观察细节构成了安娜·弗洛伊德在战后提出的许多理论发展的基础，也构成了三本专门与战时托儿所有关的出版物的核心资料：《战争时期的幼儿》（Freud & Burlingham，1942）、《战争与儿童》（Freud & Burlingham，1943）和《遗孤：寄宿制托儿所的赞成与反对案例》（Freud & Burlingham，1944）。然而，直到 1973 年，托儿所的全套报告才作为《安娜·弗洛伊德文集》第三卷出版。

对破坏和暴力的反应

从孩子们来到战时托儿所的那一刻起,工作人员就能够观察到战争对幼儿的影响。一些来到这里的孩子在战争中失去了父母,大多失去的是父亲。而那些侥幸从"伦敦闪电战"中活下来的孩子则对空袭非常熟悉,因为他们的家就是在空袭中被炸弹摧毁的。但是令人惊讶的是,虽然他们都对空袭表现出了复杂的反应,但跟大家的预期不同,大多数儿童并没有表现出"创伤性休克(traumatic shock)",他们的反应更多取决于他们自身的经历或其发展阶段。

根据托儿所工作人员的观察,安娜·弗洛伊德将空袭焦虑分为五类,以便其他观察者能够更仔细地区分哪些是应对"真实"的危险的焦虑(安娜·弗洛伊德认为这一类焦虑是能够很快被克服的),而哪些则是由儿童自身的本能冲动或超我发展阶段所决定的焦虑。她还通过观察认识到,儿童对空袭的反应其实在很大程度上是由父母的反应所决定的。如果父母能够表现出焦虑是可控的,那么他们就能够给孩子提供一个"辅助性自我(auxiliary ego)",孩子通常也能够做得更好(Freud & Burlingham,1944:163–172)。

安娜·弗洛伊德还把这些观察看作是一个能够更深入了解战时托儿所中儿童的机会,这个机会能够让她更多地了解这些儿童是如何应对其生命早期所经历的各种动荡、创伤和分离的。成人会更多地用语言来帮助处理这些复杂的经历,而安娜·弗洛伊德则描述了儿童与成人不同的交流方式,例如,几乎没有儿童能够直接谈论他们目睹过的爆炸或死亡,他们往往是要等到几个月甚至几年之后才能够谈论这些事情。

然而,战争游戏无处不在,尤其是空袭游戏。这种游戏也许是一种通过重复或否认事实来掌握焦虑的方式。例如4岁的伯蒂(Bertie)在一次空袭中失去了父亲,他就会经常玩盖纸房子的游戏,然后像扔炸弹一样往房子上扔小弹珠。只不过在伯蒂游戏中的重点是,所有人都及时得救了,所有被摧毁的房子都能够很快得到重建。伯蒂似乎在否认事实,但他一直都没成功过,

第五章 汉普斯特德战时托儿所

于是他就一遍又一遍地玩着这个游戏，直到几个月过后，他才终于能够谈起他父亲的去世（Freud & Burlingham，1944：197）。

精神分析视角下的攻击行为

在汉普斯特德战时托儿所的这段经历使得安娜·弗洛伊德重新审视了关于攻击性和暴力及其在人性中所处位置等观点。在战争结束几年后，安娜·弗洛伊德在"关于攻击性的笔记［1949（1948）］"中写道："攻击性和破坏的表现方式及其发展已经成为教育学、儿童心理学和儿童治疗领域的研究热点"（p. 60）。在描述精神分析流派试图理解这些现象的方式时，安娜·弗洛伊德回顾了精神分析领域研究热点的转变，他们最早关注的是性行为，之后才日益认识到攻击性与性行为并存的重要性：攻击性最开始只是作为前生殖器期的性行为的一个方面（例如"肛门攻击"的概念），后来攻击性就成为一种"自我本能"，在这种本能中，攻击性是自我面对威胁时用来保护自己的一种方式，这也就是所谓的攻击的挫折理论（frustration theory of aggression）。但一直到弗洛伊德提出生本能和死本能（1920a）之后，攻击性才像性本能那样，被认为是主要的本能驱力的一个方面。

安娜·弗洛伊德在1949年的论文中直接借鉴了在战时托儿所的工作经验。因为在那里，她和她的同事们能够非常细致地观察到幼儿攻击性的表现，以及这些表现是如何与其周围正在发生的暴力和破坏相互动的。在他们的报告中，安娜·弗洛伊德和多萝西·伯林厄姆反对那种认为儿童的"天真"会因为目睹了战争中的暴行就被摧毁的感性观点。就像她在1949年的论文里所指出的那样，关于攻击性，战争的经历"教会我们的和我们自己在生活中学到的并没什么不同"，因为有大量证据表明：在整个的人类历史中，人与人之间的关系中充满着攻击性；以及"暴力、攻击性和破坏的特征"一直都是儿童行为的一部分［1949（1948）：61-62］。但这也并不是否认儿童应该被尽量保护起来，使其免于目睹战争的恐怖，而是说，这样做的目的"不是因为恐怖和暴行对于他们来说是陌生的，而是我们希望在其发展的决定性阶段中，他们能够克服并远离其婴儿式的本性中原始而残暴的愿望"（Freud & Burlingham，1973：163）。

安娜·弗洛伊德认为从生命一开始，攻击本能就一直和性本能如影相随，但她的观点又和梅兰妮·克莱因有些不同。克莱因强调的是这二者之间的根本冲突，而安娜·弗洛伊德则相信这两种冲动都有利于儿童的健康发展，只有在发展的过程中，这两种冲动才可能会有不相容的时候。因此，安娜·弗洛伊德认为首要问题是儿童在发展过程中应当如何实现力比多冲动和攻击性冲动的融合（fusion），而对于这一首要问题，关键在于儿童早期的情感联结的强度。

安娜·弗洛伊德在1949年发表的另一篇论文中描述了这样一类儿童，他们"持有一种难以控制、毫无意义和破坏性的态度"，他们"会破坏自己的玩具、衣服、家具，对小动物也很残忍，还会伤害其他年幼的孩子"［1949（1947）：496］。她指出这类特征在那些在孤儿院长大，或者家庭不完整，又或者总是更换寄养家庭的孩子身上尤为明显。她认为在这种情况下，病理因素"并不在于攻击性倾向本身，而在于攻击本能和力比多（性欲）本能之间缺乏融合（lack of fusion）"（p. 496）。如果关注的是攻击性行为，并且还试图通过强制或武力的方式来控制这种行为的话，就会忽略了关键问题：这类孩子所缺乏的是与成人世界的强有力的情感（力比多）联结。她认为，只有发展了这种联结，儿童才能够将力比多冲动与攻击性冲动"进行融合"，他们的攻击冲动才能得到一定程度的控制。

依恋和分离

当孩子们刚来到战时托儿所时，最令安娜·弗洛伊德和她的同事们震惊的可能是这些幼儿对突然与家人分离的反应。安娜·弗洛伊德后来指出，"观察者很少能体会到对于幼儿来说那种痛苦到底有多深、有多痛"（Freud & Burlingham，1973：183）。例如，17个月大的卡萝尔（Carol）在和父母分开后的近3天时间里，不断地用低沉的声音重复着"妈妈、妈妈、妈妈"。一开始,她只愿意坐在一个护士的膝盖上,却扭过头不去看这个试图安慰她的陌生人。"一旦她看到抱着她的人(不是她妈妈),她就会开始哭泣"(p. 184)。

在这些儿童身上,各种退行很常见,他们的行为会倒退到原先幼稚的模式。与父母分离的幼儿原先并不尿床,但在分离之后他们就又开始尿床;那些已经学会控制自己攻击性行为的儿童又会开始频繁地发脾气;几乎所有的孩子都回到了吸吮手指或者是其他"自体性欲的(autoerotic)"行为。安娜·弗洛伊德写道:"当儿童对父母的依恋被破坏时,所有的这些新的成就都对儿童失去了价值。……成为一个好孩子、一个爱干净的孩子、一个无私的孩子,都没了意义"(p. 201)。

对于年龄稍大一点、三四岁的孩子来说,自相矛盾的情感是亲子关系中的正常部分,这种情况下的分离通常看起来像是在对负面情绪进行难以忍受的确认。3.5岁的比利(Billie)与父母分开后表现异常良好,会遵守平时在家时经常违反的规则。当他听到他母亲因为腿脚不好而进了医院时,他突然想起自己有一次踢了她,然后开始担心母亲病了是不是自己的错(p. 191)。在他的案例中,对于比利而言,分离仿佛是对他所有不良想法和行为的惩罚,所以他现在需要试着通过过度突显他对父母的爱去弥补他曾经"造成"的后果。正如安娜·弗洛伊德所说,这种做法"将分离导致的自然痛苦转化为强烈渴望,这会令孩子费心竭力"(p. 189)。

安娜·弗洛伊德在战时托儿所开始工作后过了没多久就敏锐地意识到[温尼科特和鲍尔比(Bowlby)同样也意识到了]:虽然疏散政策让很多儿童都免于战争的危险,却对儿童造成了其他或许与战争伤害程度相当的后果:依恋关系的破损。伦敦等城市的主要郊区都实行了大规模疏散儿童的政策,这些"被妥善安置"的儿童尽管避免了身体上的伤害,却没有能够避免和家以及家人分离的情感伤害,而这也是决策者没考虑到的一点。

安娜·弗洛伊德和约翰·鲍尔比关于依恋与分离的研究

安娜·弗洛伊德和多萝西·伯林厄姆在关于汉普斯特德战时托儿所的

著作里提出的早期发展的观点与约翰·鲍尔比的工作有着惊人的相似,后者在战后的出版作品就是现在所知的"依恋理论(attachment theory)"的基础(Bowlby, 1960a, 1960b)。

鲍尔比在"婴儿期和童年早期的悲伤与哀悼(Grief and Mourning in Infancy and Early Childhood, 1960a)"及"分离焦虑(Separation Anxiety, 1960b)"这两篇重要论文中,经常引用汉普斯特德战时托儿所。他把托儿所里对幼儿的观察结果作为他关于幼儿与其原初照顾者分离时所经历的"哀悼过程"这一观点的证据支持,这个过程包括三个阶段:抗议(protest)、绝望(despair)和冷漠(detachment)。然而在这些论文中,他对于安娜·弗洛伊德对这种行为的解释提出了批评,这也促使安娜·弗洛伊德对鲍尔比的论文做出回应,于是她在1958年和1960年的两次讲座中都做出了相应的回应。

在这些讲座中,安娜·弗洛伊德(1958—1960)承认鲍尔比划分的幼儿分离反应的三阶段与战时托儿所的观察结果完全吻合,但是她也对鲍尔比的观点提出了异议。鲍尔比认为安娜·弗洛伊德是通过驱力-满足理论(theory of drive-satisfaction)来对观察进行解释的,而不是基于母婴依恋的重要性。安娜·弗洛伊德不认同这样的区分,她认为从生命一开始,个体对快乐的追求(对不快乐的回避)就开始通过个体和原初照顾者的关系来表达。她还解释,说鲍尔比批评了原发性自恋(primary narcissism)这个术语,他将其理解为由此可推测婴儿存在一个与外部客体没有任何关系的生命阶段。然而这个词实际上是指在这一段时期内,照料者甚至没有被婴儿看成是一个独立的人,而是被看作"内部自恋环境(internal narcissistic milieu)"(Hoffer, 1952)的一部分,照料者没有属于自己的需要和欲望。

安娜·弗洛伊德在论述了她认为的鲍尔比对其理论的误解之后,接着讨论了儿童分离反应的具体特点(例如儿童可能会经历多久的哀悼时间,或者应该采取什么措施才能改善儿童受到的必须要与母亲分离的影响),在一些点上证实了鲍尔比的观察,然而她也在另一些点上提出了不同的意见,对此,她希望能够通过进一步研究来澄清。安娜·弗洛伊德对鲍尔比观点的回应反而是十分公平公正的,因为在那个时候,许多精神分析学家都对鲍尔比的观点抱有极大的敌意。安娜·弗洛伊德对鲍尔比的工作最大的批评就是，他完全用生物学和行为学术语来解释依恋，并没有关注依恋的心理层面，例如幼儿对分离的幻想和焦虑。她说："作为精神分析师，我们要处理的并不是发生在外部世界的东西，而是处理个体心灵层面对外部世界所产生的反响（repercussions）"（1958—1960：174）。

尽管如此，由于安娜·弗洛伊德意识到了在汉普斯特德战时托儿所里，依恋关系的破裂可能会给孩子们带来许多消极的影响，因此她决定要尽量让那些缺席的父母参与儿童的抚养。这与典型的英国寄宿制托儿所不同，在这里不管是白天还是黑夜，父母都能与孩子接触。这里鼓励母亲们最好能住在托儿所里担任管家的职位，这样她们就能够抚养自己的孩子；兄弟姐妹们也能够一起入住；所有的房间也都是随时开放的。雇用母亲做一些厨房工作和家务工作确实减轻了招聘工作人员的困难，而同时更重要的是，通过这种方式，一些儿童能够与母亲保持密切的联系。

然而，虽然已经尽最大努力让孩子与他们的父母保持联系，但是由于战争，这样的联系也不能随时随地发生。而且许多受过创伤和机构化的孩子身上常见的问题都开始变得明显。尽管有这样的照料，但一些儿童还是表现出发展迟缓，比如尿裤子、拉裤子、攻击性行为、发脾气，以及情感退缩和自我刺激等。尤其是幼儿的依恋需求——以及作为这种依恋的结果所带来的一系列发展，看起来在这种寄宿环境中都或多或少没有得到满足（Freud & Burlingham，1944：559）。

创立"人工家庭"

托儿所第一年的情况表明，婴儿过早与家人分离对其之后在寄宿环境中的成长影响很大。因此安娜·弗洛伊德和多萝西·伯林厄姆决定将托儿所重组为"人工家庭"，由一名护士负责照料四五名儿童。在做出这一改变后不久，她就在报告中写道：

> 这一举措带来的结果非常让人惊讶,因为它是那么有力、及时,儿童们的个体依恋都……一个个地紧接着出现,在短短一个星期内,六个家庭就已经建立起来了,而且十分稳固。
>
> (Freud & Burlingham, 1973: 220)

随着和照料者建立起了积极的关系,孩子们很快就克服了其发展迟缓(例如在喂养和睡觉方面),并且发展出了一种情绪上的"活力",这种活力通常在机构化的孩子身上见不到。然而,这种重组家庭的结果并不都是积极的,虽然孩子们表现出了更多的活力,而且更容易在上课的时候认真听讲,但是"人工家庭"的建立也给孩子们的"托儿所生活带来了许多扰人和复杂的元素"(Freud & Burlingham, 1944: 590)。例如"吉姆(Jim)"每次都会在护士妈妈离开后开始大哭,17个月大的他非常黏人,而且占有欲极强,他不想和护士妈妈分开,哪怕只有1分钟。当护士妈妈不在的时候,他就会经常躺在地板上哭,而且哭得很绝望(p.592)。

另外,"人工家庭"的建立进一步增加了分离和丧失的可能性,比如一些工作人员会因为意外情况而离开托儿所。在"雷吉(Reggie)"2岁8个月大的时候,一个从他5个月起就开始照顾他的护士妈妈离开了托儿所,他因此十分迷茫和绝望。2星期后,当他的护士妈妈再来看望他的时候,他不愿意再看她一眼。那天晚上,雷吉在床上坐起来说道:"我的玛丽-安(Mary-Ann)!可我不喜欢她"(p.596)。

虽然有这些"扰人和复杂的元素",安娜·弗洛伊德和她同事们依然坚持在家庭式团体中照顾孩子们的想法,他们尽力解决这种方法的局限,只因他们意识到,如果不用这种方法的话,孩子们的情感发展可能会受到永久的损害。Hannah Fischer是战时托儿所中工作的年轻护士之一,多年后,她依然记得安娜·弗洛伊德如何试图帮助工作人员对他们所要照顾的孩子产生一种"教师的爱(pedagogic love)",这种爱是真诚的,但又不会与父母的爱产生竞争,Fischer这么解释道:

她指的是一种特殊的爱，是我们作为教育者应该时刻准备好为孩子们提供的一种爱。这种爱让孩子们有一种被接纳的感觉，并且让他们感觉和我们在一起很安全。这是一种不求任何回报的爱，就像父母所给予的爱那样天经地义。只不过这种爱只属于孩子们，在这一点上，这种爱又和父母所给予的爱不同。这种属于孩子的教师的爱是取之不尽用之不竭的，可以从一个孩子身上转移到另一个孩子身上，也可以从一个群体转移到另一个群体身上。

（引自 Ludwig-Körner, 2012：19）

父亲角色

安娜·弗洛伊德不仅意识到了母婴依恋遭到破坏所产生的影响，她还意识到儿童与父亲分离所带来的影响，虽然这种影响并不是像与母亲分离之后就立即表现出来的那样，但在寄宿制托儿所里，父亲角色的缺席确实往往比母亲角色缺席得更彻底。当时人们就在观察父亲角色的缺失对儿童认同发展、超我发展以及客体关系的影响（Hellman, 1990：27）。这些观察清楚地表明，年幼的儿童通常只需通过和父亲短暂的接触，就能够维持对父亲的强烈印象。

以托尼（Tony）为例，他18个月大的时候就来到托儿所生活了。由于父亲是服役军人，并且绝大部分时间里都在海外打仗，所以他每年只能见到他父亲两三次。虽然他父亲每次在探望的时候都表现得非常亲切，但他在离开之后几乎从来不和托尼联系，哪怕当托尼的母亲在他3.5岁时因肺结核去世时，托尼的父亲也没有和他联系。后来他父亲还是把这个消息亲口告诉了托尼，托尼曾在一段时间里对他父亲感到愤怒和怨恨。不过他每天晚上都会要求保育员给他讲一个关于他父亲的睡前故事，他会听得津津有味，然后又会说一句："我真的再也不喜欢爸爸了。"到了托尼4岁的时候，这种公开的敌意已经消失了，他甚至会在每一次的交谈中持续地提到他缺席的父亲的名字：

当他摘黑莓、摘花朵，又或是摘树叶的时候，他都想要把这些东西保管好留给他爸爸看。当一个孩子摔倒了哭泣时,他就会说(指的是他父亲的一次意外):"我爸爸从军车上摔下来的时候可没有哭吧?"当看到一个孩子在跑步的时候,他就会自然而然地说:"我爸爸能跑更快。"……他虽然不喜欢吃青菜,但他还是会吃青菜,因为这样才能让他"像爸爸一样强壮"……不管其他孩子是如何把那些全能的事情归于上帝的,托尼都会认为这些事情是他父亲做的。

(Freud & Burlingham,1944:644)

安娜·弗洛伊德尽可能地鼓励孩子们的父亲与托儿所的孩子们保持联系,并且尽可能过来探望他们。她也认为男性形象在孩子们的生活中是至关重要的,因此她邀请了六位年轻男性——他们都是拒绝参加战争的反战者——来托儿所工作,在托儿所里主要从事维修工作或园艺工作,同时也让他们参与孩子们的生活。其中有一位詹姆斯·罗伯逊是托儿所的首席社工,他在战后曾和约翰·鲍尔比一起工作,并拍摄了一系列的观察性影片,强调分离对幼儿生活的影响。其中包括一部非常著名的影片《一个2岁孩子去医院》(*A Two Year Old Goes to Hospital*),记录了一个小女孩因一个小手术而被迫与母亲分离一周所产生的巨大影响。这部纪录片对英国的公共政策,尤其是父母对在医院和托儿所的孩子的探视权方面产生了巨大的影响。

机构照护的影响

汉普斯特德战时托儿所的第二份主要出版物是《遗孤:寄宿制托儿所的赞成与反对案例》(1944),在这本书中安娜·弗洛伊德和多萝西·伯林厄姆试图站在寄宿与机构照护议题的角度,探讨她们在战时托儿所里所得到的经验。这项议题对于政策制定来说十分有影响力,因为政府和社会工作者必须权衡不同类型的儿童照护方式的利弊。这也是安娜·弗洛伊德自早期与艾克霍恩和贝恩菲尔德合作以来一直关注的问题。他们想要找到一种能够集体照护儿童,但是又能够避免儿童被"机构化"的方法。

第五章 汉普斯特德战时托儿所

安娜·弗洛伊德用她经常使用的方式仔仔细细地对证据进行权衡，她认为与家庭式照护相比，寄宿照护的利弊不仅仅取决于人们考虑到的发展方面，同时也取决于儿童所处的特定发展阶段。所以在婴儿出生后的头几个月，除非她得到母乳喂养，否则相比于在一个普通低收入的家庭里生活，婴儿的**身体**发育状况在经营良好的寄宿制托儿所里可能会更好。同样地，比起一室一厅的小公寓，一个能够提供更大空间和行动自由的寄宿制托儿所对学步儿童的身体发育更加有益。然而，在语言发展或如厕训练方面，照料者一对一的关注能够让学步儿童的获益更多，因为儿童在这些领域中的发展在很大程度上取决于他们和照料者所形成的情感联结。

事实上，在安娜·弗洛伊德的结论中，恰恰是在有关于儿童**情感**发展方面，或者那些取决于儿童和他人之间强有力的情感联结的发展面向（比如攻击性的抑制），是寄宿式照护最缺乏的。虽然汉普斯特德战时托儿所为儿童提供了良好的照护，但是一些儿童依然在尿裤子、拉裤子、攻击性行为和发脾气，或情感退缩和自我刺激（例如撞头和自慰）等方面都表现出了发展迟缓。安娜·弗洛伊德总结道，虽然儿童的生理和智力需求得到了满足——经常是以比他们的家庭生活更"优越"的形式——但是在这样的寄宿环境中，儿童的**情感**需求却是最有可能被忽略的。尤其是他们的依恋需求——以及作为这种依恋的结果所带来的一系列发展，在这样的寄宿环境中或多或少是不能够被满足的（Freud & Burlingham，1944：560）。

"人工家庭"的建立在一定程度上解决了儿童的这些需求，但是安娜·弗洛伊德认为，所有的这些替代性的照护幼儿的方式，最终都应当以一个标准来评判，那就是"我们是不是真的能成功地帮助儿童去建立或者保护他们与外部世界的恰当的情感联系"（Freud & Burlingham，1973：131）。正如汉普斯特德战时托儿所的工作人员所发现的那样，努力去维持这种情感联系让照护儿童这件事变得更加困难了，例如，当护士已经和孩子建立起依恋关系了之后，那么一旦当这个护士不得不离职或者请假时，这种分离的情况对于一个原本就遭受过分离和丧失的孩子来说，几乎就是"二次创伤（re-traumatising）"。安娜·弗洛伊德认识到，人们反对在托儿所或者是其他关心幼儿福祉的地方建立起家庭式照护，正是因为他们把儿童对于其依恋对象的强烈的情感反应作为了论据。但她强有力地论证了这种安排的好处，甚至是必要性：

> 两种情况的后果都十分糟糕，一种情况是儿童的依恋关系遭到破坏和中断，另一种是让儿童感受到情感荒匮（emotional barrenness）。但如果一定要选择，那么后者的伤害性其实更大，因为在这种情况下……儿童更难发展出一个健康的人格。……在现实中，真正帮助儿童健康成长的，是如何应对这些情绪情感的学习过程，而不是寄希望于这种非理性的情感依恋关系不存在，尽管这个过程是痛苦的并时常困难重重。
>
> （Freud & Burlingham, 1944: 596, 594）

结论

首先，汉普斯特德战时托儿所对1941—1945年期间在托儿所中的儿童的生活有着深远影响。那些曾在托儿所工作的工作人员要确保他们所照护的孩子能够在战争结束后重新融入家庭之中。当看到几乎所有被他们照护过的孩子都能够成功地融入家庭时，安娜·弗洛伊德也感到非常自豪。此外，安娜·弗洛伊德还鼓励那些在战争期间照护孩子的护士们尽可能地继续和孩子们保持联系。安娜·弗洛伊德也在多年里持续给所有曾经在托儿所生活过的孩子寄去圣诞贺卡和小礼物。

同时，汉普斯特德战时托儿所的工作也给精神分析本身带来了影响深远的遗泽。之前在托儿所里的工作人员希望能够继续研究精神分析，为了满足这一愿望，安娜·弗洛伊德建立了临床培训，这个地方就是后来的汉普斯特德儿童诊所，也就是现在的安娜·弗洛伊德中心。战后，很多护士都在这里接受了培训，并且继续在该诊所工作（Pretorius, 2012）。

安娜·弗洛伊德觉得，战时托儿所的这段经历不仅在对精神分析合适的研究方法上为她提供了很多想法（本书第六章），也给她提供了很多资料，这些资料让她更加坚信，需要用一种发展性的方法来研究儿童心理病理学。这种方法建立在对儿童全维度需要（whole range of children's needs）的一种整体观的基础上——从生理上的照顾到基本健康状况，还有智力上的刺激与情感依恋。在战时托儿所的经历让安娜·弗洛伊德（如果她以前不知道的话）相信婴儿与母亲之间早期关系的重要性，以及这种关系被扰乱时对儿童带来的深远影响，尤其是分离和创伤性丧失的经历。也正如安娜·弗洛伊德在多年后所回忆的那样：

> 我们确实有和幼儿打交道的经验，但我们却从来没有在战争中与他们打交道，尤其是战争直接降临在他们身上：头上落下炸弹，父母或是受伤或是丧生，危机四伏。我们不知道自己接下来会遇到些什么。我们只能依靠自己——这就是当时发生的。我们问自己，关于儿童的"底线"我们都知道些什么，于是我们得出了各地的儿童都有的重要需求：和一个人、一个家长之间的依恋；有一种情绪稳定的成长环境——周围的人可靠而理性；还有，接受一种同样可靠的教育，能够帮助他们同时在智力以及情感上成长。现在所有的这些听起来好像家常话……［但是］请记住，50年前，这些东西并不像今天这样常识化。当有人现在听到我们在汉普斯特德说的那些事情时，他们会回应道，"噢，是的，那是自然的"，我就会笑着说："我很开心，也感到有点自豪，我们已经成功扩大了'常识'的范围。"

（引自 Coles，1992：160）

· 拓 展 阅 读 ·

一些汉普斯特德战时托儿所的工作人员记录了他们关于这些经历的回忆，其中包括了 Sophie Dann（1995）和 Hansi Kennedy（1995；也可参见 Miller & Neely, 2008）。汉普斯特德战时托儿所的工作人员之

— Ilse Hellman 在她的书《从战争婴儿到祖母》(*From War Babies to Grandmothers*, 1990)中描述了她在托儿所工作的经历。在一些情况下，如果曾经在汉普斯特德战时托儿所生活的孩子后期出现了紊乱，中心就会提供精神分析治疗，以达到治疗和研究的目的。Hellman 的书就是关于这一系列后续工作的精彩记录。

安娜·弗洛伊德战后发表的许多著作都参考了战时托儿所的资料，其中有关于喂养习惯的建立（1947）和婴儿喂养困扰（1946a）的著作；两篇关于攻击性的论文［1949（1947）和 1949（1948）］；一篇关于战争对儿童发展的影响的论文（1955）；以及一篇关于本能驱力及其对人类行为影响的论文［1953（1948）］。可以说，几乎所有的安娜·弗洛伊德的战后著作中都能看到"战时托儿所"的影子，尤其在她对早期依恋作用的研究中更是如此。尽管与鲍尔比的理论分歧意味着安娜·弗洛伊德的理论工作是与依恋理论并行发展的，而非是相互关联的，但安娜·弗洛伊德对鲍尔比忽略了依恋的内部世界方面的批评，也在很大程度上已经被第二代依恋理论学家们解决。尤其是 Mary Main 的研究工作，及其对"内部工作模式（internal working models）"的关注以及向表征层面的转变（Main, Kaplan & Cassidy, 1985）。Fonagy（2001）和 Green（2003）等人评论道，这为依恋理论学家和遵循安娜·弗洛伊德传统的精神分析学家的融合铺平了道路，这是一件非常令人振奋的事。

关于汉普斯特德战时托儿所的二次文献非常多。Cohler 和 Zimmerman（1997），Midgley（2007），Young-Bruehl（1988/2008）和 Ludwig-Körner（2012）都在论文里详细描述了安娜·弗洛伊德在托儿所的重要工作。

（钱　捷　译；董瑞瑞　校）

第六章
精神分析研究和儿童观察

主 要 著 作

1950 "精神分析性儿童心理学的进化意义"
（The Significance of the Evolution of Psychoanalytic Child Psychology）

1951 "精神分析对遗传心理学的贡献"
（The Contribution of Psychoanalysis to Genetic Psychology）

1951 "对儿童发展的观察"
（Observations on Child Development）

1951 "一项集体养育实验"（同 Sophie Dann 合著）
[An Experiment in Group Upbringing（with Sophie Dann）]

1957 "儿童直接观察法对精神分析的贡献"
（The Contribution of Direct Child Observation to Psychoanalysis）

1958 "儿童观察与发展预测：对 Ernst Kris 的纪念演讲"
（Child Observation and Prediction of Development: A Memorial Lecture in Honour of Ernst Kris）

1957 "汉普斯特德儿童诊疗所研究项目"（1957—1960）
—1960 [Research Projects of the Hampstead Child-Therapy Clinic（1957—1960）]

引言

许多评论家认为精神分析不够科学，或者说精神分析和更普遍的研究之间关系不大。安娜·弗洛伊德本人没有受过学术训练，也从不认为自己是任何形式意义上的研究者，但是她确实相信精神分析对于理解人类行为和思想会有很大的贡献；正如 Anne-Marie Sandler 所说，在安娜·弗洛伊德的职业生涯中，"她是精神分析临床和概念研究的推动者和促进者"（A.-M. Sandler, 1996: 282）。一些人则更进一步，认为安娜·弗洛伊德"在发展和使用其他技术来增强和补充精神分析研究方法方面，是一位先驱"，她在这方面的贡献是她遗泽中"最不受关注、最不受重视"的方面（Lustman, 1967: 810–811）。

如果说安娜·弗洛伊德的精神分析研究方法是创新性的，那么她作为精神分析研究者的目标和她父亲的工作是非常一致的：与其说他们要试图评估精神分析疗法的有效性，不如说他们更想要对人类的思想和行为获得更深刻的理解。这样的目标是很多非精神分析领域的哲学家和心理学家所共有的，但是安娜·弗洛伊德清楚地知道动力心理学（dynamic psychology）到底可以做出哪些特殊的贡献。继哈特曼和 Kris 之后，她提出，对于一个行为的完整的精神分析研究应当包含三个方面或视角："将特定的反应描述为各种力量相互作用的结果（动力）；将该反应的出现回溯到先前的情境（历史）；以及探讨这种特定的行为方式在最初是在何时、为何和如何建立的（遗传）"（A. Freud, 1951a: 126)。精神分析并不是解决这些问题的唯一方法，但其独特的实践和元心理学思维的融合意味着它可以做出特殊的贡献，在战后的岁月里，安娜·弗洛伊德尤其关注的是，她想要阐明一种恰当的精神分析研究方法，这种方法超越了传统的临床病例报告法。

安娜·弗洛伊德致力于系统性研究，这也是她作为精神分析学家的最重要的特征。由于这一点，安娜·弗洛伊德与当时她那个时代的大多数精神分析学家产生了分歧，他们认为，任何引入原本不属于精神分析方法的尝试都应当受到质疑。但这并不是说她只是简单地主张精神分析应该采用当时主流心理学和精神病学所提倡的研究模式。她也并没有接受当时主流学术的研究范式，在这些范式中，测量、实验控制、统计分析占主导地位，此外，Popper将"证伪（falsification）"（Popper，1959）作为科学的核心，这一思想也非常具有影响力。

相反，安娜·弗洛伊德所主张的是一种适合精神分析方法本身的研究方法论。在其20世纪50年代和60年代的一系列演讲中，她试图建立她自己对"精神分析研究"的定义——这是在她新成立的汉普斯特德儿童诊所中得到了发展和验证的模式。然而，要理解这种方法，首先就要检验安娜·弗洛伊德的工作情境，特别是围绕着精神分析的"科学"地位的争论，以及它对更广泛的发展心理学领域做出重大贡献的程度。

精神分析和学术型心理学

1950年，安娜·弗洛伊德在克拉克大学（Clark University）发表了一篇演讲，内容十分广泛（她在克拉克大学被授予荣誉博士学位，就像她父亲之前在1909年也获得了这份荣誉），回顾了精神分析在更广泛的科学领域中的地位。她首先回顾了她父亲应Stanley Hall的邀请在克拉克大学做一系列讲座时的情景——这是她父亲弗洛伊德的工作第一次以这种方式得到了学术机构的尊重和认可。她回忆了当时精神分析的思想是如何"被批评为是不科学的、空想的，以及不值得学术工作者们关注的"（1951a：110），但她也认识到，这种无视至少让精神分析这一新领域的发展不受干扰，让它自由地发展其技术和学术语言，而不用参考更多的学术形式。

然而随着人们对精神分析的兴趣越来越浓厚，与此相应地，精神分析工作者也参与了更多传统上与精神病学相关的领域（例如精神病病人的治疗），精神分析与学术型心理学之间的关系开始发展起来，尤其是在关于人的早期发展的研究方面，例如在20世纪20年代的维也纳，对婴幼儿进行的系统性观察取得了重要的进展。在欧洲第一个设立儿童发展学系的Charlotte Bühler

教授，曾组织过一项为期一年的研究，这项研究的基础就是对在机构设置下长大的 69 名婴儿进行每天 24 小时的观察。Ilse Hellman 是她的研究生之一，后来与安娜·弗洛伊德一起在汉普斯特德战时托儿所工作。她的研究生中还有很多其他在精神分析领域有杰出成就的人，包括 René Spitz 和 Esther Bick，他们在婴儿观察被引入伦敦的塔维斯托克诊所的过程中发挥了至关重要的作用。

虽然有许多早期的精神分析学家公开贬低"婴儿观察者"的工作，但婴幼儿观察研究的发展从一开始就对精神分析有所影响。早在 1905 年，西格蒙德·弗洛伊德就在维也纳精神分析学会的会议上，呼吁用对儿童的直接观察来补充精神分析对儿童早期性行为的调查研究。之后随着小汉斯（1909）个案研究的发表，这种补充性的方法也取得了第一批重要的研究成果。第一篇以精神分析为基础的儿童早期发展的观察研究报告在数年后发表（Hug-Hellmuth，1913），这篇报告将弗洛伊德的思想与当代关于童年早期的**非分析性**资料结合在一起，这种形式对当时在维也纳工作的安娜·弗洛伊德和她的同事们产生了极大的影响（Steiner，2000）。

但是一直到 20 世纪 20 年代，也就是安娜·弗洛伊德开始其职业生涯的时候，对婴幼儿的直接观察和精神分析的新发现才开始更加全面地结合起来。贝恩菲尔德的《婴儿心理学》（*Psychology of the Infant*，1925a）被 Susan Isaacs 描述为"英文出版物中最重要的儿童心理学书籍之一"，因为这本书试图将 19 世纪晚期"婴儿观察者"记录的婴儿行为的描述性资料收集起来，然后基于精神分析的理论创造出一个"连贯的整体（coherent whole）"（Isaacs，1930）。1933 年，de Saussure 对皮亚杰（Piaget）和弗洛伊德的理论进行了比较研究，与此同时人格研究的先驱者们则受到了精神分析的影响，开发了投射测验，例如罗夏墨迹测验（Exner，2002）或主题统觉测验（Murray，1938）。一些学术型心理学家如 Robert Sears（1943），也开始针对一些关键的精神分析概念——例如俄狄浦斯情结或防御机制——设计实验并进行测试，尝试为这些概念建立"科学"的证据；而哈特曼、Kris 和 Loewenstein（1946，1949）等精神分析学家则试图在主流学术心理学的背景下重新阐述精神分析理论。

安娜·弗洛伊德本人在讲座中曾明确表示，她没有接受过任何学术型训练，因此也绝对不是学术型心理学家，但她确实意识到，学术型心理学和精神分析这两个领域都有着某种共同的核心点："站在过去审视现在，将当下的行为或经验解释为鉴于某一过去时刻的一种演化可能"（1951a：118）。但是，尽管这一核心关注点是相同的，二者试图研究这一现象的过程却截然不同。安娜·弗洛伊德提出，对于学术型心理学家而言，主要的研究手段就是"人工实验室情境"，主要**聚焦**于正常的发展以及对外在行为的观察。在这种方法中，工作人员可能会用某种仪器来测量和记录反应，通过分离关键变量的方式，尽可能剔除研究者个人的性格影响，并对关键变量进行测量和量化。而精神分析学家则试图在分析性的治疗条件下，找出意识现象背后的无意识，他的关注点往往是病态行为，他的研究工具是自己脑中形成的印象及其主观性，他"根据个人判断对自己的发现进行定性评估"（p. 121）。

安娜·弗洛伊德举了一个童年期受挫的例子，以及两个学科可能研究这种行为的方法。她认为学术型心理学家最有可能创立一个实验室的情境，在这个情境里，他们会将孩子很喜欢的一个玩具放在他/她面前，然后再拿走，以此测试孩子的反应。这样的实验很容易被复制，并且可以比较不同的变量（比如儿童的年龄和他/她的耐挫能力），但关于这种耐挫力是如何转化到日常生活中的，它却并不会告诉我们多少。然而精神分析学家却可能会对一个经历过早年丧母的孩子进行分析治疗。这种方法没有那么"受控"，因此也就更难分离出变量并建立变量之间的相关性，但是它可能会对儿童如何在现实世界里处理挫折提供更深刻的见解，正如同安娜·弗洛伊德解释的那样：

> 当看到玩具被收回时，孩子可能会表现出失望、生气、暴怒、绝望或冷漠，但这实际上并不能预测这个孩子在失去重要的爱的客体时会有怎样的反应。由于重大的生活场景并不能够在实验室里被设置出来，因此，迄今为止，学术型工作者们似乎还没有找到能够接近测量的方法。
>
> （1951a：120）

安娜·弗洛伊德认为，鉴于这些方法的根本性差异，因此学术型心理学家对精神分析学家不信任，或者"这两个领域的专家往往难以理解对方的意思"（p. 122），也就不足为奇了，尤其是受过（或正在接受）学术研究训练的精神分析学家相对来说很少。这也绝非易事，正如安娜·弗洛伊德在另一篇论文中所说的那样，对于分析师来说，"需要能够在过分严格的孤立主义（这使得精神分析陷入困境）和过度热情的合作（这会威胁到分析师自身的专业性和科学性的形象和理想）之间保持适当的平衡"（1969b：133）。就像在希腊神话中的海妖斯库拉（Scylla）和卡律布狄斯（Charybdis）之间做出选择一样，在这种两难的情况下，精神分析研究者们要如何在科学的还原论和精神分析的孤立论之间坚定地走自己的康庄大道呢（Midgley，2004）？

观察的作用

安娜·弗洛伊德解决上述困境的办法就是提出一种不同的精神分析研究方法。她先是在维也纳的杰克逊托儿所工作，后又在伦敦的汉普斯特德战时托儿所工作，这些经历让她确信了把观察作为精神分析研究儿童发展的方法的价值。她认为，这种观察工作如果能够被系统地组织起来，那么就可能对一种"遗传心理学（genetic psychology）"［比如一门讲述心理功能起源（genesis）或渊源（origins）的模型的心理学科］做出重大贡献，她认为这一领域处于"精神分析和发展心理学的边界地带"（1951a：138）。

用 Mayes 和 Cohen（1996）的话说，安娜·弗洛伊德"天生就是儿童的观察者，她的观察能力在精神分析环境里得到了扎扎实实的历练……一方面，她主张对儿童时时刻刻的活动和行为都进行细致认真的记录观察；另一方面，她感觉学术型心理学的危险之一是，他们仅仅从意识层面的行为中得出其行为的意义，而这是存在风险的，并且他们几乎不了解一种行为背后可能有多种无意识层面的决定性因素"（pp. 119–120）。防御机制是一个很好的例子，这种现象很容易通过观察儿童行为来发现，例如一个小男孩在弟弟出生后，就开始在与兄弟姐妹的竞争中挣扎，他总是会在晚上熬夜，去听弟弟妹妹的

第六章 精神分析研究和儿童观察

呼吸声,"以免他(弟妹)在他的睡梦中死去"(A. Freud,1936:16)。然而,如果把这看成是"反向形成(reaction formation)"的例子,那就意味着这种观察是由某些理论观点所决定的。正如安娜·弗洛伊德自己所指出的那样,那些通过直接观察而"发现"的东西,有许多是只有在观察者自己接受了分析训练之后才能被看到的;事实上,童年早期最重要的事实一直没能被观察者们注意到,直到这些事实在分析工作中被重新构建出来[1951(1950):148]。

出于这个原因,安娜·弗洛伊德认为,有精神分析知识基础的观察方法和发展心理学研究中所用到的标准经验方法是有所不同的,在后者这里,"特定行为(如大哭和发牢骚)的定量(如频率和持续时间)和定性(如强度)方面都会[使用一种预先准备好的图式记录]成为特定情境(如分离)的一个实例"(Mayes & Cohen,1996:121),安娜·弗洛伊德在介绍战时托儿所研究中所用到的截然不同的方法时,用到了非常现代的术语:"行动研究(action research)",她这样解释道:

> 观察工作本身不受预先安排的计划的制约。类似于分析师在对个体进行分析时的分析性态度,注意力持续地自由漂浮,跟随所观察的材料去到任何它想去的地方。……在任何情况下,这里所说的观察都不是真正意义上的"客观"。呈现自身的材料既不是通过工具,也不是通过一个空白的,因而没有偏见的头脑来观察和评估的,而是基于预先存在的知识、预先形成的想法和个人态度(尽管对于分析性观察者来说,这些应该是有意识的)。
>
> [1951(1950):147-148]

安娜·弗洛伊德看到了有分析能力的观察者利用其所谓的"非自愿和偶然的实验"(1950:623)的优势,换句话说,命运本身自带的情境就能够提供一个机会去理解正常经验之外的现象。第二次世界大战开始时,大规模的儿童疏散就是一个"自然实验",引出了战时托儿所的工作,也使得安娜·弗洛伊德和她的同事们能够去研究在集体环境中长大以及过早分离给儿童成长带来的影响——就像 40 年后 Michael Rutter 和他的同事们利用了罗马尼亚孤儿院抚养婴儿的可怕环境一样，那些婴儿在早年几乎没有受到任何的刺激，研究他们的后续发展，可作为一种方式来调查早年严重疏忽照顾所带来的长期影响（Rutter & the English and Romanian Adoptees Study Team，1998）。因此，安娜·弗洛伊德认为，战时托儿所的意义远远超出了其时代背景和战争背景，她在 1973 年出版的战时托儿所的报告中明确指出："确实，一个战时慈善机构给我们提供了开展这项研究的机会……而我们的观察条件就是 1939—1945 年间的战争所带来的"，她又补充说：

> 但是战争本身在其中所起到的作用只不过是诱发和加重。导致婴儿成为孤儿或被强行带离家庭有各种各样的原因，例如死亡、疾病、事故、离婚、金融危机，这是在社会的各阶层和各个时候都可能发生的事。战争仅仅是助长和加剧了家庭单位的解体，从而使这种解体带给个别儿童的有害影响变得更加突出。

（A. Freud，1973：xvii–xviii）

安娜·弗洛伊德所研究的并不简单只是战争对儿童的影响，更广泛地说，她研究的是丧失、分离和家庭破裂对幼儿的情绪发展和心理发展的影响。

一项集体养育实验：集中营里的儿童幸存者

安娜·弗洛伊德研究战争对儿童影响的另一个机会在战争结束后就立即出现了。1945 年的春天，六名在特雷辛（Theresienstadt）集中营的丧母病房中长大的德国犹太儿童来到了英国，住在温德米尔（Windermere）的一个特别设计的接待站中。集中营的工作人员很快意识到，这六个孩子才三四岁，他们很难忍受被分开的感觉。因此，在妥善安置他们之前，最好能有一个宁静平和的社区让他们去适应在英国的新生活。

因此，安娜·弗洛伊德和她的同事们在"战争儿童的寄养父母计划（Foster Parents' Plan for War Children）"——该计划曾支持过汉普斯特德战时托儿所——的资助下，在萨塞克斯郡（Sussex）建立了一个乡间别墅"斗牛犬河岸（Bulldogs Bank）"，专门照顾这六个孩子。这里的工作人员是 Sophie Dann 和 Gertrud Dann，这一对姐妹也曾在战时托儿所工作过。除此之外，还有一名赈灾工作人员的支持以及安娜·弗洛伊德、多萝西·伯林厄姆的督导。在安娜·弗洛伊德和 Sophie Dann 在 1951 年首次发表的论文"一项集体养育实验"中，讲述了这六个孩子不平凡的经历。

在六个孩子刚到"斗牛犬河岸"时，他们各方面的发展似乎都有些受到阻碍。他们的语言发育迟缓，攻击性极强，除了淀粉类食物和甜食之外几乎不吃其他东西，他们也几乎不玩耍，对世界的了解也非常有限。面对成年人，他们几乎对其除了作为需求满足者的其他角色没有任何兴趣。但是他们作为一个团体却有着非常强有力的纽带——他们要求平等对待，要求一起分享食物，没有表现出同龄孩子群体中原本会有的竞争和嫉妒。

在这个"被命运安排的实验"中（A. Freud & Dann，1951：225），安娜·弗洛伊德和她的同事们对孩子们行为的各方面都进行了系统的观察，以期了解这种早年时期极端的剥夺是如何影响孩子们的发展的。鉴于不可能将孩子们早期经历的某一方面和其他方面的影响分开，安娜·弗洛伊德和 Dann 认为，这样的研究"对于实验心理学家来说基本没什么帮助"；然而，它真正的价值在于"创造出一些印象，或肯定或驳斥了分析师们关于婴儿期发展的种种假设——这些是能够在个体精神分析中加以检验，从而得到确证或证伪的印象"（p. 225）。

比如，这些孩子们对成人世界最初表现出的冷漠态度会逐渐转变，不过他们对于照料者最初的积极态度却和同龄孩子不一样，同龄孩子通常会对照料者表现出苛求以及占有欲强的行为（p. 187）。相反，Sophie 和 Gertrud 开始受到与其他"兄弟姐妹"一样的关心，仿佛他们是群体中的一员。一次在参观一家糖果店时，所有的孩子都要求给 Sophie 一个糖果（就像他们自己一样），当他们走回家时，糖果从 Sophie 嘴里掉了下来，孩子们"难过得就好像丢的是自己的糖果",并在 1 小时后到家时坚持要补偿 Sophie 一颗糖(p. 188)。换句话说,成年人先是被当作一个平等的成员包含在这个群体中,之后,他们对成年人的依恋——表现为占有欲、依附性、分离焦虑——才会表现出来,尽管他们依然"缺乏这个年龄阶段的应有的情绪张力"(p. 191)。

在观察到孩子们"对彼此需求的高度认同"和以某种方式"能够将自己的力比多依附于同伴和群体本身"后(p. 227),安娜·弗洛伊德总结了生命最初几年缺乏关爱带来的影响。正如安娜·弗洛伊德和 Dann 所指出的,这些儿童虽然"过于敏感、不安、攻击性强、很难管……但他们既没有身体缺陷,也没有不端行为,也没有精神疾病"(p. 229)。因此,这些孩子似乎找到了一种表达自己力比多需求(libidinal needs)和依恋需求的方式,使他们能够和现实保持联系,并维系发展的能力。而这种发展是否可持续——或者说这些孩子的早期经历会如何影响他们后期的发展——则是安娜·弗洛伊德和 Dann 提出要进一步研究的问题。

出于个人关怀和职业兴趣的原因,安娜·弗洛伊德会尽量与曾经受她照顾的儿童保持联系,以便更多地了解早期经历带来的长期后果。在"斗牛犬河岸"待过的孩子们之后都被收养了,除了一个孩子保罗(Paul),他被安娜·弗洛伊德的同事 Alice Goldberger 带去了寄宿制护理所(residential care)。在养父母允许的情况下,安娜·弗洛伊德和其中一些孩子保持了多年的联系。

在一本非常感人的书——《虽恨犹爱》(Love Despite Hate)里,Moskovitz(1983)采访了所有曾在"斗牛犬河岸"生活过的儿童(以及其他一些从集中营里解救出来,并被带到英国的儿童),当时他们已经是 40 岁出头的成年人了。从这些访谈中发现这些人都出现了一些共同的特征。其中之一就是巨大的"丧失带来的负担",因为他们从不认识或者已经不记得自己的父母了,有一种"对联结的渴望",他们中的一些人在之后的生活中都在寻找自己的过去。另一种是对"归属感的焦虑",他们中的许多人都很难将自己视为收养家庭的一分子,总会有一种局外人的感觉,并且他们在青春期的时候感到很难受。在他们成年后,宗教成为他们感到归属感的重要方式——在大多数情况下是通过犹太教和以色列的联系,只有一个女孩接受洗礼,成了一名基督徒。虽然六名在"斗牛犬河岸"长大的儿童经历过很多挑战，但他们在这次访谈中都表现出了"对生命的肯定"以及"顽强的毅力"，这似乎与一些宿命论的观点相矛盾，即关于早期剥夺对后期发展产生的影响。正如安娜·弗洛伊德在不同的场合下所说的：一个人可能无法弥补其童年早期的缺陷，但是良好的寄养或收养安置，似乎可以支持孩子建立新的自我结构，帮助她更好地处理她可能一直携带着的"差距"。

除了这些"自然实验"，安娜·弗洛伊德还支持发展更系统的观察研究和纵向研究，比如 Rene Spitz（1945）关于医院制度的工作，或者 Margaret Ribble（1943）关于婴儿心理需求的研究。一段时间后，安娜·弗洛伊德鼓励她以前在维也纳的同事玛格丽特·马勒研究学步儿童的"分离－个体化过程"。更重要的是，她很欣赏 Ernst Kris 在新成立的耶鲁儿童研究中心开展的项目，该中心对早期儿童发展的纵向研究可能就是汉普斯特德儿童诊所关于儿童发展的纵向研究总体方向的灵感来源（Young-Bruehl，1988/2008：338）。这也促使了一些项目的诞生，例如多萝西·伯林厄姆（1972）主持的一项盲童发展的调查研究，这项研究试图系统观察视力障碍对儿童最早期情绪和社会发展的影响。

正是基于这些研究实例，安娜·弗洛伊德在 20 世纪 50 年代初得出了结论："学术研究和精神分析研究的兴趣在未来的某一天终会汇合，而这个汇合不是在精神分析的工作领域，而是在这个儿童精神分析性观察研究的辅助性第二领域"（1951a：142）。事实证明，这种说法是有根据的，因为从 20 世纪 70 年代开始，发展心理学领域的观察研究就逐渐成熟，这使得精神分析与发展研究和思想在一些发展心理学家的工作中有所整合，如斯特恩（Stern，1985），还有 Brazelton 和 Tronick（1980）等。

回归临床病例研究

安娜·弗洛伊德在其工作中如此有力地证明了直接观察儿童的价值，到 20 世纪 50 年代初，她再次回到了一直被视为精神分析研究的核心方法上：

临床个案研究（参见 Midgley，2007）。在 1957 年的 IPA 大会上，安娜·弗洛伊德回顾了她在战后几年中对于观察研究的态度，她解释道：

> 当我［在 1950 年］参加斯托克布里奇专题讨论会（Stockbridge Symposium）时，我刚在一家儿童机构工作了几年，这家机构提供了几乎 24 小时对儿童进行长期观察的机会［即汉普斯特德战时托儿所］。这自然让我印象非常深刻，因为它给我提供了增长见识的机会，尤其是关于儿童成熟的过程。……另一方面，就目前的讨论而言，我在一家儿童诊所也工作了几年，这使得我有机会对大量的各年龄阶段和各种诊断的患儿进行持续的精神分析治疗。因此，我有了一种新的印象，那就是精神分析方法本身比其他所有观察方法都具有压倒性的优势，并且正如分析家们的倾向那样，我也偏向于对其他所有的接近孩子心灵的方法和途径不以为然。
>
> （1957b：96—97）

安娜·弗洛伊德以童年创伤为例，说明精神分析研究是如何通过整合分析和观察资料而获益的。在 1958 年的一次演讲中，她提到，对那些经历早期童年创伤的受害者进行分析治疗之后发现，其实并不存在创伤性"事件"这样东西；更确切来说，其之后的生活经历［通过弗洛伊德描述为推迟行动（deferred action）的过程］似乎决定了过去的哪些经历会追溯性地获得"创伤性"的意义［1958（1957）：131］。同时，她也展示了对早期病史的实际观察是如何导致在成年人的分析治疗中对创伤记忆产生不同理解的。她指出，婴儿可能经常重复一个动作上百次，在以后的生活中可能就会表现为一个创伤性事件。她观察到，虽然"作为精神分析师，我们会意识到过去的经历是以这种方式被压缩的，但是如果没有直接观察结果的提醒，我们就可能会低估这种现象的影响程度"［1951（1950）：157］。

尽管安娜·弗洛伊德一直致力于观察研究，但从 20 世纪 50 年代中期开始，她一再承认分析性相遇（the analytic encounter）作为促进我们理解心智的一种设置的巨大优势——在这种设置中，移情和诠释的过程不断使更加深入的材料被带到表面，而这些材料是直接观察法很少能够获得的（1953：287）。此外，在战后的几年里，通过对像"马丁（Martin）"（Hellman，1990：31–54）这样在战时托儿所里时还是婴儿的儿童的分析，安娜·弗洛伊德认识到，直接观察法真的无法完全呈现早期婴儿经验，即便是最仔细的精神分析性的直接观察也有此局限。

"马丁"案例和缺席父亲的角色

"马丁"在16个月大的时候就进入了汉普斯特德战时托儿所。他在4个月大的时候就和他的母亲分开了，并且被安置在了一个非常不尽如人意的寄养家庭（Hellman，1990：32）。他是一个私生子，因此他从来都不知道他的亲生父亲是谁。当马丁4岁生日时，他变得非常喜欢托儿所的一位男工人，并且经常模仿他。马丁会戴着帽子或头盔四处走动，用低沉的声音说话，称自己为"大比尔（Big Bill）"。这个小男孩似乎在用这个男人作为身份识别的工具，来帮助巩固自己的男性身份。然而，我们注意到，与托儿所里其他没有父亲的孩子不同，马丁从来没有提到过他真正的父亲，也没有问过关于他的问题。

根据在战时托儿所的观察，安娜·弗洛伊德和她的同事指出，当孩子在没有父亲的环境中长大时，他们经常会幻想出一个父亲，在他们的想象中，这个父亲的角色要么出奇地好，要么非常邪恶和暴力。但对马丁来说，在战争结束后，他因为饮食紊乱、反社会行为、学习抑制（也就是说他几乎没有学会阅读和写作）而被转介到汉普斯特德诊所接受精神分析的治疗，那个时候他9岁，也就是在那个时候，他才对这个幻想中的父亲的形象有了明确的陈述（p. 50）。

马丁很快就让他的分析师知道，他发现自己在学校很难集中注意力，因为他太沉溺于他的白日梦了——"有太多了，这得花一整年的时间"，他这样告诉分析师。马丁继续阐述了大量幻想材料，其中大部分与他缺席的父亲有关,这与观察到的他在早年缺乏言语化的幻想形成了鲜明的对比,而现在涌现的大量幻想只能被理解为对这些想法的强度和可怕本质的一种对抗性反应。

在他的分析治疗中所阐述的一系列关于死人、鬼魂和尸体的幻想中,马丁表达了他对他未知的父亲的感觉,以及对父母性行为的非常原始的焦虑。他的分析治疗,加上治疗师与他母亲同时进行的家庭会谈,逐渐使得他的学习障碍得以缓解,并全面恢复了发展。但安娜·弗洛伊德认为,虽然托儿所的观测资料与治疗中的分析材料的某些方面之间存在着明显的连续性,但作为一个小孩,马丁的防御本质——以及纯粹的观察法的固有局限性——"模糊了他的幻想和他的根本性抑郁(fundamental depression)的画面"(p. 54),这似乎是很明显的。如果没有机会通过精神分析法来探究马丁的幻想世界,那么无论对他的发展进行多么仔细的观察,他和他缺席的父亲之间复杂关系中的许多内容将永远无法被理解。

观察和重建:"双重途径"

在意识到分析性重建(analytic reconstruction)可以丰富直接的婴儿观察法,而观察也可以丰富分析性理解时,安娜·弗洛伊德最终呼吁采用"双重途径(double approach)"[1958(1957)],其中两种资料的整合——直接和重建——最终对精神分析是有利的。她认为,如果精神分析要发展出一个完全整合的"精神分析儿童心理学",就必须纳入观察资料,特别是在最早的、前语言发展阶段,这种方法可以更好地理解儿童发展的典型序列。

为了说明她的观点,安娜·弗洛伊德给出了婴儿在其早期生命体验中对母亲抑郁和情感退缩反应的例子,参考了Ribble(1943)、Fries(1946)和Spitz(1945)的观察工作。虽然安娜·弗洛伊德主张早期分离和疏忽照顾的经验的影响是最先通过分析性重建发现的,但她也认为,"因为在重建法(the reconstructive method)中添加了观察法,所以在不到20年的时间里,这一临床发现的地位已经从一种假设上升到了一种近乎必然的位置"[1958(1957):121)]。把这两种方法结合起来,不仅增加了我们的知识,还为我们的发现增加了可信度，因为这两种方法可以"相互核对"。

在安娜·弗洛伊德的工作中，可以清楚地看到这种双重途径的影响，体现在对暂时诊断廓图（the Provisional Diagnostic Profile），以及更特别的发展线这些概念的创建上（A. Freud，1965a）。正是在这里，安娜·弗洛伊德创造了她对观察性资料与分析性重建中的发现这两者的最完整的综合，以产生一种基于观察、辅以精神分析性信息的评估发展的方法，供精神分析师和其他参与照顾幼儿的工作人员使用（参见第八章）。

战后儿童发展中心的活动中也可以看到这种双重途径的影响，如耶鲁儿童研究中心，以及汉普斯特德诊所本身的临床和研究活动。安娜·弗洛伊德提出了她对一家诊所具有"四重方向"的愿景，即集训练、治疗、研究和预防为一体（A. Freud，1957a），其中每一项活动都为其他活动提供信息并且互相补充。例如，对汉普斯特德战时托儿所的四对双胞胎的观察，后来得到了在他们青春期时进行的精神分析治疗的补充，这使得分析师可以在众多信息中进行深邃的诠释，包括童年时期发生在外部的事件如何在内在现实中得到阐述，以及之后发展性过程如何导致了记忆掩盖的形成及记忆扭曲（Burlingham，1963）。除此之外，汉普斯特德诊所内有一个婴儿诊所、一些给学步儿开设的儿童团体，以及一个托儿所，所有这些机构设置都收集了大量儿童的观察资料，其中一些儿童后来在诊所接受分析治疗，这使得直接观察资料与分析治疗得出的资料之间能够继续相互作用，从而产生了有价值的结果（例如 Burlingham，1972）。

把临床设置作为一种研究方法的挑战

虽然安娜·弗洛伊德以珍惜的眼光，认为"在精神分析中，由于对病人进行治疗的方法与对该案例进行研究的方法是相类似的，所以每一位带着个人的治疗目的进入精神分析的病人同样也是我们潜在的研究对象，这种方法类似的情况是一种幸运的机会"（1959：122），但是她也逐步相信，精神分析师使用临床环境作为研究方法的方式存在着严重的局限性。她承认，分析人员撰写的案例报告在报告内容上可能是有选择性的,而且在报告撰写方式上往往带有撰写者的特质。她略带同情地指出,"精神分析师们经常会被指责:对于研究的规划以及需要用到的方法不感兴趣;他们的发现是杂乱和偶然的;不按计划选择他们的材料;以个人而不是团队的方式工作;允许他们的案例材料消失而没有后续跟进,等等"(1959:122)。

如果精神分析要解决这些批评,同时充分利用她父亲所说的精神分析实践中固有的治疗和研究的"不可分割的纽带"所提供的独特机会(S. Freud, 1926:256),安娜·弗洛伊德之后认为分析师必须系统地进行合作。但正如Joseph Sandler后来评论的那样,"仅仅依靠记录的积累,无论多么准确和富有启发性,都不构成研究"(Sandler, 1962:315)。精神分析的研究方法离恰当还有所欠缺。汉普斯特德诊所的创建为安娜·弗洛伊德提供了一个探索这个恰当方法的机会。

由于汉普斯特德诊所致力于治疗和研究(以及训练和预防),安娜·弗洛伊德在该诊所看到了发展临床研究模型的机会,从而克服了当时精神分析研究的一些局限性。在1960年的一篇论文中,她重点讨论了基于临床的研究包含两个特定的机会:一是汇集临床材料的机会,二是有计划地选择病例的机会:

> 汇集材料和有计划的案例选择……能够被用来抵消分析工作中固有的研究缺点,例如相对缺乏专业化和不可能建立实验设定。
>
> (1957—1960:11)

安娜·弗洛伊德以有计划的案例选择为例,对没有母亲的儿童的发展进行了研究。在这项研究中,对出生时或出生前两年与母亲分离的儿童(包括不同年龄段)进行了分析,以检验"早期母爱的持续缺失会导致严重异常"的假设(p.15)。其目的与其说是为了证明(或反驳)这个假设,不如说是为了对这些孩子的经历有更丰富的理解。工作焦点专门设置为移情,以便更多地了解他们客体联结的初始特性和他们与其他人形成的替代性联结的本质,研究结果阐述了诸如在不同发育阶段失去母亲的不同情感反应，还有这种经历可能引起的潜在病理后果——以及一些儿童成功应对失去母亲这种情况的方式，这表明了他们具有一定程度的复原力（p. 15）。

从 20 世纪 50 年代开始，在安娜·弗洛伊德的监督下，汉普斯特德诊所开展了一系列的临床研究项目，这些项目由一些小型研究小组带领，会通过精心挑选案例来探索特定领域。这些研究小组会寻找包括有"边缘"诊断的儿童、儿童英雄心理学、同卵双胞胎、先天性失明的儿童，也有研究儿童与父母健康心理的相互作用（1956—1968 年汉普斯特德诊所进行的研究项目的完整清单可见于 A. Freud，1969a）。

汉普斯特德索引

然而，如果要进行系统性研究，仅仅选择具有某些共同特征的案例是不够的。安娜·弗洛伊德认为，这种方法能否成功还取决于研究者是否有能力将从每一种治疗中产生的分析材料汇集在一起，以便能够在不同的治疗方法和不同的治疗师之间进行资料的比较。换句话说，系统性研究需要的是一种更系统地记录分析环境中的资料的方法。

安娜·弗洛伊德和她的同事们在开始收集汉普斯特德战时托儿所儿童索引卡上的观察资料时，就已经开始发展这种系统性资料汇集的方法了（参见第四章）。1954 年，多萝西·伯林厄姆建议将这一方法扩展到临床治疗病例，以便将材料系统地记录在每周笔记和双月报告中，然后由治疗师在一小部分资深精神分析师的督导下分类（Young-Bruehl，1988/2008：336）。这种材料随后被"索引"在一系列类别下，其中一些是预先确定的（环境因素、客体关系、幻想、防御等），而另一些则是在"索引"过程中新增或发展出来的。

在 Joseph Sandler 的领导下，汉普斯特德索引很快发展成为安娜·弗洛伊德所描述的"集体分析性记忆"——一个"分析材料的仓库，将许多人收集的大量事实交给一个思考者和作者使用，从而超越了个人经验的狭窄范围，扩大了深度研究的可能性，以便在案例之间进行建设性的比较，并进行推断和概括，最后用于临床治疗工作的理论推断"（1965b：484-485）。但这一过程很快就出现了一些根本问题。第一个问题是什么构成了一个合适的"精神分析观察单位"——这很快导致了一个问题，即在分析材料的实际观察与界定该材料的理论框架之间概念上的差距。回顾过去，Sandler（1962）描述了临床研究团队感到的沮丧和崩溃，因为他们必须根据他们对关键分析概念的修订理解，不断地重新索引临床材料，而这些关键的分析概念本身也在根据新的临床材料不断修订。Sandler 解释道：

> 然而，随着手册的逐渐形成，人们认识到，那些原本看似是索引的副产品的东西，其本身就是对精神分析理论的重大贡献。只是我们一直在做研究却不自知！
>
> （Sandler，1962：321）

伴随着这种觉察的出现，汉普斯特德诊所的分析师开始组成一些研究小组，专门研究索引过程本身提出的概念和理论问题。Sandler 自己关于超我、抑郁、自恋和幻想的论文（Sandler，1962）都是在汉普斯特德索引项目中诞生的概念性研究例子，而安娜·弗洛伊德自己的论文主题，如精神创伤[1967b（1964）]也同样受到汉普斯特德索引项目的临床医生和研究人员的研究成果的启发。

精神创伤作为精神分析研究的一个例子

1964 年，在一次由纽约精神分析研究和发展基金会组织的会议上，安娜·弗洛伊德介绍了她关于精神创伤的论文。她以典型的方式从多个角度仔细研究了这一概念，试图"将这个技术概念从不断拓宽和过度使用中拯救出来，而这正是精神分析领域许多其他技术术语现在的命运"[1967b（1964）：222]。从弗洛伊德的观点出发，创伤情境的本质是"自我在面对源于内部或外部产生的兴奋的积累时，产生的一种无助的体验"，安娜·弗洛伊德继续从

"经济学（economic）"的角度（即个体对兴奋的耐受程度）和"定性"的角度（即创伤事件被体验的度，被体验为湮灭的、遗弃的还是阉割威胁的）研究这一现象。在考虑了精神创伤的许多方面，包括儿童如何应对创伤以及最有可能促进康复的因素之后，她得出结论，即精神创伤的本质是一种体验，它是"粉碎性的、毁灭性的，通过使自我功能和自我调节失去作用而造成内部体验瓦解"。

虽然这篇论文涉及广泛的概念和理论问题，但很明显，如果没有对作为汉普斯特德索引的一部分收集起来的资料的仔细观察，它就不可能被撰写出来。这也许不是巧合。因此，当一组分析研究人员决定借鉴汉普斯特德索引方法论对关键的精神分析概念进行概念性研究时，他们正是从精神创伤这一概念开始的。他们的结果证实和阐述了安娜·弗洛伊德的发现（Dreher, 2000）。

结论

当讨论精神分析研究史时，安娜·弗洛伊德的贡献并不常被人称道。她受到过一些人的批评，如 Wallerstein 批评她在鼓励精神分析接受"科学的适当约束"方面做得不够（Wallerstein, 1984：76），而对另一些人来说，她又似乎在一些方面做得太过，例如她试图将精神分析与学术心理学和主流科学结合起来，将其纳入"精神分析发展心理学"模型，在此过程中冒着可能让精神分析失去其最独特和最根本的品质的危险。

既要保留精神分析视角的独特之处，又要使精神分析与致力于理解发展和心灵的其他领域建立联结，这种张力贯穿了安娜·弗洛伊德的整个职业生涯。她的工作常态就是执着于系统观察，并根据实践经验来检验理论。因此，她也一直接受这样的观点，即对于心智的运作方式，我们仍然有大量的不知道或不明白的地方，唯有仔细的调查才能推动我们的知识向前发展。正如安娜·弗洛伊德的传记作者伊丽莎白·扬-布吕尔所说：

精神分析学现在非常强调研究的重要性。作为一名研究人员，安娜·弗洛伊德无疑是一个伟大的榜样。首先在 20 世纪 30 年代，然后在 40 年代与多萝西·伯林厄姆在汉普斯特德战时托儿所共同担任主任，后来在 50 年代又与她共同创建了汉普斯特德中心，该中心几十年来一直是世界上最重要的精神分析研究中心。……[安娜·弗洛伊德]在观察所得的资料和从分析工作中获得的临床资料之间创造性地发现比较两者的办法……并且已经在理论和临床实践中"结出果实"（正如她喜欢说的那样），而这还将需要下一代人来阐述。

（Young-Bruehl，1988/2008：474–475）

· 拓 展 阅 读 ·

安娜·弗洛伊德致力于将系统性观察作为一种研究形式，这也在她后来的许多作品中有所体现，包括研究青少年治疗的项目；对"边缘"病例的研究；对"丧母儿童"的调查；以及对出生时失明儿童的分析研究（A. Freud，1957—1960）。其他受到安娜·弗洛伊德观察方法影响的精神分析研究人员包括 Colonna（1996）和 Hellman（1990）。关于观察作为精神分析研究方法的价值的辩论仍在继续（如 Green，2000），但正如 Urwin 和 Sternberg（2012）编辑的一卷论文所表明的那样，观察方法现在已是一种成熟的精神分析研究方法，尤其是婴儿观察。

Lustman（1967）强调了安娜·弗洛伊德对这类系统研究的重视，这一重视也反映在她的年轻同事们的工作中，特别是 Joseph Sandler、Howard 和 Miriam Steele、Jill Hodges、Mary Target、Peter Fonagy 和其他许多在汉普斯特德诊所工作或接受培训的人的工作中，他们都在过程中对精神分析研究做出了坚定的承诺。有些人，如 Peters（1985），对安娜·弗洛伊德生前在汉普斯特德诊所开发的研究方法提出了批评，认为其缺乏严格的信度和效度评估，而这意味着"结果不能挑战理论"

(p.194)。虽然安娜·弗洛伊德本人并没有特别鼓励结果研究的系统发展，但这已然成为安娜·弗洛伊德中心的工作重点，也是更普遍的儿童精神分析的工作重点（如 Fonagy & Target，1996；Midgley & Kennedy，2011）。

在更广泛的领域内，关于精神分析研究最合适的方法的争论仍在继续，一些人主张在精神分析和主流心理学之间的更大融合（如 Fonagy，2003），而另一些人则提倡精神分析作为一种研究方法本身的独特贡献（如 Rustin，2003）。Midgley（2009）等人阐述了儿童精神分析性心理治疗研究中的多元文化，包括使用一系列方法论来解决一系列的研究问题。

（钱　捷　译；董瑞瑞　校）

第七章

成人精神分析心理治疗

主要著作

1936 《自我与防御机制》
(The Ego and the Mechanisms of Defence)

1943 "技术备忘录"
(Memorandum on Technique)

1954 "精神分析适应证的扩大范围"
(The Widening Scope of Indications for Psychoanalysis)

1954 "成人精神分析中的技术问题"
(Problems of Technique in Adult Analysis)

1955 "论概念'拒绝的母亲'"
(The Concept of the Rejecting Mother)

1965 "成人人格的元心理学评估:成人廓图"(与 H. Nagera 和 W. Ernest Freud 合著)
[Metapsychological Assessment of the Adult Personality: The Adult Profile (with H. Nagera & Ernest Freud)]

1966 "关于精神分析理论在精神科医生训练中的地位的一些思考"
(Some Thoughts about the Place of Psychoanalytic Theory in the Training of Psychiatrists)

1969 "精神分析之路的难点:过去与现在的观点对峙"

> (Difficulties in the Path of Psychoanalysis: A Confrontation of Past with Present Viewpoints)
>
> **1976** "精神分析实践与经验中的改变"
> (Changes in Psychoanalytic Practice and Experience)

引言

尽管安娜·弗洛伊德最为人所知的身份是一名儿童精神分析家,但她一生都在对成年病人进行临床实践,她对成人分析的理论和实践保持着持久的兴趣。伊丽莎白·扬-布吕尔(1988/2008:158)认为,20世纪20年代末,安娜·弗洛伊德的病例中大约有三分之一是成年病人(主要是那些进行中的受训者),到30年代初,她定期举办研讨会,来讨论正在进行的成人病人工作。Edgcumbe(2000)指出,安娜·弗洛伊德一直在为成年病人工作直至生命尽头,并补充说,虽然"她自己写的关于与成人分析工作的文章相对较少……但她的许多思想都被吸收到汉普斯特德诊所小组研究成年病人问题的工作中"(p. 200)。此外,作为在国际精神分析协会50多年来的积极成员,安娜·弗洛伊德密切关注着精神分析内部的辩论和争议,并对成人分析技术发表了自己的观点。安娜·弗洛伊德最著名的也许是她后来对所谓的"经典"精神分析观点的辩护,为我们理解成人的分析治疗做出了独特的贡献,并且她也从未失去对这一领域的兴趣。

"经典"精神分析观点

安娜·弗洛伊德在20世纪20年代发展了她自己对成人分析技术的看法,这是精神分析早期历史的一个重要时期。她在1954年写道:"分析技术及其

第七章　成人精神分析心理治疗

合法变形的主题对我来说是很吸引人的，因为当我还是一个初学者时，我听了 Federn 对他的精神病病例技术变化的描述，以及兰克和费伦齐对'积极治疗'的解释；也目睹了 Wilhelm Reich 那令人兴奋和有希望的所谓严格的防御分析的开始，等等"（1954b：357）。这一时期也是西格蒙德·弗洛伊德引入心智结构模型的时期，当时分析师正在研究这一理论修订对临床实践的影响。

虽然安娜·弗洛伊德的主要重点是将精神分析思想应用于儿童工作，但她也对这些与成年人分析技术的争论非常感兴趣。在《自我与防御机制》（1936）前面的章节中，安娜·弗洛伊德简要地描述了精神分析技术在西格蒙德·弗洛伊德的早期治疗工作中的发展，并阐明了精神分析技术与精神分析对心智理解的密切联系。安娜·弗洛伊德在她所谓的"前分析时期（pre-analytic period）"（大致匹配弗洛伊德和布洛伊尔在 1895 年发表《癔症研究》前的工作时期）中展示了催眠作为一种核心技术的使用，这种技术把重点放在消除或压制病人的自我上，其主要目的是"揭露无意识"（1936：11）。这种方法的原理是将无意识带入意识中，就能够治愈病人的症状；然而，正如安娜·弗洛伊德所观察到的那样，这种绕过自我运作的企图，使得这部分心智"反抗并开始一场新的斗争，以此来防御已被强加在它身上的本我元素，因此，破坏了辛苦获得的治疗成果"（p. 12）。

安娜·弗洛伊德认为，随着作为精神分析黄金法则的自由联想的引入，对成人的分析治疗出现了决定性的转变。尽管自由联想的目的与催眠相同，都是为了尽可能直接地进入心灵的无意识运作，但实践证明这是不可能的，因为心灵会忍不住要进行"阻抗"。安娜·弗洛伊德解释说，分析师的注意力"现在从联想转移到了阻抗，即从本我的内容转移到了自我的活动"（p. 14）。最初看起来可能是阻碍治疗的东西，很快就被认为是成功治疗的关键。正是通过认识到自我对抗无意识愿望的手段，这些防御（主要是压抑）才能够被解除，并找到一种更适应无意识要求的解决方案。安娜·弗洛伊德声称，只有这个双重的焦点被建立起来之后，我们才能"将**精神分析**区别于片面的催眠法"（p. 15）。释梦技术、处理移情等都只是技术革新，使得这个新建立的基本焦点在冲突的心智中得以进一步扩展。

安娜·弗洛伊德以她父亲在《抑制、症状与焦虑》[(1926(1925)]中提出的工作为基础，阐述了她自己对分析技术的特殊贡献：将自我的防御运作作为分析对象。她认为，虽然本我元素实际上希望进入意识，但自我和超我的运作仍然更顽固地阻抗着分析师的工作，因此需要相当的技能才能使它们的运作意识化，以便病人能够发展出一种更具适应性的应对方式来处理他或她的无意识欲望。她澄清说，精神分析师的任务是从这三个部分（本我、自我和超我）的每一个等距离的立场出发，并"将无意识的东西带入意识，**无论它属于哪个精神机构**"（1936：30；表示强调的字体变更由安娜·弗洛伊德所加）。

> 因此，分析师的首要任务是识别防御机制。当他做到这一点时，他就已经完成了分析自我（ego-analysis）这一项工作。他的下一个任务是撤销防御机制所做的一切，即找出因压抑而被忽略的东西，并将它们恢复原位，修正因隔离而被取代的内容，使其回到真正的情境中去。当被切断的联系重新建立时，他会将注意力从对自我的分析转向对本我的分析。
>
> （p. 15）

这就是在《自我与防御机制》中提出的分析技术，许多人认为它引领了精神分析领域的全新发展（本书第四章）。但回顾她在1936年出版的书中提出的论述，安娜·弗洛伊德很想强调，就分析技术而言，这并不是一个新的起点：

> 实际上，这种对自我的分析的进一步强调（有时被称为"防御分析"）并没有带来分析技术的重大变化。它只是强调了一些以前提出过的，但却并不总是被认真执行的观点：在分析过程中，解释防御必须先于解释被其挡住的本我内容；在没有预防措施的情况下接近本我就等于"野蛮"分析；分析师的注意力必须在内容和防御之间平均分配，并不断

地从一个转向另一个；移情中的退行携带的不仅是婴儿生活的幻想和焦虑，还有过去特有的功能和表达方式。

（1969b：143-144）

她在这段引文中所提出的每一点，都强调了分析者必须对心智结构中的不同部分给予同等的关注。仅仅解释无意识的愿望或焦虑是不够的，分析师还须识别病人是如何以及为什么要保护自己不受这些愿望或焦虑的影响的；即使是在移情中工作时，人们也必须牢记，移情到精神分析师身上的不仅是无意识的愿望，也有在与治疗师的关系中重复出现的典型防御。她说，这样一来，"既不存在'本我分析'，也不存在'防御分析'；只有一种同时包含这两者的分析过程"（1954a：381）。

分析立场与技术问题

正如安娜·弗洛伊德在一篇关于"成人分析的技术问题"（1954a）的论文中明确指出的，她所描述的"经典"分析技术需基于某些关键分析假设：病人的症状可以被理解为一个内部冲突的结果，但是这种冲突出现在遥远的过去，意识无法接近；当精神分析师用其自身提供一个合适的"客体"时，这些过去的无意识经验可以在移情中得到重温；通过分析"存在于病人自我中的抵抗反作用力"（p. 379），我们能够重新激活旧的冲突，让病人意识到他或她的典型防御，从而能够为旧冲突找到新的解决方案。诸如自由联想、躺椅的使用、分析性中立、释梦和诠释移情现象等技术都是促进这一过程更成功的简单方法。

安娜·弗洛伊德认为，仅仅强调其中一种方法是精神分析的"关键"要素是危险的，相反，她展示了上述每一种技术在"经典"精神分析治疗中对病人的分析工作所做出的贡献。她认识到，在此基础上进行分析是一个缓慢的、有时是费力的过程。"和所有分析师一样，"她写道：

> 我有时对我的工作性质、工作的僵化、对分析师和病人的限制、治疗所需的时间等感到不满意。在这样的情绪下,我希望我能放弃所有的程序规则,然后冲动地、独立地行动。
>
> (1954a: 382)

尤其是对于一个正在接受训练的分析师来说,他仍在努力做到"在遵守一系列复杂规则的同时,保持自己的人性和理解力",上述诱惑可能会使他抛弃那些看上去过于严格的规则。或者与此相反,另一些分析师可能希望"躲在规则后面,不与病人正面交锋,而是受到一个屏障的保护,至少在一般情况下,这种屏障消除了独立行动的必要性"(p. 383)。但她认为,这两种态度都会导致精神分析技术真正意义上的丧失。她提出,自由联想、释梦和移情的处理等要素最好被视为"纯粹的治疗工具",有时需要"检查、修正、锐化、完善,必要时还需要改变"(p. 383)。安娜·弗洛伊德总是强调灵活性对于分析技术的重要性。然而,对临床精神分析方法的任何根本性改变,都应当只在有充分理由并在仔细反思的基础上进行。

最重要的是,安娜·弗洛伊德强调了"由浅入深"开展工作的重要性,从最接近病人自身意识的地方开始,并从那里逐渐"向下"工作。此外,这样的探索应该是两个渴望理解的人之间的共同冒险——同时也应该是对一部分心智正在阻抗这种理解的一种接受。安娜·弗洛伊德总是把自己定位为她的病人的盟友,尽管她"保留了说出必要之言的权利,当为了真理而不得不承认痛苦时,她是一个不会满足于糖衣的盟友"(Coles, 1992: 98)。Debbie Bellman在写是什么使得安娜·弗洛伊德成为一名精神分析师的文章时,描述了"保持适度的人性、共情、直率、简单以及适当的幽默和俏皮的重要性"。她接着说:

> 我也要强调倾听病人的重要性,让诠释仅仅作为一种沟通的形式,而非治疗师口才的展示。
>
> (Bellman, 2012: 369)

亚瑟·库奇对接受安娜·弗洛伊德分析的回忆

正如西格蒙德·弗洛伊德的分析技术由那些曾接受过他分析的人的记忆生动地展现出来一样（如 Kardiner, 1977; Lohser & Newton, 1996），安娜·弗洛伊德的分析技术也许也最容易从那些被她分析过的人的记忆中捕捉到，比如埃里克·埃里克森记得她"总体上冷静而克制的治疗风格"（Erikson, 1983: 51）；或亚瑟·库奇（Arthur Couch）在 20 世纪 60 年代来到伦敦跟随安娜·弗洛伊德进行分析工作，作为他成为精神分析师培训的一部分。

库奇（1995）强调了这样一个事实，即安娜·弗洛伊德把分析工作呈现为一种共同的努力，在这种努力中，分析师和病人在一起工作。他记得她经常用"我们正在努力理解这一点"来强调这种分享活动的意味，这种活动是基于好奇心、创造力和相当大的勇气。她用"我们"这个词清楚地表明，分析的进展取决于分析师和病人之间强有力的"治疗联盟"，为此，安娜·弗洛伊德向病人展示了自己是一个非常真实的人，她的方法很自然。当库奇第一次从美国来参加他的第一次分析会谈时，他记得安娜·弗洛伊德是如何以一种非常自然的方式问他，他是如何适应伦敦的生活的，以及在其他时间，她也会承认，例如当她看到他在一个会议上做报告，或当现实生活中的事件（如在他的一次分析会谈中汉普斯特德诊所正好发生了火灾）打扰他们的工作。但这种自然的互动风格与深刻的分析解释混合在一起，总是以一种简单的、非技术性的语言呈现。他记得，她可以使"复杂的观点带有具有欺骗性的简单"（Couch, 1995: 159），她总是鼓励他倾听自己的声音，并在他带来的分析材料中找到他自己的意义（或诠释）：

> 她只是在做她自己；不像是学过任何技术，也没有任何强制规则和强制不做回应的"系统"。她始终是真实的自己，同时也是一个分析师，不会像一个受过训练的专业人士在会谈中扮演着分析的角色，却在治疗

工作中把真正的自己（real self）抛在一边。

（p. 158）

正如人们对她的著作的预期，安娜·弗洛伊德非常关注库奇的梦——有时花了一整次治疗或更多的时间来诠释一个特别重要的梦——并且花了大量的时间来重建童年事件，这些事件对于理解他成年后是一个什么样的人非常重要。库奇自己也看到，安娜·弗洛伊德方法的特点是"她一直在努力帮助我理解我的童年发展，以及伴随而来的、影响了我的生活和性格的无意识反应，从而让我从过去中解脱"（p. 162）。

但更令人惊讶的是——至少对于那些认为安娜·弗洛伊德忽视移情的人来说——库奇还说，安娜·弗洛伊德非常重视移情，他的正性移情和敌意移情的感受都会被当作分析的对象。然而，安娜·弗洛伊德很少或根本没有使用"此时此地"的移情诠释，而这种诠释在战后是英国精神分析学的一个核心方面。库奇特别强调，安娜·弗洛伊德从来没有做过他所谓的"你指的是我"类型的移情解释。相反，移情现象会以和其他精神材料（psychic material）同样的方式被带进他的注意中，作为分析师和病人共同研究和探索的东西，也作为自我理解（self-understanding）的持续工作的一部分。

亚瑟·库奇明确表示了他对安娜·弗洛伊德分析风格的钦佩，也认可他在与她进行分析工作所受到帮助的程度。但他对她的工作方式并不是完全不批判的，他提到了他感受到的安娜·弗洛伊德在与他一起工作时展现出来的一些"盲点"。例如，当他结婚时，安娜·弗洛伊德无法掩饰她对他决定举行宗教仪式的不赞同。他还遗憾地记得，有一次他说话的方式明显伤害了安娜·弗洛伊德的感情，他还记得在那次会谈中，她将所受的伤害表现出来的方式：

我正在说要为我们在汉普斯特德的新公寓选择家具和窗帘。我说，我更喜欢非常传统的红木家具和深色窗帘，这是我从美国带来的偏好。我把这种风格与汉普斯特德诊所的浅色木桌和浅色窗帘进行了对比。我不停地谈论这些差别。安娜·弗洛伊德先是什么也没说，但最后她做了一个非常不寻常的回应，她说："这些窗帘都是我自己做的。"这句回应中所流露的私人属性使我大吃一惊。我的情绪受到了很大的影响，然后我就沉默了一段时间。接着我说，不管我的品味如何，我都能看到她对自己创建的汉普斯特德诊所的奉献、亲力亲为和自豪……［这次交流］让我非常内疚，但也让我对安娜·弗洛伊德生平的工作有了更深刻的认识。

（p. 161）

对"经典"精神分析观点的挑战：移情的作用

安娜·弗洛伊德关于精神分析的目的和技术的观点，仅仅是重述了其"经典"精神分析的立场，但是在最开始这些观点也是有争议的。1936年，她在《自我与防御机制》的开头几章中阐述了她的精神分析观点，在她的职业生涯中，有两点受到了最大的挑战：第一次是在20世纪40年代初，安娜·弗洛伊德在搬到伦敦后，就迅速卷入了与梅兰妮·克莱因及其同事关于精神分析本质的辩论中（所谓的"论战"）；然后在20世纪60年代和70年代，精神分析思想和实践的新趋势使她重新审视了自己对成人病人治疗的立场。

20世纪40年代早期发生的辩论是英国精神分析学会（British Psychoanalytical Society，简称BPS）一系列会议的一部分，这些会议的目的是试图处理在20世纪30年代末许多欧洲分析家移民到伦敦后所造成的紧张局势。这些"经典"分析师和那些坚持梅兰妮·克莱因工作的分析师们之间的概念和临床差异在当时变得尤为急迫，其中梅兰妮·克莱因是在1926年移居到伦敦的。"论战"（King & Steiner，1991）的目的是试图澄清各种分析传统之间的差异，为梅兰妮·克莱因的观点建立证据，并判断它们是否可以被认为与西格蒙德·弗洛伊德的精神分析思想相兼容——从而判断它们是否应该在BPS的培训中占有一席之地。

1942—1944年在伦敦举行的一系列演讲和讨论中，从临床角度来看，最有趣的可能是 1943 年秋提交讨论的"技术备忘录"一文。这些关于精神分析技术的基本要素的简短陈述，是当时英国精神分析界的几位领军人物在詹姆斯·斯特雷奇（James Strachey）的提议下提出的。他建议，如果通过把重点放在有效的精神分析技术可能是什么样子上面（如果可以就此达成一致意见的话），并且把有效的精神分析技术作为 BPS 分析的基础的话，也许可以避开一些关于哪些理论是"真的"的问题。安娜·弗洛伊德和梅兰妮·克莱因以及 Marjorie Brierley、Ella Sharpe 和 Sylvia Payne 等其他人都提出了简短的备忘录（King & Steiner，1991）。在每一份备忘录提出之后的讨论中，人们对诸如精神分析的目的、移情的作用、诠释的使用和训练式分析的本质等问题都进行了激烈的辩论。

在 1943 年 9 月 29 日提交给培训委员会的备忘录中，安娜·弗洛伊德强调，对她来说，"精神分析技术的两大基石是用自由联想代替催眠，以及将分析师和病人之间的真实关系进行控制并减少到最低限度"（1943：630）。前者直接导致了阻抗的动力学意义的发现；后者导致了对移情这一事实的发现。安娜·弗洛伊德接着回顾了费伦齐、兰克、Reich 等人提出的技术，之后陈述她担心"与梦中、言语联想、记忆和屏幕记忆（screen-memories）中出现的材料相比，克莱因女士几乎排他性地只强调所有的移情材料"（p. 631）。安娜·弗洛伊德认为，由于这种只专注于精神分析性相遇的一个方面，克莱因和她的同事们也开始狭隘地关注生命第一年出现的幻觉（这些幻觉在移情中会重复出现），并相对忽视了发展的后期阶段，包括传统的俄狄浦斯期（她把这个阶段放在生命的第 3 年和第 5 年之间）。安娜·弗洛伊德认为，如果将移情设定为客体关系最早阶段的重复，将导致对关于原始内摄和投射过程的诠释的不恰当的强调。她认为对于克莱因来说，分析最终是关于这些内化客体的转化；而安娜·弗洛伊德本人则继续从"扩大意识，从而使更多的精神物质处于自我的掌控之下"的角度来看待分析的目的（p. 631）。她提出，如果目标如此不同，治疗技术和重点也会非常不同。

在备忘录中，安娜·弗洛伊德还阐述了她的信念，即移情是逐渐出现的，在与分析师接触的早期阶段，病人是"受正常理性态度的支配"的，而随着治疗的进展，更深层次的无意识才会转移到精神分析师的身上（所谓的移情神经症）。她认为梅兰妮·克莱因的看法和她是不同的，克莱因从分析一开始就强调移情的力量，这对分析技术产生了不可避免的影响。

也许毫不奇怪，这些有争议的讨论的结果并没有增加不同的精神分析学派之间的互相理解，反而使他们的态度变得更加强硬，并且越来越强调彼此之间的差异。1944年，培训委员会提议，那些参与辩论最多的人不应在培训中担任核心角色，而应让所有受训者都有机会了解 BPS 内部持有的各种精神分析的模型，也"包括最极端的模型"。当安娜·弗洛伊德发现她自己的观点处于那些"极端"中时，她非常生气，甚至考虑辞去 BPS 的职务。虽然最后并没有辞职，但她有几乎两年没参加过 BPS 的会议。

"弗洛伊德学派团体"和汉普斯特德诊所的建立

最后，BPS 的新任主席 Sylvia Payne 苦思冥想出一个所谓的"君子协议（Gentleman's Agreement）"（有点误称，因为这主要是三位女性之间的协议——她本人、梅兰妮·克莱因和安娜·弗洛伊德）。该协议于1946年签署，在那之后，在一个组织内就建立了不同的培训方式，这样一来，候选人们便可以选择他们希望学习的培训。多年下来，三个培训方案也就建立起来了。第一种更紧密地基于克莱因和她的同事的工作；第二种则是基于安娜·弗洛伊德和"当代弗洛伊德学派"的教义；第三种是所谓的不结盟，后来被称为中间学派。

虽然她没有辞去 BPS 的职务，但安娜·弗洛伊德也不再认为它是她职业生涯的中心，她始终与该组织保持着一定的距离。正如扬-布吕尔所说，"她把她对精神分析未来的希望寄托在了其他地方"（1988/2008：271），在她的余生中，她与美国精神分析研究所（她的许多同事都从维也纳移民到了美国）的接触更多。在个人层面上，这些经历让安娜·弗洛伊德进入了扬-布吕尔所说的"灵魂的暗夜"中——有那么3年，她患上了严重的肺炎，几乎为此丧命，并且在这3年里，她最终不得不"努力克服"她在1939年同时失去祖国和父亲的悲痛。在个人层面上,这段经历的结果之一是一段深刻的自我分析时期,这让安娜·弗洛伊德写了有史以来最私密的一篇论文"论失去与陷入迷茫"[1967(1953)],这篇论文写于1953年,但14年后才出版。在这篇论文中,她重新审视了弗洛伊德关于客体丧失或迷失的意义的观点,并将其与哀悼的经历联系起来。这篇文章的语言简洁却动人,值得与她父亲同样深刻的作品"哀伤与忧郁[Mourning and Melancholia, 1917(1915)]"相提并论。

"灵魂的暗夜"的第二个结果是她做了一个决定,这个决定对她自己的职业生涯和儿童精神分析的未来都产生了重大的影响。在同事 Kate Friedlander(于1949年不幸去世,年仅47岁)的支持下,安娜·弗洛伊德决定尝试将快要倒闭的汉普斯特德战时托儿所改造成一个儿童精神分析的培训项目(也许她更喜欢称这些儿童精神分析学家们为"儿童专家"),该项目始于1948年。很快,这个将培训与为儿童提供分析治疗的诊所联系起来的决定就成型了,并向从一些美国的富有同情心的组织那里寻得了资金。1951年,用菲尔德基金会(Field Foundation)的资金买下了伦敦马雷斯菲尔德花园(Maresfield Gardens)的一栋房子之后,汉普斯特德儿童治疗诊所和课程也就应运而生了。汉普斯特德诊所(通常被称为"安娜·弗洛伊德中心",这也是直到安娜·弗洛伊德去世后才被改名的)成为安娜·弗洛伊德职业生涯的核心,她在战后所做的几乎所有工作都与诊所的活动及其培训项目密切相关。

成人分析范围的扩大

1954年,安娜·弗洛伊德参加了在美国举行的两个研讨会,这两个研讨会都集中讨论了与精神分析范围的不断扩大有关的问题及其范围扩大对技术的影响。在演讲中安娜·弗洛伊德承认,她一直提倡的"经典"精神分析技术,这种技术尤其关注移情和阻抗,只适用于神经症(即基于内部心理结构之间无意识冲突的疾病),但是,"当一个个案的某个方面让我们感觉他的移情和阻抗的强度或程度可能会超过我们的应对能力时,要务是改变分析技术"

(1954a：387）。她举了几个例子，例如对精神分裂症病人、"少年犯和近乎犯罪的人"、"非典型人格紊乱"和成瘾病人的治疗（p. 385）。她认为，在每一种情况下，都可能有合理的理由来对精神分析技术进行调整；而这带来的最好的结局就是，这会促使新的理解的产生，进而又反过来振兴精神分析理论，并使治疗和技术进一步得到发展。

然而，到了20世纪60年代末，当安娜·弗洛伊德重新审视关于精神分析范围扩大的一些问题时，她对正在发生的变化变得更加谨慎。她在1969年发表的关于"精神分析之路的难点"的论文中，特地使用了她父亲在1917年写的一篇论文的标题（S. Freud, 1917），当时正值精神分析运动到了另一个充满挑战的时期。安娜·弗洛伊德在这篇由纽约精神分析研究所发表的论文中，首先承认大众对一些关键的精神分析概念的接受程度比以往任何时候都更为广泛。关于行为的无意识动机，关于性和攻击性在人性中所占的中心地位，或者做梦（dream-life）对人具有不可或缺的重要性等观点，在如今都被许多人基本采纳，但这也产生了新的挑战。她列举的挑战包括：

- 来自一系列其他疗法的竞争，既包括精神药物治疗，也包括心理治疗，这让许多人认为精神分析疗法"太慢、太费力、太耗时和太昂贵"（1969b：130）。
- 精神分析在科学界地位的改变，多年来一直被回避或忽视。虽然新发现的认知疗法意味着有机会发挥跨学科影响力的机会，但它也导致一种风险，那就是精神分析可能会在寻求"认知"时失去其独特的方法。她建议，应在"过分严格的孤立主义"和"过度合作"之间找到一个平衡中点（p. 133）。
- 精神分析学现在的风险在于培训已经"制度化"了。那些最初被精神分析所吸引的人是"不循规蹈矩的人、怀疑论者，和那些对知识的局限性不满的人"，而现在的培训则更像是去培训"那些头脑清醒、准备充分的人，他们努力工作，希望提高自己的专业效能"（p. 133）。因此，她认为，精神分析越来越失去对年轻一代的吸引力，年轻一代认为精神分析是一种保守的职业,不能满足他们更深层的需求。

安娜·弗洛伊德在她这篇纽约论文中最后谈到的精神分析的变化,就是"扩大了精神分析的范围",即将更多并未纳入最初精神分析设计的病人纳入治疗范围中。在 1975 年伦敦 IPA 大会上的一次演讲中,她也讨论了这一点。在这些病人中,安娜·弗洛伊德谈到了边缘病人(borderline patients)和精神病人,他们"由于缺乏洞察力、难以自我合作(ego cooperation),或缺乏次级思维过程以及难以进行言语交流,而不满足使用经典分析技术的先决条件"[1976(1975)a:183]。尽管安娜·弗洛伊德认为精神分析对**理解**这些类型的疾病仍有很大贡献,但她对精神分析治疗此类病人的潜力并不乐观。她担心若精神分析声称能够治疗那些显然更能从其他疗法(例如药物治疗)上受益的病人,也许会失去其作为一种治疗技术的可信度。此外,她也担心分析师为了治疗这类病人而带来技术改变,从而可能会失去精神分析方法中最有价值的部分。

在"现代"分析师们为了治疗这些"新病人"而进行的临床和概念上的改变中,安娜·弗洛伊德特别担心的是,这些分析师们正在对精神分析中一直以来非常核心的精神材料失去兴趣——即心智中不同机构间的不和谐(Couch, 1995)。相反,她认为,分析师们越来越关注"那些把混乱的、未分化的状态引导到精神结构(psychic structure)初始建立的事件"(A. Freud, 1969b:146)——也就是生命的第一年。虽然这一早期的发展是非常有趣和重要的,但安娜·弗洛伊德担心这将导致一种修改人格发展雏形阶段内容的治疗期望,尽管是否有可能消除这种早期损害还尚不确定。她承认自己"怀疑那些试图进入原初压抑(primary repression)的尝试,即处理那些从本质上与我们熟悉的自我防御性策略的结果完全不同的过程"(1969b:147),她还担心,如果精神分析在一个几乎不可能成功的领域提出治疗主张,这将会损害它的声誉。她接受这种早期关系中的失败可能会造成人格上的"基本缺陷"(Balint, 1968)的观点,但她不同意一些精神分析学家从中得出的结论——即,所有病理现象都应归因于早期母婴关系中的问题[A. Freud,

1955（1954），1982］。

这种治疗目标方面的焦点改变（即"治愈"发展早期阶段的缺陷）也意味着分析技术的改变，尤其是当面对更边缘或精神病水平的病人时。安娜·弗洛伊德认为，她的同辈人，如André Green或唐纳德·温尼科特，都在表明精神分析师－病人的关系模型应该参照母－婴关系为基础，并在暗示病人回到其依赖的早期阶段，这种深层退行可能具有巨大的治疗价值。André Green在1975年的一篇论文里提出了上述建议，安娜·弗洛伊德在回应中描述了Green和他的同事们是如何"将他们的治疗希望寄托于在精神分析情境中重建这种最早期的关系之上"，但她强调，事实上"两者之间有着深远的差异"［A. Freud，1976（1975）a：183］：比起通过分析关系来满足这些需求，安娜·弗洛伊德认为，这些对照料的需求更应该被视为分析的材料。尽管将治疗师设想为"分析师－母亲"可能有助于阐明治疗师对边缘病人的某些功能（例如能够作为那些婴儿原始感觉状态的存放处），但这也可能将分析师们带入"野蛮分析"，安娜·弗洛伊德认为这种分析在精神分析发展的早期阶段就已经对精神分析造成了损害。"如果依赖阶段从未被克服，"安娜·弗洛伊德在回应温尼科特1960年的一篇演讲时写道，"那么在分析中就不可能治愈依赖状态"［1962（1961）：193］。

安娜·弗洛伊德还担心，对非言语交流模式的关注以及精神分析师对病人体征和信号的直觉理解，可能会导致过分强调重复（repetition）和再现（reenactment），而不是忆起（remembering）和言语交流（verbal communication）（1969b：147）。这对安娜·弗洛伊德来说，反过来又导致了过分强调移情中的交流，"在那些情形下，移情诠释被认为是唯一有效的治疗方法，移情现象优先于记忆、自由联想和梦，作为通往无意识的唯一真正道路"（p. 147）。安娜·弗洛伊德怀疑，婴儿期最早的经历是否真的会在移情中复现，或者在生命最早期建立的任何东西在治疗性相遇（therapeutic encounter）的基础上是否都是可逆的。她还告诫说，精神分析学的任何发展都不应该过分强调精神分析性相遇的某一个方面——即移情－反移情模型（transference-countertransference matrix），而应当强调的是一系列的技巧。

在总结回顾在精神分析内部的"现代性"发展时，安娜·弗洛伊德认识到"去发掘不仅是自我的，还包括人类普遍情感、焦虑和挣扎的更早、更深层的前因，这种欲望已经攫住了分析师们的想象力"，并且"目前它是分析师们最感兴趣的内容"（1969b：156）。作为1975年在伦敦IPA大会上演讲的一部分，她将这一点与Leo Rangell提出的立场进行了对比，她含蓄地指出，精神分析的未来将更多地依赖于"谦逊的目标和增强的洞察力"［1976（1975）a：185］，以及精神分析未受损的治疗声誉，后者需要通过一个"精减、精确，使方法适合其适用领域的过程"［Rangell，引自Anna Freud，1976（1975）a：185］。大会结束之后，在给哈罗德·布鲁姆的一封私人信件中，安娜·弗洛伊德的结论则更加直截了当：

> 我认为，精神分析思想非但没有进步，而且还有一种明显的倾向，那就是破坏已经取得的成果和进步，用一些不那么有价值的东西来代替。当然，你我在讨论中遇到的困难是所有这些所谓的进步都是在进展的旗帜下取得的，因此任何不欢迎这些进步的人都被视为"正统"和"保守"，但我相信你我都不是这样。
>
> （引自Young-Bruehl，1988/2008：426）

对边缘状态和精神病状态的精神分析理解

尽管安娜·弗洛伊德对用精神分析治疗更多精神病性或边缘病人的可能性持悲观态度，但这并不妨碍她对这些病理学领域保持浓厚的兴趣，也不妨碍她运用精神分析的思想——尤其是那些来自儿童精神分析的思想——来更好地理解这些类型的紊乱。作为一名外行分析师（即没有受过医学培训的分析师），她几乎没有机会治疗精神病人，但她也清楚地认识到，她自己的临床经验"已经超出了普通神经症的范围，扩展到了各种性格问题（character problems）"（1954b：357）。20世纪20年代早期，作为所受分析性训练的一部分，她也会定期参加维也纳大学精神病诊所的查房，该诊所由Wagner-

Jauregg 和他的助手们 Paul Schilder 和海因茨·哈特曼共同经营（他们都是维也纳精神分析学会的成员），在此基础上，她对精神病的病症和诊断有着透彻的认识和理解（Freeman，1983）。在她晚年的生活中，她与许多有才华的成人精神科医生一起研究与边缘和精神病性功能相关的问题。20 世纪 60 年代在汉普斯特德诊所，她帮助建立起一个研究小组（其成员包括 Tom Freeman、Humberto Nagera、Jack Novick、Clifford Yorke 和 Stanley Wiseberg 等），从精神分析的角度探索成人精神分裂症和精神病。该小组探讨了成人与青少年精神病和边缘状态之间的异同；研究了精神病性功能中的冲突作用和防御机制；还详细研究了能否在儿童时期就确诊"精神病倾向"的问题（Freeman，1995）。

西格蒙德·弗洛伊德在其著作中强调了精神病性崩溃（psychotic breakdowns）背后的"内在灾难（internal catastrophe）"，在此基础上，安娜·弗洛伊德又强调了"儿童和成人心理生活之间连续性的丧失"，这似乎是精神病性功能的特征，因为他们未能维持客体关系。她很想知道对精神病性现象的理解能够如何挑战精神分析理解的局限性，在她生命的最后几年，她特别关心的问题是，什么样的人格"断裂"会使一些人容易精神病性崩溃，以及她关于"发展线（developmental lines）"的想法是否有助于解释这一点（Freeman，1983）。

尽管安娜·弗洛伊德对精神分析作为一种治疗精神病性和精神分裂症病人的方法的治疗效果持谨慎态度，但她确实相信精神分析研究可以启发我们对康复的理解。她在《慢性精神分裂症》（*Chronic Schizophrenia*，Freeman，Cameron & McGhie，1958）的序言中指出，"稳定的、满足需要的、可靠的外部世界的人"对精神分裂症病人的作用和对婴儿的作用同等重要（A. Freud，1958b：495）。Yorke（1983a）详细说明了这个观点，他观察到"许多慢性精神分裂症病人在与护理人员有密切关系的情况下，在饮食、膀胱和肠道控制以及身体护理等方面都有所改善"（1983a：396），他还讨论了如何从发展的角度来理解精神分裂症病人的躯体性自我忽视（bodily self-neglect）的常见现象，并与病人的客体关系的本质建立特定联系。Yorke 呼吁，从事儿童工作的与从事成人工作的人之间要更多交流，以便充分理解可能导致成年后边缘性、自恋性或精神病性功能的发展过程；我们可以从他自己的工作以及安娜·弗洛伊德的其他同事的工作中看到这种整合的例子（例如 Freeman, 1976; Yorke & Wiseberg, 1976）。

结论

在安娜·弗洛伊德对成人进行精神分析治疗的方法中，我们也许可以最清楚地看到为什么她有"传统主义者"的名声，因为她拒绝了当代精神分析的许多发展。尽管她对开辟新发现与新理解的领域的可能性感到兴奋，特别是在更为严重的成人心理病理学方面，但她也对精神分析治疗是否真的能对这类病人有效持谨慎态度。她还担心分析师为了提高效能而进行的技术变革，会危及精神分析方法中一些更有价值的部分。有时，她表示担心与这些更为混乱的人群合作所投入的时间和精力，本可以更好地用于完善与更"神经症"的病人进行合作的精神分析技术，她还担心精神分析技术的一些关键方面——如释梦，或是致力于发展婴儿早期经验的重建——会被抛弃。

正如亚瑟·库奇（1995）对与安娜·弗洛伊德一起进行分析的回忆所证明的那样，安娜·弗洛伊德试图将精神分析的传统保持为分析师和病人之间的共同努力，两人一起工作，试图弄清楚作为人类我们究竟是谁，以及我们是如何成为现在这样的。她认为，通过实现这种自我理解，我们可以获得一定程度的自由和对生活的控制，而不是被强大的——且往往是破坏性的——无意识冲动所驱使。

· 拓 展 阅 读 ·

除了 Yorke（1983a）和 Couch（1995）的论文外，很少有人关注安娜·弗洛伊德作为成人精神分析师的工作，尽管在她的著作和有关她的二次文献中可以找到她与成人的工作。与Couch（1995）的论文相比，Menaker（1989，1991）更严谨地描述了安娜·弗洛伊德和自己的分析经历。Esther Menaker在20世纪30年代早期在维也纳接受了安娜·弗洛伊德的治疗，尽管她说自己当时"理想化"了安娜·弗洛伊德，但回过头来看，Menaker把她的分析经验描绘成一幅更为复杂的图景。虽然认识到安娜·弗洛伊德"在精神分析技术的应用上比她的大多数同事要灵活得多，而且肯定更注重人本主义"（Menaker，1989：609），但她也对安娜·弗洛伊德的"非常弗洛伊德式的诠释"，以及自认为可以非常批判和裁决的感觉做了一些负面的评价。Menaker继续推测，安娜·弗洛伊德作为一个分析师的局限性是由"她自己生活的狭隘性和局限性"造成的（p. 610）。

在1978年发表的"**弗洛伊德著作学习指南**"中，安娜·弗洛伊德对自己的精神分析理论和治疗的基本方面有一个清晰的阐述。虽然表面上是关于她父亲的工作，但也非常清楚地说明了她自己的精神分析思想及其与成年病人治疗的关系。安娜·弗洛伊德也做了几次演讲，对（男性）同性恋病人的分析治疗提出了自己的见解［参见A. Freud, 1952（1949—1951）］，她也对"训练式分析"的复杂性有着浓厚的兴趣，即分析治疗是临床训练中的一个要求［参见A. Freud, 1950（1938），1976a］。

如果要了解安娜·弗洛伊德与克莱因之间的辩论，那么可能我们最好要从King和Steiner的**《弗洛伊德与克莱因的论战》**（*The Freud-Klein Controversies*, 1991）开始，这本书是基于在争论时所做的详细笔记而写就的。作为这场论战的后果之一，在20世纪50年代后的许多论文中都能感受到残留的痛苦和直接的敌意，即使不是安娜·弗洛伊德本人（她倾向于保持外交性的沉默，至少在她发表的作品中是这样），从她的许多同事也可以感受到，梅兰妮·克莱因的思想对他们来说是可憎的。同样,在克莱因的同事和追随者的著作中,他们也始终忽视或批评安娜·弗洛伊德派传统的理论观点,始终认为她的思想不是"真正的精神分析"。

后来,安娜·弗洛伊德和那些提倡更"现代"精神分析的人之间的辩论显得没那么毒辣,如果不是意义更小的话。Bergmann(1999)写了一篇有趣的文章,讲述了1975年在伦敦举行的IPA大会上André Green和Leo Rangell之间的辩论,以及安娜·弗洛伊德在辩论中的角色。Bergmann认为这场辩论是精神分析史上的一个里程碑,面对一种开辟了关于分析性设置本质的全新思维方式的精神分析视角,安娜·弗洛伊德和Rangell站在反对的立场上。他认为,就"辩论本身来说,Rangell和安娜·弗洛伊德是占据了主导地位……[但]他们所代表的时代已经过去"(Bergmann,1999:198-199)。

许多其他人都写过关于当代精神分析内部的争论,以及在精神分析治疗的更"正统"和更"现代"观点之间的紧张关系。这些争论的历史被部分收录在Robert Wallerstein的论文"一种精神分析还是多种精神分析?(One Psychoanalysis or Many?,1988)"中。

(钱 捷 译;董瑞瑞、王佳珏 校)

第八章

儿童期心理紊乱的评估与诊断

主要著作

1965 《儿童期的常态与病态》
（Normality and Pathology in Childhood）

1970 "儿童期症状学"
（The Symptomatology of Childhood）

1972 "精神分析儿童心理学的扩大范围：正常与异常"
（The Widening Scope of Psychoanalytic Child Psychology, Normal and Abnormal）

1974 "儿童期心理紊乱的诊断与评估"
（Diagnosis and Assessment of Childhood Disturbances）

1974 "超越婴儿神经症"
（Beyond the Infantile Neurosis）

1976 "与正常发展相对比的心理病理"
（Psychopathology Seen against the Background of Normal Development）

1979 "作为心智成长研究的儿童精神分析：正常与异常"
（Child Analysis as the Study of Mental Growth, Normal and Abnormal）

引言

因为第二次世界大战的爆发，安娜·弗洛伊德在伦敦汉普斯特德建立起诊所，她所面临的特殊挑战是为大量儿童提供分析性的治疗，而他们的年龄各不相同，在诊所呈现出的紊乱和问题也有非常大的差异。对于安娜·弗洛伊德而言，在这些困难之中，有件事情变得格外紧迫，那就是评估与做出有意义的诊断。最初发展起来的儿童精神分析技术是针对"神经症"儿童的，但很多被转介来的孩子其紊乱程度似乎大大超过了"神经症"儿童的范畴，人们也不清楚什么样的干预才最适合这些孩子的需要。在孩子呈现出来的困难之下，所潜在的器质性问题的程度、创伤或父母的疏忽照顾在孩子问题的发展过程中扮演了什么样的角色，常常具有不确定性。再加上一个3岁孩子与一个15岁少年被转介来的原因可能是相似的强迫症状，然而诊断他们都遭受着"强迫性神经症"的痛苦，似乎也不太具有临床意义，因为在他们不同发展阶段的背景之下，其症状的潜在含义很可能是非常不同的。

安娜·弗洛伊德很快就意识到，无论是做出评估以便给出治疗意见，还是帮助做出成年后将发展出某些紊乱的预判，还是对发展过程本身及其如何出现偏差能够有更多了解，现有的诊断系统根本提供不了多少帮助（1965a：p. 148）。她写道："处在发展中的个体具有不断变换的内在景象，而现今的诊断分类对此帮助甚微，在临床情境下，它不是减少而是增加了令人困惑的方方面面"（pp. 109–110）。这不仅是概念的问题，还对诊所的日常工作具有非常真实的意义。安娜·弗洛伊德在讨论被转介来做治疗的孩子时写道："尽管在评估心理病理方面的经验越来越多了"，

> ……但我们总是不能确定，孩子的症状在多大程度上能被外部的处置手段影响到，或者在多大程度上能通过发展进程的改变而自发地痊愈，意即在多大程度上是暂时性的。因此，我们所面临的两难困境就是，如果建议孩子来做治疗，我们也许会让孩子及其父母身处非常不舒服的困

境当中,他们要花费也许并无必要的时间和金钱;但是如果拒绝接受孩子进入治疗,我们也许会肩负骂名,孩子可能会遭受终生的痛苦与失败。

[1974(1973):p.59]

鉴于所有这些原因,安娜·弗洛伊德意识到,为儿童期的心理紊乱谱系发展出一套恰当的评估与诊断系统,对于进一步发展儿童精神分析是至关重要的。在汉普斯特德诊所的很多同事以及其他同行的帮助下,这也成为她职业生涯接下来的30年间持续不断的一项工作。

现有诊断方法的局限性

在回顾受训成为精神分析师之时的评估与诊断方法时,安娜·弗洛伊德幽默地回忆起自己对精神科诊断的最初体验:

> 我还记得刚刚开始从事这项工作的时候,我是维也纳精神科诊所的临时学生。在那里,我经常听到年轻的实习生们快速地浏览案例名单,上面都是前一天晚上住进来的病人。对于每一个案例,实习生们仅仅读出几句话,例如:一个病人抱怨邻居讲她坏话——很明显这是偏执妄想;另一个病人抱怨自己对家庭毫无贡献——好吧,这是忧郁症。我在想,这简直是太棒了。我多么希望有一天,尽管自己不是精神科大夫,也能获得足够多的知识,对我工作的儿童也如此这般下诊断。

[1974(1954):37]

这样的精神科模式（时至今日仍然是 DSM-V[①] 和 ICD-10[②] 等现代诊断系统的基础，本章将稍后讨论）是基于这样的假设：某些特定的症状可以被称为是某种综合征的一部分，某些特定的症状模式就会指示出某种潜在的病理性紊乱。然而，安娜·弗洛伊德在一开始对儿童开展工作时，就意识到了这样的假设是危险的、有局限的。

首先，问题在于一个纯粹描述性的、基于所呈现症状的现象学的诊断方式，与"精神分析思想的精髓"（1965a：110）是相悖的，因为在精神分析当中，行为总是被理解为对潜在的病理因素的简单表达。这不应妨碍精神分析师，反而应该有所助力，通过使用这些描述性的诊断术语——的确，经典精神分析的诊断分类，诸如"强迫性神经症"或者"焦虑性歇斯底里"都假设一种主要的症状（强迫行为或者焦虑状态）是其诊断的核心。"在做出诊断的时候，症状所能给予我们的是轴承的作用"，弗洛伊德如是说（1916–17：271）。但他的女儿却说依赖于这样的轴承"将不可避免地带来评估的混乱，以及后续错误的治疗推断"（1965a：111），特别是当扩展到儿童工作上来的时候。

安娜·弗洛伊德指出，儿童期的症状往往是暂时的，同样的症状在不同年龄段可能蕴含着非常不同的意味，这一点比成人更明显。同样的症状在一个孩子那里可能是发展紊乱的结果，而在另一个孩子那里则可能是其内在冲突的指征；相反，两个非常不同的症状在不同的孩子那里（一个孩子偷东西而另一个孩子尿床），却可能反映了非常相似的潜在的病理性动力。安娜·弗洛伊德指出，哪怕是试图评估一个孩子的儿童期心理紊乱的严重程度，也绝不是一件直截了当的事，因为我们可能使用的各种指征——痛苦的程度、功

[①] 《精神障碍诊断与统计手册（第五版）》(*The Diagnostic and Statistical Manual of Mental Disorders, Fifth Edition*) 的国际通用简称，是美国精神病学会 2013 年更新的关于精神障碍的分类和诊断工具。——译者注

[②] 《疾病和有关健康问题的国际统计分类（第 10 次修订本）》(*The International Statistical Classification of Diseases and Related Health Problems*, 10th Revision) 的国际通用简称，是世界卫生组织依据疾病的某些特征，按照规则将疾病分门别类，并用编码的方法来表示的系统。——译者注

能的受损、症状的实质——最后都有可能误导我们（p. 118）。

基于症状学的诊断困难何在

为了展示仅仅基于所呈现出的症状做出诊断有多困难，安娜·弗洛伊德给出了好几个例子，来说明一个特定症状在不同孩子那里可能蕴含着非常不同的寓意。例如一个孩子是因强迫性撒谎而被转介来的，这可能是因为他还没有达到足够的自我发展状态，还不能清楚地区分现实与幻想，他才会这么做；或者这样的行为指示了这个孩子在获得这一重要自我功能方面的延迟（1970c：162）。但是，另外一个孩子出现同样的行为，也可能在更密切的观察之下发现，他撒谎是源于"孩子的客体关系的水平与质量"，撒谎可能"表达了他对惩罚与失去爱的恐惧"（p. 162）。而对于第三个孩子而言，一再撒谎可能不是反映出严重的现实检验的失败，而是其超我功能的紊乱。

同样地，当一个孩子因不肯排便而被带到诊所中来时，这样的行为"可能是源自非常早期的消化系统的脆弱性（意即身心层面的）；或者是孩子象征性地模仿和认同了怀孕的母亲（癔症性的）；又或者意味着他对不恰当的排便训练的反抗（行为层面的）再或者是性器期性需求的表达，或是退行到肛欲水平的幻想（强迫性的）"（p. 162）。同样的情况也适用于其他的症状，例如尿床、睡眠紊乱、分离焦虑或者学校恐惧（参见 Hayman，1978，如三例学校恐惧的个案，每一例都有非常不同的潜在诱因）。很显然，如果我们把每个孩子视为他或她的症状有着相同的含义，因此需要相同的干预，那么这样的治疗是非常不合适的。

评估与诊断是很复杂的，然而这一事实不是干脆就放弃评估与诊断的理由，用安娜·弗洛伊德的话来说，这叫"诊断的虚无主义"；也不是简单地将所有紊乱仅视为"人类行为的各种变幻莫测与复杂性的变式"的借口（1970c：p. 159）。的确，我们甚至不必无视症状，正如安娜·弗洛伊德所指出的那样，毕竟"如果临床工作者可以扩展自己的视野，警觉地看到这些症状背后的全部景象，各种可能的衍生物、因果关系、发展过程中派生出来的现象,等等,那么我们工作的领域就会变得非常迷人,仔细地探究一个孩子的症状也就变成了一项真正的分析性任务"(p. 184)。从这个角度来说,我们可以将症状看作是心理层面的,类似于在躯体疾病当中我们所熟悉的发热现象:当孩子感觉不舒服的时候,虽然我们很有可能只是处理发热本身,但仅仅这样处理的话,孩子的疾病可能无法被治愈,除非我们检查出**潜藏**在高热之下的是些什么,从而将治疗聚焦于这一更深层的原因。发热可能是一个暂时的问题,最佳处理是卧床一天、按时吃对乙酰氨基酚;还是说,发热是更严重的疾病的一个指征,需要立即给予治疗。这是一个性命攸关的诊断问题,并且会带出重要的治疗指向。安娜·弗洛伊德指出,在心理健康领域做出这样的诊断区分也同样是非常重要的。

> 对于从事儿童治疗领域的分析性临床工作者而言,理想的解决之道是对症状进行分类,这种分类一方面能体现出对各个元心理学方面的考量,另一方面也能与日常使用的描述性诊断分类保持联结和指引。
>
> (p. 163)

安娜·弗洛伊德试图发展出这样一个体系的个人努力,在20世纪60年代中期,带来了一套基于**发展性**视角的新诊断方法的发展。

转向另一种评估与诊断法

离开传统的儿童紊乱的评估与诊断方法,安娜·弗洛伊德给自己提出了一个巨大的挑战。她很早就意识到了这一点:"如果我们决心抛弃常用的诊断分类,我们就必须来填补这样做所留下的那个空白"(1956c:304)。但是这也带来了一个契机:

> 一旦我们决定不采用源于精神科对成人心理病理的描述性诊断分类,从而也降低了症状方面的重要性,我们就可以期待,更多地觉察到

病人人格当中的其他部分。当我们所关注的病人是儿童的时候,这些部分则大多是跟发展相关的。

(p. 307)

这种将发展能力本身放在诊断过程核心位置的思想,是安娜·弗洛伊德新方法的关键特征。如果她的父亲认为爱与工作的能力(S. Freud,1916–17:457)是一个成年人心理健康的决定因素,那么安娜·弗洛伊德则认为"儿童向前发展的能力,以不断前进的步伐直至发展成熟,以及人格所有方面的发展……都全部完成"就是儿童心理健康的决定因素(1965a:123)。这就意味着,做出诊断的人需要避免精神分析师之前往往会陷入的某些危险之中。

头一种危险就是企图仅通过研究病态而获得对发展的所有方面的理解。安娜·弗洛伊德的诊断方法必须始于对正常发展进行充分理解,并且获得语言和概念框架,以便能够描述"一切正常"的发展是什么样的。正如她在1974年所写下的:

> 我们打破了传统[始于其父的工作,并由众多后弗洛伊德时代的精神分析师所延续的传统],在这个传统之下,每一种心理方面的困难都会被看作和解释为与严重病理模式的比对。而我们则试图在常态的背景下去看待心理困境,对某个特定年龄段的孩子而言我们所期待的常模是什么,由此来测量心理困境与常模之间的距离。因此,我们重新定向我们的主要调查内容,从关注病态转向对常态的研究。

[1974(1973):60–61]

安娜·弗洛伊德希望避免的第二种危险,是完全聚焦于发展的某一方面而忽略其他方面。她相信,新的洞察出现在精神分析视野中时,常常会以牺牲先前的真理为代价,而没有被视为"一系列互补的"因果因子当中的众多因素之一。在提到先行于她的分析家们的著作——第一本就提到了弗洛伊德本人的著作时,她警示说:

他们没有对自己的最新工作在应用中被过分强调保持充分的警觉。在他们自身努力探寻事实的过程中，人类心理的各个方面一个接一个地成为他们关注的焦点，并且自然而然在他们的著作中得以突显：婴儿期性欲和各个力比多阶段的发生时序；压抑与无意识心智；人格在不同机构间的区分及其相互冲突；俄狄浦斯情结与阉割情结；焦虑的作用；攻击性作为一种独立的驱力；母婴关系及其早期干扰的后果。然而在所有这些因素当中，没有哪个单一因素曾经被认为注定是唯一的、甚至是最主要的致病机制，但这种情况却经常出现在临床评估与公开出版物当中。

（1962a：361）

安娜·弗洛伊德的雄心壮志是"不再以这种支离破碎、令人挫败的方式使用精神分析资料，取而代之以对涵盖儿童心理的所有方面的状况进行评估"，为了"防止我们只看到孩子的某一方面"而系统地组织评估（pp. 361-362）。这样的方法不仅应聚焦于儿童哪里出了问题，还应关注儿童在哪些方面的发展是进展良好的（Yorke，1995）。安娜·弗洛伊德及其同事们将这样的方法命名为"诊断廓图"（1965a）。

评估过程与诊断廓图

安娜·弗洛伊德在关于评估与诊断儿童期心理紊乱的一篇文章中，提到了分析师的诊断技巧在大众当中所享有的盛誉："一些人甚至相信，分析师只要对一个完全陌生的人看一眼，就能知道关于他的一切"[1974（1954）：41]。不幸的是（或者说幸运的是）这不是真的，因此安娜·弗洛伊德坚持认为，任何诊断性评估都必须建立在尽可能广泛的信息收集之上：儿童精神分析师在诊断性的访谈中不仅要进行观察（对于年龄很小的孩子是非结构性的游戏治疗），而且还要收集结构性评估（诸如认知评估或者投射测验）、学校报告、父母访谈，以及任何其他的相关信息。

对儿童的每一次治疗工作都是评估过程的重要组成部分，因为正是通过这样的治疗，我们试图发展出一种对孩子他/她自己的主观世界的感受。尽管更为结构性的访谈对于达成诊断的目标而言更为有利（正如当今被广泛使用的那样），但这些更加开放、基于游戏的治疗工作，如 Model（1995）所指出的那样，对于触及和探索孩子的内在体验非常关键。Green（1995）认为，将我们从外部得知的信息先暂时置于一旁，正在评估的临床工作者通过游戏就能看到孩子是如何"与他的内在关注点相连接的，并如何通过游戏展示或描述出这些关注点的"：

> 他是如何感受自己的经历的？他的愿望、快乐与希冀是什么？他的恐惧与悲伤又是什么？哪些内在形象栖息在他的世界中？围绕着这些形象他有哪些感受？他对于自己又有哪些感受呢？

（p. 173）

诊断者要做的工作是，汇总上述对孩子"内部"的观察以及来自"外部"的信息，综合这些信息，再加上他或她对正常儿童发展的知识与理解，作为诊断过程的一部分，不过分强调任何一方面的信息比其他方面更重要。我们的最终目标是将呈现出来的问题与可能的潜在诱因联系起来，以便做出发展性的预测，并且给出可能的治疗建议。

在汉普斯特德诊所，传统的做法是就每一个评估都会举行一次诊断会议，在会上关于某个孩子的诊断廓图将被呈现出来，"所有的与会者跟主要的评估人一起自由地参与讨论，给出批评和补充的意见"（A. Freud，1962—1966：28）。在这个诊断廓图中，更为广泛的信息来源被综合为三个主要部分：

- 第一部分类似传统的个案生活史，包括转诊原因、对孩子的描述、家族史、家庭背景以及潜在的重要环境性的影响。
- 之后的第二部分转移到对孩子的内在图景和整体发展的评估上来，考虑到孩子人格的整体结构，以及"孩子在驱力阶段（性与攻击性）的发展、自我的发展中所处的位置，以及表现在社会适应的各个阶段上此二者之间的交互作用"（1962a：363）。在这一部分当中，对儿童的诊断廓图将注重在社会与道德的发展方面，既提供对遗传的评估（例如，考虑在某些方面的发展受阻的程度，或者是否因特殊压力而存在退行的情况），也提供动力性与结构性的评估，考虑那些控制孩子行为的核心冲突，以及这些冲突是存在于孩子的内心还是在他的环境当中。这个部分的最后会探索孩子的某些综合的、对他保持健康的能力有影响的特性，诸如孩子耐受焦虑的能力或者他/她容忍挫败的水平。

在所有这些材料的基础上，诊断者的任务是"整合以上所提及的各个部分，将它们结合到有意义的临床评估当中去"（1965a：147），其中，孩子的发展能力是核心要素。安娜·弗洛伊德暂且提议的六大诊断类别是：

- 尽管当下表现出行为紊乱，但儿童的整体人格发展基本健康；
- 儿童的症状可被理解为是对特定发展性张力（developmental strain）的暂时性反应；
- 儿童是典型的"婴儿神经症"，其人格发展基本正常，但内在冲突导致了特定症状的形成；
- 儿童存在发展紊乱，导致边缘性或者异常的表现，主要基于其早期发展阶段紊乱；
- 儿童存在原发的器质性缺陷，从而导致发展的扭曲；
- 儿童存在"运转中的毁灭性程序"，无论源于器质性层面还是心理层面，已对其心智成长带来深远破坏。

诊断评估案例

Kaplan-Solms 和 McLean（1995）曾描述过一个案例，来展示诊断廓图在评估语言发展迟滞当中的价值，这是相对常见的儿童期疾病。他们给出的这个案例是一个 5.5 岁男孩 A，他被转诊到汉普斯特德诊所是因为他在语言方面发育不成熟，运动技能也很差。在评估中，我们很快就发现他还有很多的担心和恐惧，他与同龄人的互动也很糟糕。在详细的社会史访谈中我们能明显看到，A的父母是一对快乐且成功的夫妻，他们能很好地关注到孩子的需求，但也对孩子的发展表现得非常焦虑。在19个月大时，A的耳部曾严重感染，很可能造成他一定程度的听力损伤，直到他3岁生日之前做了一个耳部的小手术之后，听力才得以改善。他快4岁时才进入全日制幼儿园，大人们也才开始关注到孩子的发展情况，包括他的运动能力不好、害怕人群、会非常剧烈地发脾气，等等。

诊断者面临的首要问题是，A的困难应被视为神经心理异常，还是现实检验方面的心理紊乱，还是基因或染色体综合征；另外，特定语言迟滞与更广泛的行为问题之间的关系如何。考虑到他的特殊情况，在常规的基于游戏的评估治疗之外，还对他进行了神经心理方面的评估，其结果是A在说话与语言方面的症状被认为与大脑中负责这些功能的组织结构有关。尽管这两种评估的方式非常不同，但作者们指出两者都是基于"诊断者希望**理解**呈现的症状而不是去**测量**它"（p.188）。因为无论是对于儿童精神分析师还是神经心理学家而言，重要的都是说话和语言方面的困难与其他方面的发展水平之间的**相互关系**。

在这样的评估基础上构建起来的诊断廓图涉及领域广泛，涵盖了儿童发展的各个方面。至于语言迟滞的问题（转介时的主诉），诊断者认为A的语言问题显示出在语言发展关键期遭受听力损伤的儿童所具有的典型症状的所有特征。特别是A未能从"自我中心（egocentric）"的状态转变到"内在讲述（internal speech）"的状态当中去，这严重地影响了他其他方面的发展。"例如，他不能使用内在讲述来帮助自己进行智力活动、现实检验和自我调控。……他耐受挫败的能力很差，因为他理解不了对事物的言语解释。……其临床结果变得更加复杂，因为那段听力丧失的阶段显然让A对不熟悉的或突然的声响过度敏感，这成了他发展出很多的担心和恐惧的主要原因"（p.194）。

在这个评估的基础上，诊断者从而可以推断，A的大多数行为和情感方面的困难都是他在说话和语言方面的问题的次级表达——而对语言问题本身的最佳理解则事关孩子在关键发展阶段丧失听力的经历。在这样的诊断基础上，诊所建议进行特殊的补救工作来应对 A 的语言困难，但同时也建议开展精神分析的支持性工作，"以便保护他的言语内化功能（internalized verbal function）和自我反思功能（self-reflective function），直接应对情感发育迟滞所导致的后遗症"（p. 194）。此次评估认为，A 的语言迟滞有着简单明确的原因，但是他的这一经历却影响到了他发展的所有方面。只有能照顾到所有这些困难方面的干预措施才会是最为有效的。

诊断廓图的使用与启示

安娜·弗洛伊德对诊断廓图计划雄心勃勃，她在 20 世纪 60 年代策划了一系列研究项目，均以汉普斯特德诊所在那个时代业已完成的工作为基础。她希望诊断廓图既可以作为最初的评估工具，也可以在治疗结束时再次使用（或者在治疗结束的 2~3 年时使用），以便评估治疗对于孩子发展能力的影响（1962—1966：27）。尽管这个计划从未能像她所希望的那样得以系统性地实施，但这种基于诊断廓图而对儿童在治疗"之前与之后"进行评估的做法却被用在一项研究当中，来考察精神分析对有学习困难的儿童的疗效（Heinicke，1965），对诊断廓图的不同改编版本也被用于治疗婴儿（W. E. Freud，1967）、学步儿（Furman，1992）、青少年（Laufer，1965）以及成年人（A. Freud，Nagera & Freud，1965），还有盲童和聋儿（Burlingham，1975；Brinich，1981）。安娜·弗洛伊德还希望诊断廓图能用于在问题到达病理性程度之前就识别出儿童的发展性紊乱，以便能够实施预防性的措施（1962—1966：37）；能更加精准地探查到紊乱的特定区域，诸如边缘性病理状态或者自恋紊乱；能评估儿童期心理紊乱对其成年后心理障碍的影响（1965a：54）。

安娜·弗洛伊德对儿童期心理障碍的评估与诊断方法的遗泽

安娜·弗洛伊德相信，正如**身体**健康领域一样，详细的评估与准确的诊断是儿童**心理**健康良好治疗的基石。但在一定程度上我们不得不说，她在儿童期心理障碍的评估与诊断方面的创新，没有产生她所期望的那么大的影响。甚至正当她致力于发展这一诊断廓图时，安娜·弗洛伊德就已经意识到"对于大多数临床工作者而言，诊断廓图似乎过于复杂了"（1962a：367），并且存在一定的风险，即她所概括出来的过程可能过于详细，或者太过耗时，这使得它无法在诸如汉普斯特德诊所这样一个非常特殊的环境以外的其他设置下开展。

尽管人们试图避免理论方面的还原主义倾向，诊断廓图仍然不可避免地严重依赖于人类心理的某些概念（驱力理论和结构模型），而这些概念在安娜·弗洛伊德去世之后的岁月中逐渐地不那么受欢迎了。甚至在受过精神分析训练的临床工作者当中，随着客体关系理论和其他理论模型越来越流行，诊断廓图所使用的语言和概念框架也变得越来越异类。在安娜·弗洛伊德去世后，有学者（Davids et al., 2001）试图更新诊断廓图，让它囊括更现代的精神分析思想，吸收诸如依恋理论、发展心理学研究者丹尼尔·斯特恩（Daniel Stern, 1985）的自体发展理论等领域的真知灼见；然而，这次的修订版本也并未得到广泛使用。

在更大范围内，安娜·弗洛伊德反对将诊断（特别是对儿童的诊断）公然建立在症状学之上的观点似乎也失败了。我们今天所使用的两个主要的诊断系统——《精神障碍诊断与统计手册》（DSM，由美国精神病学会出版）和《疾病和有关健康问题的国际统计分类》（ICD，由世界卫生组织出版）——使用的诊断分类几乎是完全基于症状学的，而且对心理紊乱的诊断标准也很少区分儿童期与成年期。很显然，基于症状的诊断方法具有极大的优势，它既相对简单易行（正如安娜·弗洛伊德多年前在维也纳的精神病医院里轮转学习时那样），又相对而言可靠性高、一致性好。特别是对于研究者而言，拥有一个共享的诊断框架，让研究者们能够在同一个设置下与在不同地方工作的其他研究者之间比较自己的发现，这在儿童与成人心理健康关键领域的知识积累方面是非常重要的进步。

然而，近年来也有一些迹象表明，安娜·弗洛伊德关于儿童心理健康的评估与诊断的主要思想，已渐渐再次受到关注。例如，像 DSM 所使用的描述性、非理论性的分类方法，越来越多地被认为是有局限性的，诸如 Luyten 等（2006）研究者认为"人们正在形成一个不断增长的共识，认为仅仅基于对症状表现的评估而做出抑郁分类系统极可能是行不通的"（p. 987）。虽然没有引用安娜·弗洛伊德的思想本身，但这些研究者接着就提到"在各种研究领域中——包括精神病遗传学、神经生物学、发展心理病理学、认知心理学、心理动力学、社会和人格心理学，所有这些领域中的研究结果都集中在一个指向上，认为以基于病因学、运用动力交互作用的模型为背景，是理解抑郁的最佳方法"（p. 991）。

这些身处心理健康研究最前沿的研究者们提供了一种评估与诊断的思维方式，即认为先天的因素（包括遗传因素）和早期环境的因素是相互影响的，这创造出人格的多重维度，而人格的多种维度又转而与生活事件发生相互作用。安娜·弗洛伊德始终强调这样一种视角，这就是即便在儿童心理健康这一复杂的领域内，她也希望提升评估和诊断水平，从而为更加细致入微和有的放矢的心理健康治疗打下基础，并抵制任何形式的还原主义。

· 拓 展 阅 读 ·

安娜·弗洛伊德本人关于评估与诊断的文章几乎可见于其文集的每一卷，但可能最常见于她 1965 年的工作当中。在**《儿童期的常态与病态》**这本书中，她概括了自己的诊断廓图思想，尽管此书并未包括任何真实的案例，但可以让我们看到一个诊断廓图可能是什么样子的。要找到真实的案例，可以参阅《汉普斯特德诊所通讯》——例如，Hodges（1986）、Kaplan（1994）或者Model（1995）的文章。重要的文章以及各种用于婴儿、青少年和成人的诊断廓图的修订案例都被收集在一起，由Eissler等人编辑成册（1977），这是关于诊断廓图的重要原始资料。更近期的评鉴安娜·弗洛伊德诊断模式的文章可见于Midgley（2011）和Hartnup（2012）的作品。

关于儿童心理健康的恰当评估与诊断形式的争论继续充斥在专业文献当中，特别是当我们试图评价DSM和ICD分类系统的价值时。近年来，一些精神分析师试图发展出一种混合模式，将强调症状学的DSM模式与更为精神分析式的病因学思想和潜在的紊乱类型相衔接。其结果是2006年精神分析组织联盟（Alliance of Psychoanalytic Organizations）出版了**《心理动力诊断手册》**[①]（*Psychodynamic Diagnostic Manual*，PDM），包括一个单独的儿童期心理障碍章节在内。在欧洲，一个类似的项目也推出了**《操作性心理动力诊断》**（*Operationalized Psychodynamic Diagnostics*，OPD）系统，并已作为一系列研究项目的基础被广泛使用。然而这两个系统都没能在心理动力研究领域之外被采用，这样的系统也不太可能取代诸如DSM和ICD诊断系统的影响力。人们试图通过修订的过程从内部影响这些系统，其实这两个系统都间断性地受到了一定影响，长期而言，这也许是更为有效的方式。如果安娜·弗洛伊德基于广泛发展的评估与诊断模式获得更大范围的影响力的话，那么对现有精神科诊断模式持续存在的批评讨论（如Shedler & Westen, 2004）将会更富有生命力。

（曾　林　译；邹筱雯、王佳珏　校）

[①] 本书于2017年出版英文原书第二版，中国轻工业出版社的"万千心理"组织了它的中文版引进工作，将于2024年出版发行。——译者注

第九章

发展心理病理学

主 要 著 作

1965 《儿童期的常态与病态》
（Normality and Pathology in Childhood）

1972 "精神分析儿童心理学的扩大范围：正常与异常"
（The Widening Scope of Psychoanalytic Child Psychology, Normal and Abnormal）

1974 "超越婴儿神经症"
（Beyond the Infantile Neurosis）

1974 "精神分析视角下的发展心理病理学"
（A Psychoanalytic View of Developmental Psychopathology）

1976 "与正常发展相对比的心理病理"
（Psychopathology Seen against the Background of Normal Development）

1978 "儿童精神分析的根本任务"
（The Principal Task of Child Analysis）

1979 "从内在和谐与否的角度看待心理健康与心理疾病"
（Mental Health and Illness in Terms of Internal Harmony and Disharmony）

1979 "作为心智成长研究的儿童精神分析：正常与异常"

(Child Analysis as the Study of Mental Growth, Normal and Abnormal)

引言

如果说安娜·弗洛伊德在诊断廓图方面的工作（第八章）是对改变儿童心理紊乱评估方式的一次尝试，那么这项工作的另一个更具野心的目标是：重新总结我们对发展过程本身的看法，重新审视由此得出的将儿童期心理紊乱视为"发展性障碍（disorders of development）"的观点。如果她的著作《自我与防御机制》是其早期工作的主要理论贡献，那么 1965 年出版的《儿童期的常态与病态》一书，以及她在其后的一系列文章中所阐述的工作，则无疑是她作为一名精神分析师，在其事业的后半段所做出的主要理论贡献。尽管后者可能没有像她的早期著作一样拥有那么广大的读者群，但我们知道后者带来了在儿童期心理障碍研究领域更为重要的现代发展，尽管这些工作本身并未总是被直接提及。

为什么要研究正常发展？

尽管精神分析始于对心理病理这一特定方向的研究，但从它诞生之初，人们就对发展出正常的发展模型这件事有着潜在的志趣。例如，弗洛伊德的工作（1905）以及亚伯拉罕（Abraham）的工作（1924）让我们更好地理解了驱力与力比多的发展，而后继的分析师们则对各个特定阶段的发展进行了详尽的探究。例如，安娜·弗洛伊德就曾特别为 Spitz 的工作（1965）所打动，他对婴儿在生命的第一年里所发展的客体关系进行了研究；还有马勒的工作（1975），她对学步儿的生活经验以及分离-个体化的进程进行了研究；

这两项研究都包含了运用精神分析思想对发展的特定阶段进行实证研究。他们两人各自强调某个特定的发展阶段（无论是婴儿期还是学步儿期）是心理健康或心理疾病的发展核心期，但安娜·弗洛伊德又对他们所强调的东西保持着谨慎的态度。她还从海因兹·哈特曼（1939）更为理论化的工作中获得了灵感：他引入了一个想法，即精神分析可以通过聚焦于适应（adaptation）过程来促进对正常发展和偏离常模的理解。当然，她再次拒绝将注意力仅集中于发展的某一个方面——哈特曼建议的是适应这个方面。她依然关注的是广泛的发展过程。

但最为重要的是，安娜·弗洛伊德关于"精神分析性发展心理学"的崭新思想源于她本人的经历和观察，特别是来自她和同事们在汉普斯特德战时托儿所所做的工作。在《自我与防御机制》（1936）一书中，她已经试图阐述人们在一生的跨度中会采用不同的防御机制，有些防御（例如分裂或者在幻想中否认）与非常早期的发展阶段有着特别的关联，而另外一些防御（例如升华）则更多是后期阶段的特征。然而，她日复一日地接触和照顾着孩子们，再加上在儿童精神分析方面不断积累经验，都让她对人类发展的**复杂性**心存敬畏。她的关注点转移到了防御机制之外，甚至也超越了对自我发展的关注，而转向她在人生最后的演讲之一中所提到的，关注"成人化过程（humanizing process）的步骤，即儿童从不成熟到成熟路径上的标志"（1982：260）。她越来越意识到，精神分析对人类发展的探索发现大部分是以"孤立事实（isolated facts）"的形式，"作为治疗性分析的副产品"而蹒跚前行着［1974（1973）：62］。也许这些发现当中的每一个都很有价值，但以偏概全是一个真实存在的危险：

> 某些作者会抓住出生的过程本身不放，认为其痛苦的累积会制造出快乐–痛苦系列中的不平衡，并会减弱儿童日后对挫败感的耐受能力。另外一些作者则选择生命的第一年作为关键期，认为它是从原始自恋到导向客体的力比多贯注的过渡阶段，整个过程或者被一个成功的母婴关系所调控，或者被一个有缺陷的母婴关系所阻碍。还有一些人跟随玛格

丽特·马勒选择了非常迷人的、人生第二年的分离-个体化阶段作为关键期，认为其决定了个体进一步的健康独立与完整的身份感。

（1979a：122）

然而，关于发展的某一个特定阶段或者某一方面的细节，尽管其本身很有价值，却"并不能满足我们的需要——为儿童整合的人格发展提供一个细节详尽而又秩序井然的图景"[1974（1973）：62]。为了试着构建出这样一幅图景，安娜·弗洛伊德提倡用一个覆盖面广泛的方法，来描述成人化过程的各种组成部分，这种方法可以作为我们理解正常发展与病态发展的基础。

发展线概念

安娜·弗洛伊德的"发展线"（developmental lines）比喻，意味着她对创造出一系列有用的儿童发展标志物的尝试，它涵盖了儿童发展的全部范畴。她将每一条发展线描述为"指向我们对儿童人格发展所期待的每一个成就的阶梯，这个阶梯上的每一步都是本我、自我与环境互动的结果"[1974（1973）：63]。她希望这些发展线不是抽象的，而是可以被视为"历史的真相，当它们组合在一起时，可以形成一个具有说服力的画面，能传达出一个孩子的个人成就，或者从相反的角度，传达出他在人格发展过程中的失败"（1965a：64）。

如果说安娜·弗洛伊德的诊断廓图模型给我们提供了一种方式，让那些非常专业的儿童精神分析师做出元心理学层面的个案概念化，找寻导致儿童心理紊乱的潜在过程是什么；那么，她的"发展线"概念就旨在提供更为实用的、便于使用的工具，可以应用于任何关注孩子福祉的更广泛的场景。Mayes 和 Cohen（1996）认为发展线是一种"半结构化的方法，可以评估儿童在我们所期待的心理发展模式中是相对正常的，还是相对异常的"，就像是一个心理成熟度与整合度的"分析性矩阵（analytic metric）"（p. 125）。这样一个矩阵旨在帮助那些与儿童一道工作，或者关注儿童的人们解答一些非常简单的问题，诸如"我的孩子可以上幼儿园了吗？"或者"我该如何理解我的孩子开始跟我撒谎这件事？"。然而，如果这些听起来还太过简单的话，作者们还指出：

> ……仅仅将发展线视为发展正常或者异常的一幅描述性的地图，那我们就是被安娜·弗洛伊德所呈现出的表面上的简单所迷惑了。在沿着不同发展线前进的概念之中所包含着的，是对发展心理学基本问题的根本性的再思考：是什么在促使发展前行，成熟是如何发生的？发展线概念包括了富于启发性的框架，有助于我们理解（以及探究）发展的机制。
> （p.125）

发展线的一个实例

安娜·弗洛伊德在《儿童期的常态与病态》（1965a）中提供了一系列有关发展线的实例，其中包括描述走向身体独立的步骤的各条发展线（例如"从尿床和遗便发展到控制膀胱和肠道"），以及描述社会关系方面的发展线（例如"从自我中心发展到建立友谊""从身体到玩具、从游戏到工作"）。在后期的文章中，安娜·弗洛伊德还加入了其他实例，诸如"从生理到心理的释放路径"发展线、"从不负责到内疚"的发展线［1974（1973）］。

然而，贯穿在安娜·弗洛伊德文章中的是一条特别的发展线，她称之为"原型（prototype）"，所有其他的发展线均源于此，那就是"从依赖到情感上的自我依靠和成人客体关系"发展线。似乎安娜·弗洛伊德挑选这一发展线作为原型线，是因为这方面的发展对于精神分析具有核心重要性，从精神分析创立之初就是如此。这条线也最能展示出进步是如何有赖于与生俱来的成熟进程、天资禀赋与生活经历之间的复杂互动。正是基于大量的前期研究，包括儿童与成人分析的发现，以及一系列的观察性研究，这条发展线才得以在1965年被描绘出来。用Glaser和Strauss（1967）引入的一个术语来说，这是一个"根源性理论（grounded theory）"，然而假如我们考虑到之后50年的研究发现，它可能看上去会略有不同。

作为一名精神分析师，安娜·弗洛伊德最广为人知的头衔是"自我心理学家"，但她却选择了客体关系的发展作为原型发展线，这也许令人惊讶。然而，她一直认为天资与环境是同等重要的，正如她认为内在现实与外在现实也是同等重要的一样。对于这一特定发展线的聚焦反映出安娜·弗洛伊德的信念：我们既需要关注儿童的"内在客体关系"（用克莱因和费尔贝恩的相关工作术语来说），也需要关注儿童与"真实的"外在客体之间的真实关系，对于正在发展中的孩子来说，这些关系对他们的发展都具有深远的影响。

在《儿童期的常态与病态》中，安娜·弗洛伊德提出了这条原型发展线——从新生婴儿的完全依赖状态到青年的情感自立和成熟的客体关系——的八个关键步骤。这条发展路径上的关键阶段包括了客体恒常性（object constancy）的建立（阶段3），即持续的内在客体形象得以建立并保持，无论原初照顾者实际上在场还是缺席；还有"潜伏期阶段"（阶段6），精神贯注（cathexis）会在这一阶段发生一个重要转换，即从父母转向同辈、教师以及"目标抑制的、升华的兴趣"。（对这条发展线的详细总结与讨论，参见Edgcumbe，2000：115–126。）

发展线之间的交互作用

安娜·弗洛伊德在提出发展线概念时，还朝着思考Mahon所谓"常态的神秘复杂性"（2001：77）迈出了重大的一步。因为对于安娜·弗洛伊德之前（甚至是之后）的很多精神分析师而言，"正常"或"心理健康"被简单地反向描述为不存在心理疾病或者病理状态。而安娜·弗洛伊德却认为，正常的发展过程本身就是丰富而又迷人的过程，是值得精神分析好好研究的。

在安娜·弗洛伊德看来，相比于孩子们身体发育所遵循的那种被预设好了的**生理**成熟的过程而言，"心理正常"不应当被描述成稳定地沿着每一条发展线向前发展的过程：

在生理方面，正常情况下，渐进式发展是机体运作的唯一内在力量，在心理方面，我们不可避免地需要考虑到一系列次级的、额外的、在相反方向上运行的影响，也就是说，固着和退行。

(1965a：93-94)

她还特别认为，沿着任何一条发展线的暂时退行，可能在儿童的整体发展当中都是非常重要的一部分。这种暂时的退行可以发生在一天当中的特定时间里（想一想孩子在感觉累了的时候就会变得更加黏人、难以应对和不易满足，却能在安睡一夜之后恢复到他惯常的平静状态），或者作为对特定生活事件的反应而出现。因此，当一个小孩面临弟弟妹妹出生时，她很可能会沿着朝向自主性的发展线退行到更早期的状态，暂时性地变得更加难以满足，其行为和对父母的需求也更加"婴儿化"。这种暂时性退行可被视为一种重要的功能，它允许孩子安慰自己说她没有失去父母的关爱，直到她可以再次向前发展。的确，相比于其反面，即孩子沿着某一条发展线有突然而生硬的进步，这种暂时性退行对于发展而言可能是更加适当的。以攻击性为例，安娜·弗洛伊德曾描述过这样的孩子，他们几乎是在一夜之间就突然克服了之前的攻击性行为，变得又羞涩又拘谨。安娜·弗洛伊德注意到"这样的转变可能对于孩子的环境来说是非常有利的，然而诊断者观察到这些现象并有所怀疑，不是将其归因为正常的渐进式发展的过程，而归因为创伤性的影响和焦虑，这使得正常的发展过程被过度加速了"。她认为，最健康的心理发展是"缓慢的试错、向前的进步和暂时的逆转"(1965a：99)。

退行、固着与发展停滞

在《儿童期的常态与病态》一书中，安娜·弗洛伊德区分了暂时性退行、固着与发展停滞。如果说暂时性退行更有可能服务于儿童的整体发展，那么固着与停滞则会给儿童的整体发展带来更加不利的影响。

Green（1995）曾提到过一个案例，一个叫托马斯·K（Thomas K）的11岁男孩被转介到安娜·弗洛伊德中心，因为他有很多与分离相关的焦虑。

在探索转介的背景信息时，治疗师清楚地看到代际的创伤性丧失模式，这让托马斯的妈妈感觉到在儿子还是个学步儿时的黏人举动是极其难以忍受的。当儿子表达出（适合其发展阶段的）亲近妈妈的需求时，她常常给出不耐烦、被打扰的回应，这反过来又加重了孩子的黏人行为，还对分离十分地焦虑。在治疗师的帮助下，托马斯的父母得以改变了他们应对儿子黏人行为的方式，但孩子的分离焦虑还是持续存在。在对孩子的单独评估当中，治疗师得知托马斯饱受强烈恐惧的折磨，他自己也知道这样的恐惧是不合理的，比如说他相信父母每一次离开家都有可能悄悄地逃走，再也不会回来了。这些恐惧不是最近才有的，并非对近期事件的反应，而是长期存在的。的确，在他的生命中，他从来没有过哪一刻是没有这种担心的。我们可以说，这是一种发展停滞，托马斯从未充分具备在从依赖到情感自立的发展线上向前迈进的能力。

在另外一个案例中，凯文（Kevin，10岁）也表达了与父母有关的分离焦虑，但他的社会化经历清楚地显示出，这个男孩能够克服一些早期的分离焦虑，他很好地应对了上幼儿园这个转变，离开家的生活也还算顺利。然而，在他10岁的时候，妈妈被诊断出癌症，尽管治疗很成功，凯文却在妈妈不在他身边的时候发展出极度的焦虑。跟托马斯一样，他知道在一定程度上这些焦虑是"不合理的"，但这并不能阻止它们对自己的强烈影响，甚至到妈妈的身体恢复健康的好几个月之后焦虑也没有自行消失。跟从来没有在这一特定发展线上真正向前发展过的托马斯不同（也就是说，他的发展停滞在更早期的阶段上了），尽管凯文在分离-个体化阶段存在一些早期困难，他已经向前发展了，但在儿童期的后半段面对巨大压力的情况下，他"固着"在更早期的发展阶段，这导致了**退行**，与作为正常发展的一部分的那种暂时性退行不同，这样的退行有变成永久性的危险，因此负责评估的临床工作者建议这个孩子需要分析性的帮助，以便他恢复到正常发展的道路上来。

发展线与心理健康

尽管每一条发展线聚焦于儿童发展的一个重要方面，但安娜·弗洛伊德相信，一个儿童的心理健康从根本上来说，有赖于各条发展线之间的互动和协调一致。这并不意味着各条发展线之间有主次之分，她认为不同的发展线"对于最终的人格图景具有不同的价值"（1979a：130）。例如，涉及次级过程的功能、现实感、客观性、洞察力的发展线是更为基本的；而其他的发展线，诸如涉及冲动控制、伙伴关系，甚至是性的发展线，则在一定程度上是次要的。考虑到"许多个体只是部分地达到了这些结果"，从他们在这些方面的发展来看，这些部分并不一定会影响到这些个体的整体发展进程。

与权衡每一条特定发展线的相对重要性相比，安娜·弗洛伊德更看重"均衡的常态"，这从根本上是基于在每一条发展线上的发展进程是协调的，或者说是紧密地协同一致的。她对"协调的人格"的定义是，在某一特定领域的发展进程（例如，在情感成熟度这条发展线上达成了客体恒常性）与其他领域的进程（诸如从自我中心到友谊与陪伴的转变）是同步发展的。但是，安娜·弗洛伊德的现实主义特点又让她补充道："我们主张对常态抱有这样的期待，尽管现实呈现给我们很多相反的例证"（1965a：85）。

的确，正是这种对正常发展复杂性的接纳，奠定了安娜·弗洛伊德的思想基础。尽管她描述了"同步（synchronization）"与"整合（integration）"的过程是心理发展天然固有的一部分，同时她也意识到，在发展线上的每一步都是"相互冲突的力量之间妥协的结果"，而整合的过程将所有这些相互矛盾的特质聚合起来，正是这些相互矛盾的特质导致了"呈现在最终的人格层面上的那些数不胜数的变量、偏差、怪癖和古怪"（1979a：129）。尽管发展线，或者"阶段性"模型暗示着儿童可能达到的一个理想化的常模，即在通往一个"完全和谐的、非常平衡的人格"道路上，某一个体在发展的每一方面都可以达到与其年龄相适宜的水平，但是安娜·弗洛伊德也非常明白，在现实中"这样理想化的正常状态其实并不存在，它只存在于我们的想象当中"：

> 事实上，任何一条发展线的发展过程都会受到以下三个方面的影响：天生禀赋的不同，这提供了使得本我和自我发生分化的原始材料；环境条件及其影响，它们往往和对正常成长来讲适宜的、友好的环境相

去甚远；内在力量与外在力量之间的交互作用，这构成了属于每个孩子的个体体验。……在个体的图景当中无论发生了些什么，我们都会得出这样的印象，正是这种在发展线上的进程各不相同，例如发展的失败或成功，导致了人类性格与人格的千姿百态。

[1974（1973）：69]

对发展线的使用

安娜·弗洛伊德在她最早期的作品之一《精神分析四讲：写给教师和父母》（1930）中，试图将精神分析思想翻译成广大与儿童接触的成人都可以接受与使用的语言，无论他们是父母、教师、社会工作者，还是家庭护理人员。然而这样的翻译举措并不总是轻而易举的。在20世纪60年代，安娜·弗洛伊德回忆起一次演讲，那是她在20世纪40年代给英国幼儿园联合会的演讲，她体验到一种无法交流的挫败感：

当我谈及行为的潜在动机时，他们更希望我处理这些行为外显的、可见的方面；当我强调儿童的情感生活，以及随之而来的所有那些复杂性时，这让他们觉得我忽视了儿童的技能、智力需求与兴趣；我注重过去事件及其对人格形成的影响，这让他们觉得我转移了注意力，不注重当下正在发生的情形。

（1960a：316）

然而，随着《儿童期的常态与病态》一书的出版，特别是"发展线"概念的提出，安娜·弗洛伊德希望自己已然找到一种语言，可以让精神分析师更好地参与那些在精神分析之外的人的对话，谈论对于实践而言非常重要的议题，显然也是非常平凡的日常问题："到发展的哪个水平时我们就可以期待孩子在感觉累了的时候能乖乖地上床睡觉？或者在他们的身体需要营养的时候能好好吃饭？"（1982：264）；又或者"从什么时候开始，孩子伪造真相就可以说是在撒谎？"（1965a：114）。安娜·弗洛伊德相信，使用发展线能帮助父母和儿童福利工作者去评估某个特定的孩子是否准备好去面对某一特定的挑战；如果孩子还无法面对，那么他在哪些发展领域需要得到支持。在生命的最后15年，安娜·弗洛伊德发表的很多文章都是针对广大儿童福利工作者的，她试图帮助人们以更为复杂的方式去思考他们所面对的孩子们需要些什么；也帮助支持他们去更好地关注这些需要。人们在更为专业的领域使用发展线，作为对存在发展紊乱的孩子们进行诊断评估的一部分，这在某种意义上来说反而是相对次要的。设计这些发展线更重要的意义是用来帮助人们思考"正常"发展的纷繁图景。

使用发展线的一个实例：儿童何时准备好上幼儿园？

关于发展线思想的潜在价值，安娜·弗洛伊德经常给出的一个实例就是，如何评估孩子何时准备好开始接受正规的学校教育的问题。时至今日，这个问题仍然接受着广泛的讨论，并在不同的文化中存在很大的差异。正如过度依赖于把症状作为诊断的基础一样，安娜·弗洛伊德相信，生理年龄对于判断一个孩子是否准备好去上幼儿园而言也是过于粗糙的指标。一个孩子是否已经准备好入园，需要以更加细致入微的方式来进行评估。安娜·弗洛伊德甚至认为，如果将评估调整到对某个孩子更加有针对性，但仅仅聚焦于发展的某一个方面（如认知能力），那么这样的评估价值仍然是有限的，因为一个孩子准备好的关键是一系列发展线之间的**协调一致**。这种思考问题的方式，会让我们更加细致地评估孩子的能力，例如，与原初照顾者的分离，以适宜的方式在教室里活动，耐受（并享受）集体生活，这些都是幼儿园生活当中很重要的方面（1960a：320）。

安娜·弗洛伊德是这样描述的：当我们去看一个孩子是否准备好上幼儿园这个特定例子时，人们通常的假设仍然是（至少在她初次写到这一议题的20世纪60年代的英国），一旦孩子到了3.5岁，他就应该"在第一天进入幼儿园的大门时，就能够跟妈妈分离，能够适应新的物理环境、新的老师和新的玩伴，所有这一切都应该在一个早上的时间内发生"（1965a：89）。如果一个孩子表现出痛苦，或者一直在哭，或者无法参与跟其他孩子的互动当中，这就会被简单地视为孩子必须要去适应的内容。对于一部分孩子来说，经过一段时间相当强烈的不开心之后，他还是能够适应到幼儿园的日常生活当中去的；但是对于另外一些孩子来说，他可能度过了看上去很开心的最初阶段，反而在入园几周之后突然崩溃了，表现出强烈的愤怒和痛苦。不管孩子是哪种反应，他们的行为都被认为是他适应幼儿园生活的不可避免的一部分，很少有人在孩子是如何对入园体验做出不同反应的这件事情上加以区分（事实上，在绝大多数幼儿园里情况已经今非昔比了，这应当部分地归功于安娜·弗洛伊德和其他人的工作，她们帮助了幼儿园工作人员从不同的角度去思考孩子的发展性需求）。

然后，安娜·弗洛伊德提出了另外一种基于发展线的、思考孩子是否已经准备好的方式。在一次给英国幼儿园联合会的大会（正是那些她在20世纪40年代末费力与之交流的听众）发言中，她质疑道：作为幼儿园教师训练的一部分，或者在其职业生涯中的继续教育，要求她们详细了解发展心理病理学知识也许是对她们期待过高了，但是学习一些发展线的知识，可以帮助教师们就"考虑到外部的生活经历与内在的心理过程所蕴含的复杂性，都有哪些因素会决定一个孩子在达到幼儿园的要求方面的成败"这个问题做出更好的判断，并由此协助她们更好地对孩子们开展工作。

安娜·弗洛伊德认为，一个孩子要想成功应对与原初照顾者的分离，他或她很可能需要在"从依赖到情感自立"这条发展线上，至少处于阶段3（客体恒常性）。说到底，如果一个孩子无法维持住一个持续存在的、相对稳定的照顾者的表征，包括在照顾者不在场的时候也能保持这样的表征，那么，这个孩子很有可能无法忍受分离，也无法接近陌生人或探索新的活动。同样地，为了应对幼儿园环境下对孩子的某些期待（至少是在20世纪60年代所设定的那些期待），孩子很可能需要在胃肠与膀胱控制的这条发展线上至少达到阶段3（意即通过认同，孩子已经可以接受并且服从环境中对待清洁的态度）；在"从吃奶到合理进食"的发展线上达到阶段4（意即孩子能够自己吃饭，在心理层面上不再直接将食物等同于母亲）。安娜·弗洛伊德还在思考，在"从自我中心到友爱和陪伴""从游戏到工作"的发展线上孩子需要达到什么水平，才能让他/她利用好幼儿园所提供的机会，而不是将这些活动体验为超越其现有能力的要求。

20世纪60年代的听众对于安娜·弗洛伊德讲演的反应究竟如何，我们不得而知，但是她注意到幼儿园的工作人员"认识到，有些孩子入园有困难是可以接受的，也是需要尊重的"（1960a：317）；现在，她们的协会积极地投入到寻求如何给教师提供支持的更好的办法之中，以便她们针对这样的孩子开展工作。安娜·弗洛伊德认为，不必试图训练教师们成为精神分析师，甚至不必让她们成为心理健康工作者，但是"应当教育幼儿教师，让她们理解在正常的儿童期发展过程中就存在着各种不同的情况"（p.333），这样的知识就足以帮助她们更好地满足她们所面对的孩子们的需求。

安娜·弗洛伊德在发展研究方法方面的遗泽

当《儿童期的常态与病态》首次发表时，安娜·弗洛伊德部分地回应了一个问题，精神分析界意识到存在这个问题已经有很长一段时间了（例如，她的父亲就曾经在有关女同性恋的案例研究中提到过，1920b），但尚未充分地论述过：尽管分析师是重构病人生活史方面的专家，可以追溯病人的症状到他们生命之初的婴儿期，但是分析师在预测方面就不那么成功了——也就是说，不能在病人发病之前就辨认出那些潜在的致病因素，阻止其发挥作用；也不能够预测孩子的发展，让预防性的干预成为可能。她写道："虽然公认的精神分析培训可以让受训者准备好在治疗中进行追溯的工作；但迄今为止，还没有制定出正式的课程，帮助他们准备好进行预测工作"（1965a：54）。

作为对上述问题的回应，安娜·弗洛伊德试图概括出可以被称作"精神分析发展心理学（psychoanalytic developmental psychology）"的内容，她在发展线方面的工作可视为一个潜在的培训课程的模板。她相信，通过"目前被描述出来的发展线，以及未来能够创建出来的发展线的总和"［1974（1973）：

68]，我们就可以从根本上重塑人们思考与工作的方式：

> 我们已经打破了这样一种传统，即将每一种心理问题都视为并解释为与严重病理模式之间的比对；相反，我们试图在常态的背景下看待心理问题，对于特定年龄段的孩子，人们所期待的常模是什么，并且去测量孩子的问题与常态之间的距离。
>
> [1974（1973）：63]

这样的方法对于成人和儿童的治疗和研究都将产生影响，因为缺乏清晰的成年人人格特征早期阶段的模型，这"不仅在发展的理论方面留下了缺口，而且制造了很容易取得这样的成就的错误印象"（引自 Meurs, Vliegen & Cluckers, 2005：192）。终生发展模型吸收了精神分析的丰富洞察力，必将为理解与治疗儿童和成人的心理病理问题做出重要的贡献。

在阅读了海量安娜·弗洛伊德的精神分析发展心理学模型之后，Mayes 和 Cohen（1996）认为，她的思想中有三条原则越来越具有核心价值：

- 第一，发展的进程并不是以阶梯式为主导的，而是多以连续的方式展开，伴随着向前的发展和向后的退行，人格是以渐进式地增添复杂性并层级式地发生转变而组织起来的；
- 第二，发展包括了各条发展线、各种功能之间微妙的互动，向前的发展可能是和谐的，也可能是不平衡的；
- 第三，理解正常发展的复杂性是帮助我们理解心理病理的出现或者不出现的一种方法（p. 124）。

Mayes 和 Cohen（1996）指出，发展线不应仅仅被视为"成熟这件事正在发生的描述性证据，而应该被看作是包含在真实的发展调控过程中的元心理学结构"（p. 127）。他们用了"基因调控"这个比喻来说明，安娜·弗洛伊德的发展模型为我们提供了一个复杂的图景，就是当今被人们所认识到的

"基因 × 环境"的相互作用,也就是说,孩子在某个方面的发展是否被激活,是由基因编码所发动的,但是其在这个方面的潜能是全部抑或是部分地表达出来,则有赖于时机和环境条件。在这个比喻中,安娜·弗洛伊德的观点,即不同发展线之间相互和谐、不和谐的重要性(相比于更传统的观点,即内在心理冲突、固着与退行),令 Mayes 和 Cohen 认识到,发展是如何从根本上有赖于生理与心理过程的互动。他们总结道:安娜·弗洛伊德

> ……创造了通常意义上的发展心理学,发展不是建立在不连续的阶段的基础上,而是具有无缝的连续性。它展现了天生的禀赋与发展的不同方面的复杂互动,以及生物学与个体经历之间的相互作用。尽管她与正统学术界相对疏离,但安娜·弗洛伊德却开创了令人瞩目的当代发展模型,其中隐含着神经生物学、遗传学、儿科学以及社会心理学的原理。
>
> (p. 134)

Mayes 和 Cohen 也将安娜·弗洛伊德的方案描述为一件"未完成的工作",例如,她的方案未能澄清作为发展的调控者的自我意识是如何从发展线当中浮现出来的。他们将这一缺陷归咎于她不愿意完全放弃以驱力概念为核心的模型。他们认为,要想让通常意义上的精神分析发展心理学变得更加具有现实性,就需要与其他学科之间的更多对话,包括更为实证的神经科学、儿童精神病学和发展心理学。

安娜·弗洛伊德不仅强调了对正常发展的研究,还引入了"发展心理病理学(developmental psychopathology)"这一术语,来指代对儿童(以及之后的成人)从正常发展路径偏离出去的心理紊乱的研究。Meurs、Vliegen 和 Cluckers(2005)曾指出,安娜·弗洛伊德在 1974 年首次使用这个术语,与 Achenbach〔一位临床实验儿童心理学家,是被广泛使用的"儿童行为检查表(Child Behaviour Checklist)"的开发者〕在同一年,这一研究领域最应该成为精神分析与主流实验工作的汇合之处。这是一种从偏离正常发育的角度探索障碍行为的方法,提出了包含生物学、遗传与环境因素的复杂互动。当

代发展心理病理学家（包括研究者，如 Alan Sroufe、Michael Rutter、Robert Emde 和 Dante Cicchetti）的工作也广泛吸收了各个学科的发现，来展示心理（和大脑）是如何应对压力与创伤的，而个体在对这些体验做出反应的时候，又是如何在正常与异常的功能之间进行转换的。Cicchetti 和 Toth（2009）在对这一学科历史所做的一篇综述中，将它定义为"一个进化中的跨学科科学领域，它试图阐明在我们的生命进程中，正常与异常发展中的在生物学、心理学和社会环境等方面之间发生的相互作用"。它重点强调了我们应采取一个"发展性的视角，以便理解潜藏在个体达到适应或不适应的结果之下的路径过程"（p. 16）。他们进一步指出，这个学科的决定性特征就是要减少实证研究与临床研究之间的、行为科学与生物学之间的，以及基础研究与应用研究之间的种种分歧。作者们认为，贯穿该领域所有工作的根本主题是：

> ……由于所有的心理病理现象都可视为正常功能的一种畸变、紊乱或退化，因此，如果有人希望更加全面地理解心理病理现象，那么他就必须要理解，与心理病理现象相比较，正常功能是什么样子的。
>
> （p. 17）

所有这一切听起来与安娜·弗洛伊德在 20 世纪 60 年代和 70 年代所做的工作很相似，这并非巧合。然而，虽然到了 20 世纪 90 年代，发展心理病理学已然成为一个重要的、独立的领域，但是它与精神分析的联系却几乎被遗忘殆尽，或者仅仅是被顺带提到而已。例如，Cicchetti 和 Toth 的综述文章提及了发展心理病理学这一新兴领域，却只字未提安娜·弗洛伊德的工作。只有在诸如 Fonagy 和 Target 这样的分析师的著作中，例如在他们 2003 年出版的专著《精神分析理论：发展心理病理学视角》（*Psychoanalytic Theories: Perspectives from Developmental Psychopathology*）里，还保留了与安娜·弗洛伊德及其他人的工作之间的联系，也宣传了精神分析与这些新兴学科相互整合的传统。正如 Mayes 和 Cohen（1996）所指出的那样，在回顾安娜·弗洛伊德与这些现代研究领域之间的联系时，"发展心理病理学的核心原理与安娜·弗洛伊德所强调的儿童普通发展心理学看上去是非常相似的"（p. 130）。

然而，几乎是在发表了有关发展心理学和发展线的主要工作10年之后，安娜·弗洛伊德于1974年写道，令人遗憾的是，她所创造出来的发展线清单还远称不上完整，而其他人也未能完成她所开创的工作。尽管她的一些同事也概述了其他的发展线，诸如"从弥散的躯体兴奋到信号焦虑"发展线（Yorke，Wiseberg & Freeman，1989）、语言获得发展线（Edgcumbe，1981），以及性别身份认同发展线（Tyson & Tyson，1990）等，但安娜·弗洛伊德本人的感觉仍然是，她的同事们"迄今为止并未接受"她所发起的建立精神分析发展心理学的挑战［1974（1973）：64］。在她最后的著作中有一篇题为"儿童精神分析的根本任务（1978b）"，她提醒读者要抓住这个契机。如果说经典精神分析是在对心理材料的解剖和对过去事件的再建构基础上建立起对心智的理解，那么，儿童精神分析师就处在一个独特的立场上，可以跟着事物的"相反方向走，也就是说让后续发展倒退……它的特殊目标"。她以一个挑战作为结语，而依据发展心理病理学的最新工作，这个挑战或许被充分证明是富于预见性的：

> 要想让儿童精神分析能够比肩经典精神分析，将这些发展线全盘纳入或许是一种更可取的方式，因为经典精神分析创造的元心理学理论是其最主要的成就，而儿童精神分析可以在这个成就上加入新的、以发展为导向的儿童心理学精神分析理论。
>
> （1978b：99–100）

· 拓 展 阅 读 ·

在Rose Edgcumbe（2000）的著作中，我们可以找到对安娜·弗洛伊德的发展视角的最佳评述之一，她是安娜·弗洛伊德在汉普斯特德诊所（即安娜·弗洛伊德中心）的长期工作伙伴与合作者。其他对安娜·弗洛伊德的发展思想富于启发性的综述，可见于 Holder（1995）、Neubauer（1984，1996）和 Yorke（1996）的文章。

　　Flashman（1996）对"发展线"的概念提供了一个有趣的角度，King 和 Apter（1996）描述了发展线在理解青少年的自杀现象当中的价值。安娜·弗洛伊德的侄女、波士顿的社会工作系教授 Sophie Freud（1988），对安娜·弗洛伊德的"发展线"概念提出了赞同却也有批判的分析。一方面，她意识到将"孩子视为一个整体"的价值，看到发展线之间的**相互作用**，并将其作为评估常态与心理病理学的一种方式。但另一方面她也提出，发展线"缺乏基本一致的有组织性或变革性的主题"，而且"看上去是从非常不同的概念水平中被杂乱无章地挑选出来的"（p. 308）。最为重要的是，她认为这些发展线在日常实践当中使用起来太过粗笨，因此其实用价值就变得十分有限了。

　　今天，关于发展心理病理学的文献可谓汗牛充栋，Cicchetti 和 Toth 的文章（2009）对此做出了很好的介绍，我们在这一章里也做了引述。至于精神分析对发展心理病理学领域的特殊贡献，可以参阅 Fonagy 和 Target（2003）的著作。Mayes 和 Cohen（1996）对于安娜·弗洛伊德所做的这一领域的先驱性工作给出了极高的评价，由 Mayes、Fonagy 和 Target（2007）所编辑的文献合集也展示出精神分析与发展科学在当代的整合样貌。这样的整合在今天也已然成为安娜·弗洛伊德中心与伦敦大学学院（University College London，简称 UCL）的培训课程的特色，那里提供精神分析发展心理学硕士学位和精神分析与发展神经科学硕士学位，这些都反映出人们试图将精神分析思想与发展性研究领域的最新成果整合起来的持续努力。

（曾　林　译；邹筱雯、郑沅昊　校）

第十章

儿童精神分析与发展性治疗

主要著作

1965　《儿童期的常态与病态》
（Normality and Pathology in Childhood）

1968　"儿童精神分析的适应证与禁忌证"
（Indications and Contraindications for Child Analysis）

1972　"精神分析儿童心理学的扩大范围：正常与异常"
（The Widening Scope of Psychoanalytic Child Psychology, Normal and Abnormal）

1974　"超越婴儿神经症"
（Beyond the Infantile Neurosis）

1974　"精神分析视角下的发展心理病理学"
（A Psychoanalytic View of Developmental Psychopathology）

1976　"与正常发展相对比的心理病理"
（Psychopathology Seen against the Background of Normal Development）

1978　"儿童精神分析的根本任务"
（The Principal Task of Child Analysis）

1980　"《对一个5岁男孩的恐惧的分析（1909）》前言"
［Foreword to Analysis of a Phobia in a Five-Year-Old Boy (1909)］

引言

1927年，安娜·弗洛伊德发表的第一篇重要文章的主题就是关于儿童精神分析技术，对于许多人而言，她最广为人知的身份始终是儿童精神分析治疗的先驱之一。然而除了一篇写于1945年的重要文章"儿童精神分析适应证"，她在近40年的时间里几乎没有发表过任何关于儿童精神分析技术的文章，直到20世纪60年代中期她才回归这个领域。如此漫长的沉寂，让很多人错以为安娜·弗洛伊德的最早期文章就代表了贯穿她一生的治疗观点。但是一项针对她之后（也更不为人知）的文章的研究显示，她的观点曾发生过重大转变，这深深地根植于她对诊断和发展线的新看法之中。

儿童精神分析与成人分析之间的关系

在《儿童期的常态与病态》（1965a）一书的第二章，安娜·弗洛伊德再次提及儿童精神分析与成人分析之间的关系这一问题，她重申了自己的早期观点，这两种形式的治疗的根本原则是相同的。她同意 Bibring（1954）的工作，认为这些原则应该是：

- 不要使用权威性，也因而要尽可能地剔除将建议作为一种治疗元素；
- 放弃将情绪发泄作为一种疗愈工具；
- 将对病人的操控（管理）降到最低程度，意即只在有证据表明出现有害的或有潜在创伤性的（诱惑性的）影响时，才干涉孩子的生活状态；
- 将对阻抗和移情的分析，以及对潜意识材料的诠释作为合理的治疗手段。

（1965a：26）

如果说这些原则——因此也是治疗的根本目标——是儿童精神分析师与

成人分析师的共识,安娜·弗洛伊德还重申了她早在20世纪20年代就在工作当中确立起来的观点,即儿童精神分析的**技术**必须在某些方面与成人分析有所不同,这源于儿童相对不够成熟的基本事实。她认为,儿童精神分析的历史就是几代治疗师努力克服困难的历史,困难就源于这一根本区别:儿童"无法觉察自己的不正常,因而他们也无法发展出与成人相同的、回归正常的愿望,以及建立与成人一样的治疗联盟;儿童的自我已经习惯于与阻抗结盟;儿童无法自行决定何时开始、何时继续、何时终止治疗;儿童与分析师的关系也不是排他性的,而是包括了父母在内,父母在很多方面都必须代替或者协助儿童的自我与超我"(1965a,28–29)。然后,安娜·弗洛伊德又列举了这些区别的一系列后果,以及它们会如何影响儿童精神分析师开展工作的方式。

如果说所有这一切看上去就好像安娜·弗洛伊德的观点自维也纳时代(参见第二章)起就几乎未曾改变,那么她也曾清晰地阐明,其技术观点在某些特定领域还是随着时间的进程而有所修改。例如,她在1927年曾经做过有关儿童精神分析的讲座,在其1946年的首次英文版前言中,她提到自己之前那个引起争议的观点,即儿童精神分析需要一个"准备阶段",现在已经改变了。尽管她还是强调与儿童建立关系的重要性(我们现在称之为"治疗联盟"),但她也意识到儿童精神分析师通过对防御的分析,就可以"揭示并穿透儿童精神分析中最初的阻抗,从而缩短治疗的准备阶段,在某些个案那里准备阶段其实已经没有必要了"(1946c:xi–xii)。

然而,在之后就这一议题进行的一次讨论中,安娜·弗洛伊德强调"准备阶段"从来就不是指我们试图有意唤起一种正性移情,或者"诱惑"孩子进入治疗,而是帮助一个孩子在他或她的症状还未被视为一个问题时,发展出一种"内在的分裂(inner split)"和内部冲突(internal conflict),使之成为随后将要开展的分析工作的基础。对她的工作的这一误解持续了很多年,在20世纪70年代甚至有谣传说,在汉普斯特德诊所工作的儿童精神分析师经常会给小病人糖果吃,以此来鼓励他们进入治疗,这一点已经被证明是无稽之谈。当安娜·弗洛伊德听到这一谣传时,据说她是这样回应的:"你可以告诉他们,在汉普斯特德,孩子们是自己带着糖果来的"(Sandler & Freud, 1985: 52)。

关于移情的一种修正观点?

在《儿童期的常态与病态》一书的前几章当中,安娜·弗洛伊德承认她"修正了自己之前的观点,即儿童期的移情被限制在单一的'移情反应'中,并不能发展成完整形态的'移情神经症'"(1965a: 36)。如果这听上去像是对自己的观点做出的一次重大修正,其实她很快就补充道,她仍然相信,很多儿童精神分析师太过宽泛地使用移情这个概念,并且在斯特雷奇(Strachey, 1934)的率领下,分析师们也太过频繁地夸大把移情诠释作为精神分析治疗的**唯一**手段。

安娜·弗洛伊德提出了另外一种思路,她认为这种思路是对儿童治疗中不同**类型**的移情更具辨识度的观点,即区分儿童与他人建立关系的惯常模式(儿童在一系列情境下的重复模式,而不是在特定情境下出现的特殊模式)与以下两种情况的区别:在当前或者过去关系中的移情,以及内在冲动的外化(Sandler, Kennedy & Tyson, 1980: 第十章)。为了恰当地展示惯常的关系模式与移情的不同,安娜·弗洛伊德给出了一个实例,孩子在治疗结束时将一些东西遗留在咨询室里面:

> 大多数分析师会说:"当然了,你很想留下来跟我在一起,所以你把自己的帽子(或者你的铅笔刀、铅笔)落在咨询室里了。"然后,分析师又听说这个孩子会把自己的帽子或者铅笔落在任何地方,无论是学校、公交车,还是家里,我们很容易就能看出,孩子并不想留在这些地方。这件事完完全全另有他意,在分析中这只是一个固定症状的再现,这个特定的病人只是通过遗失这些小东西来展示,在与父母的关系当中,他感觉多么地"迷失"。

(Sandler, Kennedy & Tyson, 1980: 80)

很显然，这些对儿童行为的意义非常不同的理解方式，将会影响分析师在治疗中如何回应孩子。即便我们将这样的行为理解为移情，如果我们将其理解成孩子惯常的关系模式，而不是孩子对分析情境的特定移情，那么其含义也将会是非常不同的。

尽管安娜·弗洛伊德对自己的早期观点做出了这些微小的修正，我们在阅读《儿童期的常态与病态》一书排在前面的这一章时，也不会对安娜·弗洛伊德的儿童精神分析观点（相较于她在1927年的文章中所提出的观点）产生改头换面的看法。然而，她思想的一个更为根本性的转变出现在此书的最后一章中（以及一系列此后发表的文章当中），这个转变是基于她的区分诊断和"发展线"的新想法。这项工作导致安娜·弗洛伊德对如何理解儿童期病理问题给出了新的区分，而这些变化又对治疗技术产生了重大影响。

儿童精神分析与婴儿神经症

正如安娜·弗洛伊德的文章一直以来所展示的那样，她的新思想最初都出现在精神分析思考的历史脉络背景之中，我们由此可以看出，她所发展出的新思想是如何从对某些核心问题的持续追问中生发出来的。在检视精神分析如何理解儿童紊乱时，安娜·弗洛伊德意识到分析技术最初就是为了治疗神经症问题而发展出来的，这一背景无疑会影响到新兴理论：

> 由于神经症表现源自内心深处，因此精神分析从研究无意识开始着手。由于神经症表现源自内在力量之间的冲突，因此精神分析就成为一种动力性心理学。由于冲突的解决有赖于这些力量之间的相对强度，精神分析就发展出了简约经济的观点。由于每一种神经症都扎根于个体生活的早年经历，因此精神分析理论中的遗传因素就扮演了最重要的角色。
>
> [1976（1975）b：83]

然而，神经症的结构不仅影响了精神分析不断演化的理论，还影响其不断演化的治疗方式。如果症状可以被理解为基于内在心理冲突的妥协形成，而这些冲突是以压抑的方式被处理掉的，那么，治疗的目标就是减轻压抑，从而"让无意识意识化"。这样做的基本手段就是诠释与重构——起初主要聚焦于释梦，之后则是对移情的诠释（以及修通）：

> 作为分析师，我们引以为豪的是拥有一套治疗技术，通过这些技术将心理过程折开，甚至明显稳定的心理结构也可以被分解成各种元素。……对此，分析师试图扭转的，也往往成功扭转了的，是不成熟的自我所做出的误入歧途的决定，这些决定常常是在危险与焦虑的压力之下做出的。在新的条件下、在更安全的分析性设置的氛围之中，人们将重新做出决定。

（1972：32）

如果我们考虑到弗洛伊德所理解的所有的成人神经症，都是源自人生的最初几年中发展出来的"婴儿神经症"，那么安娜·弗洛伊德及其同事在20世纪20年代最早开始与儿童病人一道工作之际，在儿童病人那里发现了几乎与弗洛伊德在成人那里所发现的一模一样的模式，就一点儿也不足为奇了。跟成人一样，儿童在人生的最初岁月就面临着内在的矛盾，他们挣扎着去应对，并且他们的应对之道是以非常相似的方式展开的：

> 无论成人还是儿童，都发现自己身处同样的情况之下。他们面对着各种冲动与幻想，它们曾经在口欲施虐和肛欲施虐发展水平上是与年龄相适配的，但是要想在之后的阶段再次贯注，就会被（更加成熟的）人格所拒绝，是不可接受的，因而会引发源自深层的焦虑感。之后，个体对这些东西必须加以防御，对其内容物加以妥协，妥协形成就会带来症状，对于所有年龄段的神经症都是如此，成人与儿童所使用的防御机制也多多少少是相似的。

（1972：11）

如果说成人神经症与儿童神经症的结构看起来是如此相似,那么,对其**治疗**的基本思想也相似就不足为奇了。早期与安娜·弗洛伊德一同工作的儿童治疗师们,对一个孩子的儿童期神经症的治疗就是依靠对孩子的自我进行协助,扩大其影响范围;最有可能达到此目的的手段就是对那些自我所无法触及的无意识成分进行诠释(A. Freud,1970b)。尽管对儿童实施分析存在技术方面的挑战,但是阻抗与诠释的**基本原则**是一样的,无论病人是完全长大的成人,还是一个6岁小孩。

婴儿神经症的一个实例:小汉斯的案例

在描述儿童期心理紊乱的本质及其治疗时,安娜·弗洛伊德在文章中经常提及弗洛伊德所做的"小汉斯"的案例(1909),在她看来,这个案例是婴儿神经症及其治疗的一个范例。

小汉斯在接受治疗的时候是个才4.5岁的小男孩,他在很多方面都发育良好,却发展出对马匹的焦虑,这使他无法走出家门,在街上安全地行走。(在20世纪早期的维也纳,对马匹的恐惧正如在现代城市里一个人对汽车的恐惧一样,是使人功能受损的。)通过一系列由小汉斯父亲进行的、并汇报给弗洛伊德的"分析性谈话",以及对小汉斯的梦的解析,弗洛伊德得以解释出,小汉斯对马匹的恐惧可以理解为他对父亲的恐惧的置换,他发展出了对父亲的死愿,这源于他对母亲的爱的俄狄浦斯式竞争。这一爱与恨的冲突、"性器的快乐与对其安全性的担忧"之间的冲突,导致小汉斯压抑了他那被禁止的愿望,他的心理功能退行到了发展的早期阶段。现在,对父亲要惩罚自己的恐惧被置换到了马匹的身上,这一恐惧本身就含有原始的口欲攻击性的幻想色彩。

小汉斯所形成的恐惧干扰了他的发展,并引起了他和父母的极大不安;然而这个恐惧本身并非严重心理紊乱的迹象,这件事也很快得到了解决。正如安娜·弗洛伊德对此的再次评述:

……在小汉斯的治疗过程中，这一功能受损的状态渐渐地随着对其心理冲突因素的揭示而淡去了。压抑作为一种自动而又过度的过程，被意识化的理解所取代，被更高的心理结构所"没收"。退行因而被消除了，最终，这个小男孩几乎是得意扬扬地，通过幻想管道工给他重新安装上性器官，重获了他的雄性斗志。这标志着男性气概战胜了女性倾向，主动性战胜了被动性，以及前行倾向战胜了退行倾向。

（1972：14）

　　如同安娜·弗洛伊德之前的分析师，以及她同时代的其他分析师一样（参见 Midgley，2006），她也从这个治疗当中获得了极大的启发，并以之为模板，进行了自己在儿童精神分析上的早期尝试——尽管在她那里，治疗是由家庭之外的人提供，而不是由孩子的父母亲自上阵。但在第二次世界大战之后的岁月里，她也逐渐意识到了弗洛伊德所描述的心理紊乱的类型及其治疗模式，与大多数被转介到儿童指导诊所来接受治疗的孩子的问题非常不同，因而儿童精神分析师需要适应这些孩子迥异的需求。

超越婴儿神经症

　　在写于 20 世纪 60 年代和 70 年代的文章中，安娜·弗洛伊德继续推广了她最初在维也纳发展出来的对婴儿神经症的治疗模式，然而，随着她越来越重视发展性视角，她对婴儿神经症的看法已略有不同。除了保持更加看重发展的视角之外，此时的她已不再强调神经症的症状本身了，而是更加重视"孩子在成熟的进程中耐受这些症状的表达"：

　　因此，重点已经从个案纯粹的临床方面转移到了发展方面。

（1945：37）

　　这时，安娜·弗洛伊德强调，有能力达到其父所描述的婴儿神经症，其实是人格发展的**正面**证据,潜藏在婴儿神经症之下的冲突只不过是童年早期的常态。如果一个孩子能发展出这种基于冲突的神经症,那么这意味着他在各个方面的**健康**发展:在客体关系方面的能力很突出;基于正面认同与内化的"内在结构化(inner structuralisation)"程度很高;以及自我力量足够强大,能够防御驱力诉求(1972:31)。

然而,安娜·弗洛伊德越来越意识到,"那些对婴儿神经症作为成人神经症的'类型与模式'的探索,相较于我们现在对瞄准于计算、描述、探讨那些干扰最优心理发育的正常与异常儿童发展的探索而言,两者之间还是大有区别的"(1972:16)。的确,随着安娜·弗洛伊德及其在汉普斯特德诊所的同事们反思她们对在早期生活史中遭受了极度创伤的儿童的观察,并开始与大量被转介到诊所、有严重剥夺经历的儿童一道工作时,没有哪一个经典神经症儿童的所谓"成就"是理所当然就具备的。特别是很多被转介来的孩子遭受过粗暴的对待、虐待,或者表现出明显的发育迟滞,这些都无法使用传统的分析方法去理解或者治疗。安娜·弗洛伊德在写于1968年的文章中流露出了这一两难困境:

> (孩子们)在岌岌可危的情况下含蓄地请求我们的帮助,其实是太沉重了,完全无法轻飘飘地加以回绝,往往我们都会让他们进入治疗。但是,这并不是说儿童精神分析是他们可选择的治疗,我们也发现,自己的技术工具尚不足以抵消孩子们受到的持续存在的痛苦的影响。
>
> (1968b:123)

安娜·弗洛伊德对这种情况的思考,首先是基于她对发展线的研究和她在诊断廓图方面的工作,她宣称有必要"超越婴儿神经症",并有意对西格蒙德·弗洛伊德谈及有必要"超越快乐原则"(1920a)的著名文章做出了呼应。正如Murray(1994)所指出的那样,对于弗洛伊德而言,超越快乐原则的就是死本能与强迫性重复;但是对于他的女儿而言,超越婴儿神经症的则是发展性紊乱的概念。

阅读安娜·弗洛伊德

对发展障碍的新聚焦

安娜·弗洛伊德的兴趣越来越集中在评估与使用发展性视角来帮助很多被转介来做治疗的孩子。这些孩子的紊乱并不是基于完全结构化了的内在机构之间的内部冲突。在某些情况下，这些孩子表现出的症状很容易被错认为是神经症症状（比如焦虑或者强迫特征），或者他们被贴上各种标签，所使用的术语范围从"缓慢或不正常的发育，到严重发育迟滞、边缘的、自闭症性的，以及精神病性的状态"（1974a：77）。当被完整评估之后，所有这些孩子的共性就是，他们的困难可被理解为**发展的失败**，这会导致或多或少的严重后果。

在一些个案身上，安娜·弗洛伊德相信其心理紊乱可被视为暂时性的，在持续的发展进程中很有可能会克服。她举例说，有些睡眠困难是恰当的分离-个体化阶段的一部分；或者围绕着进食的冲突，是可以预期的学步儿阶段的一部分，孩子对于原初照顾者存在矛盾的心态，这既是正常的也是恰当的，并往往通过喂食困难而表达出来。假设那些照顾孩子的人能够恰如其分地处理好这些困难（父母指南在这方面是很有价值的），孩子们大概率会自然长大，克服这些困难是持续的正常发展过程的一部分。但是在某些情况下，这些心理紊乱可能也会形成一种脆弱性而发展成之后的神经症症状。这样的问题要与更严重的发展障碍区分开，即那些组成人格的基石没有被恰如其分地放置在合适的位置上。

在这些区别的基础上，安娜·弗洛伊德认为我们有可能区分两种不同的婴儿期心理病理现象：

> 一种是基于冲突，这导致焦虑状态以及惊恐、歇斯底里和强迫性表现，即婴儿神经症；另外一种是基于发展缺陷，这会带来心身症状、发育迟滞以及异常状态和边缘状态。

[1974（1973）：70]

安娜·弗洛伊德非常小心地避免合并所有的发展缺陷，或者混淆导致这些心理紊乱的各种不同诱发因素。尽管它们都源自儿童成长与成熟的早期阶段，但也很可能是器质性原因或者是环境的缺失，抑或是二者兼而有之。例如，在引述她的同事多萝西·伯林厄姆的观察研究时，她注意到"对盲童、听障儿童和心理缺陷儿童的分析性研究表明，个体先天的单一缺陷就足以导致整体发育进程的混乱，这远远超出了损害本身所在的范围"[1976（1975）b：92]。然而，那些早年缺乏"一般的适宜环境"的儿童，也很可能在发展过程中出现紊乱情况，尽管她也强调了"在如下事实，即父母缺失、疏忽照顾、冷漠、惩罚、残忍、诱惑、过度保护、不端行为或者是父母是精神病性的，与儿童人格层面的扭曲结果之间，并没有一对一的、长久不变的关系"（p. 93）。例如，残忍地对待孩子，可能导致儿童很暴力、具有攻击性；也可能导致儿童很胆怯、被动；而另一方面，性虐待（或者如安娜·弗洛伊德一直所称的"来自父母的诱惑"）可能导致儿童"从此以后完全无法控制自己的性冲动，或者是严厉地禁欲与憎恶任何形式的性活动"（p. 93）。正是天赋与体验之间的复杂相互作用（今天我们所谓的遗传 × 环境），决定了发展紊乱是如何被表达出来的。然而，所有这些心理紊乱的共性是，它们都将影响到儿童人格发展的进程，而并非在已经很好地结构化了的人格之内，作为一种冲突的结果（而这正是神经症的情况）。

做出区别诊断的挑战

尽管安娜·弗洛伊德本人从未给出自己关于评估儿童"发展障碍"的临床案例，她的很多同事和学生却都发表了这样的评估文章。例如，卡拉·F（Cara F）在 7 岁时在一位教育心理学家的建议下被转介到安娜·弗洛伊德中心（Green，1995）。报告说她神志不清，无法与其他孩子交往，还有严重的拼写困难，这导致她一直拒绝参与到学习活动中去。在诊断性访谈中，她从一个活动跳到另一个活动，没有明显的关联性，在整个过程中还一直就不相关的主题制造出一种令人困扰的、混乱的自说自话。然而，她也的确在向治疗师示意，自己需要帮助，尽管她展现出几乎没有感觉到自己有一个——可以被她自己或者被任何其他人加以思考的——内在世界。

卡拉的评估被呈报到诊断会议上，大家讨论之后一致同意，卡拉表现得就像一个比她的实际年龄小得多的孩子，但是还无法确定这是源于发育的整体停滞，还是她退行到了更不成熟的功能模式下，抑或源于当下她的家庭状况所引发的冲突，因为她父母的关系正处在一个激烈对抗的状态下。治疗师们也不清楚她拒绝参与学习活动是因为其根本性的无能为力，还是一种心理冲突的症状表达——简言之，她究竟是**不愿意**还是**不能**学习。

评估的结论是，卡拉有可能是一个边缘儿童——即她"不能被视为神经症或精神病性的；也不是自闭症，更非发育进程完全停滞了的儿童，但她会呈现出所有这些问题的特征来，有时适用这一种，而有时又适用另外一种诊断标签……所有这一切被结合成一个奇异的、不正常的整体，用任何定义都无法描述"（A. Freud, 1977: 2）。然而，她一旦开始进入治疗，就更加清晰地展示出这一初步诊断很可能是不正确的。Green 写道："她不是一个边缘儿童，因为她有着充满敌意的内在客体世界和不够稳定的自我功能，并由此带来失整合的焦虑感；她应当是一个早期统合失调（misattunement）的孩子，这导致她无法发展出一个稳定的、凝聚的、安全的内在世界，而这些又影响到一系列的自我功能"（Green, 1995: 183）。理解了这一区别，治疗师对卡拉的预期也改变了，并且还影响到对她治疗的方式。现在，治疗更多聚焦在帮助她去组织和表征她的感受。在这样的帮助之下，卡拉逐渐表现得更加有组织性了，这提示她的功能并非处于边缘水平。比如说，当卡拉到达青春期的时候，她已经可以跟学校里的孩子们交朋友了，这是她小时候无法想象的，那时她的冲动性行为让她被同龄人嫌弃、疏远。随着她逐渐地变得更能够投入学习，她也必须应对自己的局限性。治疗师描述了一个令人心碎的情景：卡拉非常努力想做好某件事，却无法完成它。她很挫败地哭着说："这不公平，我这么努力，却还是做不好"（p. 184）。尽管非常痛苦，但是这样的表达展示出卡拉向前发展的能力，这是最初给她的诊断所无法预测到的。

第十章 儿童精神分析与发展性治疗

发展性紊乱：儿童精神分析的适应证与禁忌证

当安娜·弗洛伊德于1945年发表"儿童精神分析的适应证"这篇文章时，她非常明确地认为这样的治疗应该"仅限于最严重的婴儿神经症的个案"，对于那些心理问题不符合这一标准的儿童，更适合运用精神分析的观点辅助其他形式的干预，比如说教育的方式或者其他方式。但是在1968年再次提及这一主题的时候，安娜·弗洛伊德引人注目地宣称自己的文章为"儿童精神分析的适应证**与禁忌证**（Indications *and Contraindications* for Child Analysis，斜体为安娜·弗洛伊德所加）"，就好像她是在澄清，儿童精神分析**不是**所有需要帮助的儿童的备选治疗手段。的确在这篇文章中她也强调了，相比于那些存在神经症性紊乱的孩子，在接待存在发展障碍的孩子时，我们"对建议开展分析性的治疗变得更为谨慎了"，她描述了这种不确定性是如何在临床案例讨论时被典型地表达出来的：

> 通常只有少数人会主张等等看，去观察自我是否会自发地进行修复，而大多数人都会认为，需建议立即开始治疗，以避免错过孩子进一步正常发育的机会而造成持久性的损害……（他们认为）只有毫不迟疑地提供分析性的帮助，才能有效避免可能带来严重影响的后果，因而才能真正达到预防性的目标。

（1968b：115–116）

安娜·弗洛伊德清楚地表明了，自己对"少数人的主张"抱有极大的同情，因为在很多开展了治疗的案例中，人们对治疗抱以厚望，却以失望与失败而告终。她还补充道，具有讽刺意味的是，当分析"未能带来改善之时，人们通常会指责的不是这些案例的心理病理因素，而是不利的外部环境，诸如治疗师缺乏经验或技巧、父母不能好好合作、时间太短以至于分析的过程无法展开、躯体疾病的干扰、家庭当中的不利因素、更换治疗师，等等"

(1965a：214）。

安娜·弗洛伊德本人并不十分确定治疗失败的原因是否都与心理病理因素自身的实质无关。毕竟，如果解释的目的在于减轻压抑、支持自我去寻找更适宜的方式来处理内在冲突的话，那么我们就没有理由相信，一种**不是**基于冲突或压抑的发展障碍，会对此类干预给出有效的反应。安娜·弗洛伊德区分了儿童精神分析当中"发现事实"的部分与"治疗性"的部分：就前者而言，毫无疑问，通过分析的方法我们可以非常好地理解早期发展以及发展紊乱的情况；但是这并不意味着发展紊乱的情况就一定会被治愈。她认为"在最糟糕的情况下，治疗的受益完全不在病人一方，而是在分析师一方，我们通过治疗这样的案例，收获了对于发展状况的非常珍贵的洞察"（1968b：120）。这样的洞察可能具有科学价值，对于那些寻求提高早期干预和预防性工作的治疗师而言，是具有终极价值的，但是这样的分析性洞察却"无法抵消对病人的损害"（1978b：109）。

然而，这并未回答这样的问题：当一个有严重困扰、急需帮助的孩子被转介来做治疗的时候，我们应该如何回应呢？安娜·弗洛伊德用她那典型的留有余地的表述，解释了这为什么将临床工作者置于"相当大的困难境地"：

> 在回应父母或者学校的请求时，我们几乎无法拒绝提供治疗性的帮助，因为孩子的异常所引发的困难都是很紧急的。然而，一旦开始治疗，儿童精神分析师就会对自己的目标和能力感到困惑。他所直面的问题是到目前为止无法回答的，即对孩子发展性需求的疏忽能否被治疗所抵消，以及在多大程度上可以被治疗所抵消。
>
> （1968b：118）

直到1976年（即她去世的前几年），安娜·弗洛伊德都一直在谈论对于儿童精神分析师而言一个"令人羞愧的事实"，即"尽管发展损害这件事已经被理解得这么好了，也如此高效地重建了，却仍然可能超出了我们的能力，无法通过真正的分析性手段而被治愈"［1976（1975）a：182］。的确，与她的预测相反,当这样的孩子确实从分析性的治疗当中获益了的时候,安娜·弗洛伊德认为,这样的成功"也许不是因为真正的分析性工作,而是因为混合在我们的技术当中的一些东西,诸如新的正性的客体依恋、新的超我认同、指导性影响,甚至是矫正性的情感体验,对很小的孩子来说,这些都会让其受困的发展线重新启动前行"[1974(1973):72]。

安娜·弗洛伊德在此谈及的话题似乎在说,这样的过程并不是真正的分析性工作,而几乎就是分析性设置所带来的不幸的副产品。然而在其他一些场合,她又表现得好像更能将这些视为对儿童精神分析技术的重要改进与创新,他们所治疗的孩子都有着严重受损的内在世界,而这些改变对于这些儿童心理治疗师的工作具有重大的影响。

发展障碍儿童工作中的技术创新

安娜·弗洛伊德在《儿童期的常态与病态》(1965a)一书的最后一章中回顾"治疗的可能性"这一议题时,意识到分析性的治疗总是各种复杂干预的混合体,而无论分析师认为自己在做什么,病人总是会从治疗中获取自己最需要的东西。对于其困扰可理解为神经症性冲突的儿童来说,他们大多会"充分地呼应治疗师对阻抗与移情、防御与满足的诠释,也就是说,他们会对真正的分析性手段有所回应,而这也就变成了他们的治疗性过程"(1965a:229)。她认为,只要治疗师不越过自己在治疗当中的角色,那么,尽管各种其他的因素也可能会在分析性的治疗中出现,但这些因素在治疗中并不会扮演非常重要的角色。"与此相反,"她继续写道:

>……那些被挑选出来的非神经症性的案例,有时受益于一种次要的治疗因素,有时受益于另外一种,还有时受益于混合的次要治疗因素,而主要的分析性过程还是保持无效,或者带来了不良的后果。

(p.230)

安娜·弗洛伊德所指的"次要治疗因素"是诸如言语化和澄清（verbalisation and clarification），安慰和支持（reassurance and support）——即长期以来被认为是"教育性的"所有因素，因而必须统统排除在分析师的工作范围之外。她给出的例子是一个有边缘性诊断的孩子，他在治疗中提供了大量的幻想材料，其"本我的衍生物被扭曲的程度很低"。在这样的案例中，分析师做出诠释是相对容易的，但我们所期待的、孩子会感觉到解脱和自我控制的进步，以及被更好地结构化了的内在世界却没能如愿出现：

> 相反，正是那些分析性诠释的言语化，被病人拿走并编织进了他持续增加的、激起焦虑的幻想洪流之中。仅仅对边缘性的孩子给出诠释，无论是控制在移情的材料之内还是超越了移情，他都会利用这样的机会，其与分析师的关系会变成一种两个人的疯狂（folie à deux），这让他感觉很愉悦，也与其病理性的需要保持了一致，但从治疗的角度而言是无益的。

（p. 230）

安娜·弗洛伊德认为，像这样的孩子，有更大可能帮助到他的，是言语化和澄清其内在与外在的危险，或令人恐惧的情感，即那些"单单靠他那弱小而无助的自我无法整合也无法受到次级过程调控"的感受（p. 230）。与此类似，一个被严重剥夺、缺乏早期照顾的孩子（而这些对于发展安全的自我感觉又是如此关键），他可能会对自己的分析师发展出强烈的依赖与渴望的情感；然而，安娜·弗洛伊德再一次警告，"对被转移的重复进行诠释不会带来治疗性的结果"：

> 相反，孩子会充分响应分析师-病人关系中的亲密，这对力比多依恋（libidinal attachment）的增长是有益的，因为接触的频率很高、持续的时间很长，并且没有中断，还将令人困扰的竞争排除在外了，等等。在这样新的、与之前不同的情感体验基础上，孩子可能会向前发展，达

到更加恰当的力比多发展水平，在儿童精神分析的外在设置中开始出现治疗性的改变，但是，这样的改变是基于"矫正性的情感体验"。

（p. 231）

在安娜·弗洛伊德所举的例子中，被剥夺的孩子或者有边缘性诊断的孩子可能会"误用（mis-use）"分析，如果我们更仔细地观察她所描述的现象，其实我们可以用更积极的方式来重新解读。当我们从这个角度来看待这种现象时，安娜·弗洛伊德其实清楚地指出，对存在发展障碍的儿童开展治疗的基本目标之一，就是增加他们的情感（或者情绪）调控能力，这一焦点已经成为终极核心，对于当代的临床精神分析如此——正如温尼科特的"抱持（holding）"概念，或者比昂的"涵容（containment）"概念一样——对于当代发展性研究也是如此，情感调节能力的早期构建被视为早期发展的一种核心特质，Schore（1999）、Fonagy 等（2000）和很多其他研究者的工作都证明了这一点。

特别是诸如**澄清**这样的技术，如果小心运用的话，会成为帮助那些完全混淆了内在现实与外在现实的儿童的重要方式。然而，例如一个"神经症"儿童非常担心家里的房子可能在半夜被烧毁，那么跟他解释为什么不会发生这样的事情是不会让他从中获益的（因为焦虑是基于一种内在幻想，比如一种攻击性的愿望或者对惩罚的恐惧）。这样的个案与内在世界尚未清晰地建构起来的孩子很不一样。例如，在一个被称为"苏珊（Susan）"的案例中，这个 6 岁的小女孩早年曾多次入院治疗，但是她的父母却未能帮助她做好准备或者理解这些事情（Sandler, Kennedy & Tyson, 1980）。那么，我们来帮助她厘清幻想与现实就具有更大的治疗价值了。在这个个案工作中，当小女孩最终能够第一次问出为什么她小时候会住院的时候，治疗师就直接回应了她，以小心翼翼的、适合她年龄的方式谈论那些细节，帮助她理解自己身上到底都发生了些什么。在探索孩子对住院治疗的种种幻想之前，通过为这个孩子解释现实的情况，儿童治疗师注意到了让孩子听懂自己的经历并将其诉诸言语的重要性（p. 159）。

言语化功能——一例临床案例

作为一名儿童精神分析师，奥德丽·加弗向曾经在汉普斯特德诊所工作多年，她给出了一个很好的例子，来说明言语化在她对一个7岁男孩"马丁（Martin）"的治疗当中所发挥的功能（Gavshon，1988）。这个男孩存在广泛性发育迟滞的问题，这很可能有器质性基础，同时还混合了躯体疾病的问题。他的父母对待他的方式是把他视为一个发展得较好的孩子，他们对孩子的发展需求很难给出适当的回应，而这也很可能造成了他在应对自己的缺陷时会遇到很多困难。

当马丁第一次开始治疗的时候，他的治疗师也难以理解他所表达的意思，因为马丁的语言能力非常差。然而治疗师发现，当她不得不让他再说一遍的时候，他感觉很羞耻，这让他对治疗越来越不合作了。加弗向运用自己的创造力，想出了手指游戏的好主意。她告诉马丁那个广为人知的游戏，就是双手握拳放在一起搭一个教堂，然后松开双手，放出里面的人（就是蜷曲的手指）。从此以后，马丁和治疗师开始交流了，他们通过各种手指游戏来讲故事，两个人都显然非常开心。过了一些时候，治疗师开始围绕着马丁的重要生活事件来构建故事（你可以称之为"替代性的手指诠释"）。她表演出一个故事——一个男孩很伤心，因为他无法像哥哥一样跑得那么快，马丁看着这个故事，他说（这一次非常清楚地说了出来）："告诉他，他为什么哭。"从这里开始，分析进入了一个新的阶段，马丁可以和他的治疗师一起对他的一些恐惧进行工作了，他担心被误解，感觉自己很蠢，还有他的绝望感，他永远也无法像其他孩子、包括自己的哥哥一样有能力去做这做那。马丁和治疗师渐渐地找到了互相交流的方式，加弗向也可以越来越多地使用言语的解释了，尽管马丁会时不时地告诉她："现在你再说一遍，但是不要一次说太多。"

言语化能力的增强是马丁的治疗成效之一，也越来越被认为是"发展性治疗"的一个重要部分。使用语言的能力也越来越被认为是情感调节和自我发展的关键因素。正如安娜·弗洛伊德所说的那样，言语化"协助了自我的成熟，让孩子获得了自我观察的能力"（引自 Sandler，Kennedy & Tyson，1980：68），这两者对于发展中的情感调节能力和更加成熟的自我感都非常关键。

安娜·弗洛伊德强调了使用"支持性的自我（ego supportive）"的干预手段来促进情感调节的重要性，例如使用澄清的技术和促进言语化的能力，与此同时她也在暗示一个重大的改变，这正是我们对治疗性的改变本身的概念化。她总是对这样的事实感到好奇，即一个从未体验过分析的人身上是否能发生深刻的内在改变，这暗示出人格改变的过程不可能仅仅发生在分析性的设置之下。她越来越相信**关系本身**作为心理改变的载体的重要性，这也带来新的思考，即针对有发展障碍的儿童的临床工作中，移情的作用到底是什么。

"移情性客体"与"发展性客体"

正如我们前面讨论的那样，安娜·弗洛伊德越来越意识到儿童的确能够在分析性治疗的过程中发展出各式各样的移情关系，她也认为对移情的解释是带来治疗性改变的一个关键（但并非唯一的）成分。她相信，这样的移情是基于儿童在各个发展水平上的客体关系，既有俄狄浦斯期的关系，也有前俄狄浦斯期的关系，都需要依据其不同特点开展工作。Sandler、Kennedy 和 Tyson（1980）曾写道，在讨论临床案例时，安娜·弗洛伊德会举很多例子来展示分析师如何诠释儿童的移情，无论是力比多驱力移情与攻击性驱力移情，还是性格防御移情。

然而，安娜·弗洛伊德也认为儿童精神分析师——特别是（但并非仅仅是）当他们与发展障碍更严重的儿童工作时，"会被病人以各种方式使用"，孩子本身"对**新体验**的渴求非常强烈，这与**重复**过去体验的冲动是同样强烈的"（1965a：38；原文就有表示强调的字体）。儿童对分析师所形成的这种"双重关系"——既是移情客体，也是新的（发展性）客体——并不容易被儿童精神分析师处理好：

> 如果分析师接受了与孩子的父母不一样的新客体角色，那么无疑会干扰到孩子的移情反应。如果分析师忽略或者拒绝关系的这方面，则会令我们的小病人的期待落空，而他感觉这样的期待是非常合理的……学会如何厘清这样的混合感受，小心谨慎地在病人抛给我们的这两种角色之间移动，是每一位儿童精神分析师技术训练的关键部分。
>
> （1965a：38–39）

安娜·弗洛伊德在讨论到"弗兰克（Frank）"的案例时给出了一个例子，来说明儿童精神分析师如何处理这样的双重角色。这个10岁男孩是由父亲带大的，他的妈妈在他3岁时就离开了。就分析师被孩子当作一个"新客体"来使用这方面而言，弗兰克能够在自我的发展上向前迈进一步，对客体建立起更信任、更安全的感受，这得益于他的治疗师的可靠性。然而与此同时，弗兰克对母亲的愤怒——因为在他还是个小男孩的时候她就抛弃了他，以及他要对妈妈抛弃自己负责任的幻想（都是因为自己不好），也进入到与治疗师的关系当中，使治疗师成为一个"移情客体"。在这个案例中，儿童精神分析师接受了这两个角色，并能够随着孩子的需要在它们之间来回移动。"正是这种'矫正性的'情感体验，意即在分析中找到一个更好的妈妈，并与那个抛弃自己的妈妈相连，"安娜·弗洛伊德说，"才是治疗的奥妙所在"（引自Sandler, Kennedy & Tyson, 1980：110）。

事实上，正如Edgcumbe（1995）所指出的那样，儿童对分析师的双重使用这一观点，在安娜·弗洛伊德的工作中并不是新出现的。早在1927年，她就在儿童精神分析技术所做的演讲稿中，已经写到了分析师为孩子所扮演的自我理想的角色。由于孩子的超我还没有完全形成，因而需要在某些地方使用分析师，作为一个"辅助性自我"来支持自己。然而，由于她之后聚焦于对存在发展障碍的儿童的治疗方面，这帮助她更多、更明确地关注到了儿童精神分析师角色的这个部分。她开始认识到，甚至是诠释也并非仅仅是在为

第十章 儿童精神分析与发展性治疗

无意识的内容或者关系的模式提供洞察,诠释还起到分析师作为一个"新客体"的这部分功能,因为诠释给孩子带来了被看到、被想到的新体验。在一次临床讨论中提到对存在发展障碍的孩子如何进行治疗工作时,她说:

> 有很多时刻,对于孩子所说或者所做的事情,我们仅仅通过理解、给出不同的回应,就能展示出我们是不同于他们的父母的。但这个因素往往被忽略了,这正是我们将分析师称为一个新客体的原因。
>
> (引自 Hurry,1998:48)

将儿童精神分析师作为一个新客体的观点,与对分析师的正统观点非常不同,正统观点认为分析师的功能就是让自己成为一个"空白屏幕",对无意识的移情材料做出诠释。安娜·弗洛伊德强烈反对分析师的刻板印象,即分析师简简单单地提供一系列看似聪明的诠释就好。在汉普斯特德诊所举行的研讨会的记录稿中,她曾在晚年对学生们说道:

> 让一个孩子习惯于滔滔不绝的诠释,这是非常危险的,因为它对于孩子来说就变成了一种唠叨。……我们不加选择地扔给孩子的诠释,是一个极大的错误,还往往对孩子而言毫无意义……我认为我们应该诠释的是他们的体验、内在的体验……而非词语、意象,或者一个个的东西。
>
> (1983:119)

Bonaminio(2007)指出,在引用这些话的时候,令人震惊的部分在于安娜·弗洛伊德在研讨会上的强调——分析师**与孩子建立联系**的重要性,以及接近孩子的**体验**的重要性。Bonaminio 认为,这样的态度几乎就是温尼科特式的——也当然与安娜·弗洛伊德是一位"保守"的分析师的观点相去甚远。Carla Elliott-Neely 是安娜·弗洛伊德的受训者之一,在冒险与创造方面她深得真传,她描述了安娜·弗洛伊德是如何"永不满足于依靠一种不假思索的'规则',而是认真思考每一个案例,从那个孩子出发到达理论,因此理论就在人的背景下充满了生命力。这意味着她的技术建议都是富有创造性的、直接与治疗目标相关的"（Elliott-Neely，1995：381）。

发展性治疗是"恰当的"儿童精神分析吗？

在讨论对存在发展障碍的儿童使用分析性治疗的不同方式时，安娜·弗洛伊德常常会用到"误用""意想不到""不可避免"这样的词汇，就好像能够帮助到这些被严重剥夺的孩子的治疗因素并不是值得我们骄傲的，它们不属于"恰当的分析"。Rose Edgcumbe（1995）是汉普斯特德诊所的一位儿童精神分析师，她曾描述过自己的亲身体验，为自己的小病人感到非常愤愤不平，她感觉安娜·弗洛伊德在暗示说孩子们"不适合"做精神分析："安娜·弗洛伊德让我们感觉到这样的工作不对，然而毫无疑问，她又会鼓励我们继续尝试"（p. 22）。

在一次讨论小病人"海伦（Helen）"的案例时，安娜·弗洛伊德的评论很好地展示了这种矛盾。海伦在6岁时被转介进入治疗，因为她有学习方面的困难（Sandler，Kennedy & Tyson，1980），对她的治疗一开始是基于诠释其被压抑的冲动和防御的传统模式。在第一年的治疗过程中，海伦很可能患有某种形式的中度学习障碍这一点越来越清晰地呈现出来了；她还生活在极度混乱的家庭环境当中，在她的童年生活中也不曾获得过什么支持和同情。在听了一会儿案例报告之后，安娜·弗洛伊德评论道：

> 这个案例被误诊了，海伦不适合做分析，她是个严重被剥夺和创伤的孩子，其结果是她的人格遭到了扭曲，她需要的是帮助、支持、鼓励和同情。分析的方法对她来说并不合适，这既是因其紊乱的本质，也是因为外部环境的情况。汉普斯特德诊所的分析师现在已经拥有足够多的经验，知道分析的方法帮不到这样的孩子。我们不应忘记，诠释的前提是必须存在一个能够使用它的自我，而这样的孩子是缺乏自我的。另外，孩子的心理紊乱在很大程度上不是源于内在冲突，而是早期疏忽照顾和

损害、失去发展的机会、没有稳定的客体，以及各种不利的环境影响的混合产物。

(p. 255)

这样的评论展现出安娜·弗洛伊德对这个女孩问题本质的伟大洞察力，她对什么可以帮到孩子也有清晰的思路。但是，在强调这个孩子"不适合做分析"的时候，她似乎还在暗示对这个孩子如此有价值的发展性心理治疗——并且如此深入地利用精神分析知识和理解——仍然无法被当作"恰当的分析"。

安娜·弗洛伊德在"超越婴儿神经症"发展方面的遗泽

在探索扩展儿童精神分析的范围以及随之而来的治疗技术方面，安娜·弗洛伊德绝不是一个人。正如她在《儿童期的常态与病态》一书中所言，梅兰妮·克莱因及其追随者们在早期儿童精神分析师当中是独一无二的，因为他们从一开始就将存在严重自我缺陷和精神病性的儿童纳入治疗范围中（1965a：215），安娜·弗洛伊德在20世纪60年代加以探索的技术方面的一些调整，也非常清楚地与其他人的工作相伴而行，特别是英国"独立学派"的分析师和美国精神分析"关系学派"的分析师（参见 Hurry, 1998）。她对治疗当中的关系成分越来越强调，这一点一直持续到了今天。另外，在促进严重被剥夺、受阻的年幼儿童的发展方面，她越来越关注"同调（attunement）"（斯特恩）、"抱持"（温尼科特）、"涵容"（比昂）的重要性。大多数对发展问题的研究都是在安娜·弗洛伊德去世之后开展的，特别是对早期母婴关系的研究（如 Stern, 1985；Tronick et al., 1998），这帮助我们增进了对父母（进一步扩展到治疗师）作为"发展性客体"的理解。此外，神经科学领域的研究也增加了我们的理解，甚至包括大脑的发育仍然需要依赖于对大脑的使用，并且极大地依赖于环境，例如，在情感调节系统的建立方面亦是如此（Schore, 1999）。这些发展和神经科学领域的研究发现，已经被

Greenspan（1996）、Hurry（1998）、Green（2003）以及其他人整合为一种非常有帮助的发展性治疗模式，他们也更多地纳入了处理分析师本人的反移情这一焦点，这方面的工作在安娜·弗洛伊德的文章中是显著缺乏的，但在当今的发展性治疗当中却是非常核心的部分（如 Ralph，2001）。

Fonagy 等（1993）在安娜·弗洛伊德工作的基础上提出了这样一个观点：在安娜·弗洛伊德所描述过的儿童身上最令人震惊的部分是，儿童心理功能发展中的根本性失败。他们认为这样的儿童需要更加聚焦于发展的治疗模式，以支持发展孩子自己的心理过程为焦点，例如：以心智化为基础的治疗［mentalisation-based therapy，被一些人，如 Verheugt-Pleiter、Schmeets 和 Zevalkink（2008），描述为安娜·弗洛伊德的发展性治疗的现代版本］。这样的假设已经得到了安娜·弗洛伊德中心的一些研究结果的实证支持，这些结果证实了存在更严重紊乱的儿童的确能够获益于更密集的、以发展为焦点的干预模式（Fonagy & Target，1996）。正如 Anne Hurry 在她关于这一议题的重要著作中所言：

> 儿童精神分析师一直以来所使用的……技术，例如，帮助孩子能够玩耍；命名自己的感受；控制自己的愿望与冲动，而不是被它们所驱使或行动化；与他人建立关系，能够想到他人，并且将他人视为有思考和感受能力的人。儿童精神分析师在做这些工作的时候是从直觉出发的，有些时候，因为缺乏从完整的、充分发展的理论框架的角度来看待这些工作，儿童精神分析师低估了这些工作，有时甚至都未能将这些工作记录下来。然而安娜·弗洛伊德相信，这些"发展性的帮助"亟须更多的研究。……［现在］发展性的帮助已经变成了精神分析思想的前沿，因其自身的价值而备受珍视，变得更"受尊重"了。
>
> （Hurry，1998：37–38）

第十章 儿童精神分析与发展性治疗

·拓展阅读·

关于安娜·弗洛伊德在其事业的后半段对儿童的分析工作，最好的一部著作也许是由 Sandler、Kennedy 和 Tyson 编辑的**《儿童精神分析技术：与安娜·弗洛伊德的讨论》**一书（1980）。这本书记录了一个有关精神分析技术的学习小组在汉普斯特德诊所举行的一系列研讨会。安娜·弗洛伊德参加的所有讨论都被录音，并誊写成逐字稿。此书提供了一种观点，作者们称之为在一个特定的时间段之内——20 世纪 70 年代末期（p.1）的、"在一个特殊的精神分析环境（伦敦汉普斯特德儿童治疗诊所）下的治疗情境的关键特征"。这本书在安娜·弗洛伊德的后期文章当中是非常独特的，因为它包含了非常多的临床案例材料，其中讨论到了一系列涉及面广泛、在儿童精神分析的实践当中非常关键，却在儿童精神分析专业文献当中极少被触及的议题。这些议题不仅包括了儿童精神分析的主要问题，诸如治疗的目的是什么、移情与解释的作用是什么；而且还包括了非常特定（然而却是非常关键）的议题，诸如分析的工作与学校的学期时间段重合是不是最好的安排、父母是否应该为儿童精神分析付"半价"费用（因为在生活中的其他领域儿童的待遇是有价格优惠的）、当一个孩子好几天见不到分析师的时候如何处理其"周一卡壳（Monday crust）"、处理设置变动的最佳方式是什么，或者甚至是治疗师的变动——如果这是必须要做的事情。以这本书作为安娜·弗洛伊德模式的最终宣言是最为合适的，并且它还非常恰当地以安娜·弗洛伊德对那些仍然不为我们所知的事物的讨论为结束。

有些作者使用了基于安娜·弗洛伊德发展理论的模式，对临床工作很有帮助。例如，Kennedy 和 Yorke（1980）给出了一个非常清晰的临床案例，展示了对一个"神经症"儿童的临床工作与一个存在"发展性紊乱"儿童的临床工作之间的区别；而 Elliott-Neely（1996）则展示了对发展视角的应用,这是对一个存在早熟的历史和早期环境压力的低龄儿童的治疗。《安娜·弗洛伊德中心通讯》(Bulletin of the Anna Freud Centre)上发表了很多临床文章,都展示了跟存在广泛性的问题的儿童工作时,分析师们对"发展理论"的运用;Edgcumbe(1985)曾写过一篇非常好的综述,描述了这如何契合了安娜·弗洛伊德儿童精神分析的整体模式。

至于"发展性治疗"的理论与实践是如何在安娜·弗洛伊德去世之后的汉普斯特德诊所开展的,这方面的综述有两部精彩的文献集,它们绝妙地平衡了概念与临床之间的议题:一部是 Anne Hurry 的著作**《精神分析与发展性治疗》**(Psychoanalysis and Developmental Therapy,1998);另外一部是 Viviane Green 的**《精神分析、依恋理论与神经科学中的情绪发展:创建联结》**(Emotional Development in Psychoanalysis, Attachment Theory and Neuroscience: Creating Connections,2003)。最近,Malberg 和 Raphael-Leff 的**《安娜·弗洛伊德传统》**(2012)提供了一系列对不同年龄段儿童的案例研究,展现了在汉普斯特德诊所接受培训的毕业生们是如何采取并适应发展治疗的模式。

至于平行的后克莱因流派儿童心理治疗的临床发展,Anne Alvarez(如 1992,1996)的论文是一个精彩的例子,而 Greenspan(1996)的工作向我们展示了同时代美国精神分析的发展。Verheugt-Pleiter、Schmeets 和 Zevalkink 的著作**《儿童治疗的心智化》**(Mentalizing in Child Therapy,2008)是一部有趣的书籍,反映出一些更近期的儿童心理治疗的发展变化,并与治疗可以促进"反思功能"的观点有所联结。

(曾　林　译;邹筱雯、王佳珏　校)

第十一章

精神分析与儿科学：对住院儿童的照顾

主要著作

1952 "躯体疾病在儿童心理生活中的作用"
（The Role of Bodily Illness in the Mental Life of Children）

1952 "探视孩子——孩子"
（Visiting Children–The Child）

1953 "对詹姆斯·罗伯逊《一个2岁孩子去医院》的影片评论"
（James Robertson's *A Two-Year-Old Goes to Hospital* film review）

1956 "对乔伊丝·罗伯逊《一位母亲对4岁女儿扁桃体手术的观察》的评论"
（Comments on Joyce Robertson's *A Mother's Observation of the Tonsillectomy of Her Four-Year-Old Daughter*）

1961 "回答儿科医生的问题"
（Answering Pediatricians' Questions）

1965 《住院儿童》（与 Thesi Bergmann 合著）
[*Children in the Hospital* (with Thesi Bergmann)]

1970 "《精神分析对儿科学的贡献》前言"
（Foreword to *A Psychoanalytic Contribution to Pediatrics*）

1975 "关于儿科学与儿童心理学的相互作用"

> (On the Interaction between Pediatrics and Child Psychology)
>
> 1976 "《住院青少年》前言"
>
> (Foreword to *The Hospitalized Adolescent*)

引言

自早期在维也纳的经验开始,安娜·弗洛伊德在第一次世界大战之后与贫穷的孩子和孤儿一起工作时,除了关注到孩子的**心理**需要之外,也非常关注儿童的**生理**需要。1937年,她在维也纳创立了杰克逊托儿所,除了聘请教师,她还雇用Josefine Stross作为大多来自维也纳最穷困家庭的孩子们的儿科医生。伊丽莎白·扬-布吕尔在安娜·弗洛伊德传记中记录了她和同事们为防止传染病的扩散而采取的预防措施,这包括每日洗浴和每天早晨Stross医生的医学检查,她细心地记录下孩子们的身体健康状况,并会向孩子的父母报告任何她认为有必要关注的问题(1988/2008:p. 220)。多年之后,安娜·弗洛伊德骄傲地回想起进入杰克逊托儿所的学步儿的父母"对园内的照顾非常满意",孩子们也都"健康成长了,并以他们自己的方式回报了我们,提供了儿童是如何迈出母婴之间生物学联合体的第一步这方面的知识"(引自Young-Bruehl,1988/2008:219)。当弗洛伊德一家逃往英国的时候,托儿所被迫关闭,安娜·弗洛伊德与Josefine Stross一道,再一次创立汉普斯特德战时托儿所,并在战后的岁月里,在汉普斯特德诊所内部建立了一个"好宝宝诊所",意在就儿童在生命最初的几年里生理方面和心理方面的需要提供可靠的忠告。

安娜·弗洛伊德本人有过患病的经历,深知这会带来怎样毁灭性的影响。她20岁出头就患上了肺结核,并时不时地影响到她之后5年的生活;在那之后,第二次世界大战刚刚结束,她又因严重的流感而病倒了,这一次几乎致

第十一章　精神分析与儿科学：对住院儿童的照顾

命,并且留下了易患支气管感染这一永久的后遗症。再加上安娜·弗洛伊德还亲眼见到自己的姐姐索菲死于1919/1920年的流感大流行;她在长达15年的时间里看护自己的父亲,陪他走过一次又一次对其下颌部癌症的治疗过程。所有这些经历都给她带来深远的影响,让她思考生理疾病对心理的影响是什么,治疗和住院对于儿童那正在发展中的人格所带来的特定影响又是什么。

这种对身与心之间互动的关注——特别是对那些患有生理疾病的儿童——在战后的岁月中显得越来越重要了,如何更好地照顾住院儿童的议题,不仅在英国,也在世界范围内得到了越来越多的重视(如Spitz, 1945)。

探视住院患儿:罗伯逊夫妇的工作

詹姆斯·罗伯逊和乔伊丝·罗伯逊(1989)在战后的岁月里与约翰·鲍尔比一道工作。为了研究分离对儿童造成的影响,他们决定聚焦于住院对孩子的影响,以便阐明他们关于依恋关系重要性的思想。在研究过程中,他们对这样的现象提出了严肃的关切,即尽管只是接受一个小小的手术,但与父母分离对住院儿童的影响到底如何?同样地,Isabel Menzies Lyth(1959)的工作也运用精神分析的思想来检视在医院的工作环境中结构性的防御,对于医护人员如何处理在痛苦、丧失、死亡这些无可回避的现实环境中工作所带来的难以忍受的焦虑,提出了非常真实的关切。安娜·弗洛伊德对这一领域的工作很有兴趣,尽管她本人的关注点聚焦在其他方面。

安娜·弗洛伊德对这些同行的工作的关注并不止于学术的范畴。詹姆斯·罗伯逊和乔伊丝·罗伯逊都曾经在汉普斯特德战时托儿所与安娜·弗洛伊德一道工作过,他们正是在那里开始意识到,分离可能给幼儿造成的强大影响。1948年詹姆斯·罗伯逊加入了约翰·鲍尔比在塔维斯托克诊所的团队,研究"童年早期与母亲分离对人格发展的影响"。作为这项研究的一部分,罗伯逊接受了在米德尔赛克斯中央医院(Central Middlesex Hospital)的一系列观察任务,他震惊于严格限制的医院探视时间对儿童情绪健康方面的影响,特别是对3岁以下儿童的影响。

与约翰·鲍尔比一道，罗伯逊利用他在医院的观察发展出了幼儿对分离的体验是如何反应的理论。他认为孩子们会经历三个主要阶段：抗议、绝望与最终的冷漠（Robertson & Robertson，1989）。在抗议阶段，幼儿会哭喊、发脾气、疯狂地试图寻找母亲；如果分离持续，孩子就会进入绝望的状态，此时他或她会安静下来、退缩、表现得对外部世界失去兴趣；在第三个冷漠的阶段，孩子会表现出恢复了的样子，甚至会开始再次与外部世界展开互动，但是这种互动是表面而肤浅的，就好像他们已经放弃了对饱含爱的依恋关系的期待。

为了挑战人们看起来似乎对这些最初的发现很漠然的反应状况，罗伯逊摄制了一部纪录片《一个2岁孩子去医院》(1953)。这部影片记录了一个2岁的小姑娘劳拉（Laura）入院做一个小手术的过程。罗伯逊的影片给观众带来极大的震撼，引发了在《护理时代》（*Nursing Times*）上的大讨论，关于父母探视住院患儿的最佳政策到底应该如何规定，并最终影响到"普拉特报告"①里对于探视的建议（MoH，1959），即父母可以跟年龄非常小的患儿一起入院。安娜·弗洛伊德和同事们强烈支持这一运动，她们给《护理时代》写了一系列的信件，认为医院应该修改政策来保护幼儿的情感健康。战时托儿所的工作经验也让安娜·弗洛伊德意识到，因允许幼儿在分离面前保持对父母的情感依恋而增加的"困难"是值得付出的代价，这对这些孩子的长远情感健康是非常有益的。

在发表于《国际精神分析杂志》上的对罗伯逊影片的评论中，安娜·弗洛伊德给予这项工作以极大的肯定，它对幼儿住院的影响的洞察力值得赞美，然而她也批评了影片及罗伯逊和鲍尔比的后续文章只聚焦于分离的影响，而忽视了"内在现实的重要性"（1953：285）。例如，她指出罗伯逊有意选择了一个住院做小手术的小女孩，为了强调小女孩的反应只是与母亲分离的结果，

---

① 英文原名为 Platt Report，又名"住院患儿福利（Welfare of Sick Children in Hospital）"，该报告是英国境内的一项关于接受医学治疗儿童的福利的研究结果，该报告向医院当局建议在医院探视中提高患病儿童福利。这份报告以其提出人 Harry Platt 爵士命名，他是当时皇家外科医师学院的主席。——译者注

而非其他因素，比如手术本身的影响。对于安娜·弗洛伊德来说，这种方式"就危险地与影片本来想要与之论战的那些医疗行业的争辩与偏见没有什么不同了"：

> 将这次手术界定为一个小手术，它是无害的、实际上并不疼、只有短短的几天时间，这都是现实层面的评估，并不能排除这样的可能：对于劳拉本人来说同样的境遇可能是一次重大的创伤，是非常可怕的经历。
>
> （p.285）

安娜·弗洛伊德继续在影评中对影片的关键时刻给出了敏锐的再解读，重点强调了生理疾病和住院治疗给孩子带来的其他方面的体验，而在罗伯逊看来这些似乎是不那么重要的方面。这样一来，她就利用这个案例提供了一个更广阔的视角，让人们看到躯体疾病对心理健康的影响，这样的视角她认为是很容易被忽略掉的。多年之后，在回顾罗伯逊夫妇、鲍尔比和其他人的工作时，她写道：

> 正是由于他们重点刻画了住院儿童的分离焦虑，才最终成功地说服了很多医生和护士。为了让治疗有成效，我们应照顾孩子生了病的身体，与此同时也要关心和关注孩子的心理需要。事实上，大众很愿意看到分离焦虑的重要性，但这在一段时间之内已经威胁并掩盖了同样重要的疾病本身对孩子的影响。
>
> （1970a：270）

在儿童住院治疗当中这一"同样重要的"方面，成为安娜·弗洛伊德在接下来的25年中所关注的主要焦点。

"躯体疾病在儿童心理生活中的影响"（1952）

在一篇最初发表于 1952 年的《儿童精神分析研究》的文章中，安娜·弗洛伊德指出，当我们试图评估躯体疾病对儿童的心理生活产生的影响时，"我们发现自己受到了缺乏把处置意见加以整合的阻碍"（1952b：260），来自父母、护理人员、儿童精神分析师和儿科医生的不同视角很少能被整合到一起。在注意到罗伯逊及其同事的重要工作时，她也发现了在这项工作当中，住院"只是被当作首次短暂离家的一种雏形……（而没能带来）关于幼儿对疾病与痛苦的反应的进一步认识"（p. 261）。而这样的认识却是非常重要的，因为事实上，父母们往往会将孩子的神经症的发展回溯到某种形式的躯体疾病开始的那个时候，无论那时孩子是否住过院。

安娜·弗洛伊德在文章中对那些遭受躯体疾病折磨的孩子的状况展露出了极大的共情。她描述了这样的情景：孩子往往不得不"不明不白地顺从，既无助又被动"，对来自他们身体内部的、以疾病的形式表现出来的那部分是如此，对来自外部的、以接受父母和医护人员照顾和治疗的形式所表现出来的部分更是如此。很多儿童根深蒂固地相信自己生病是因为"疾病是他们自找的、是罪有应得的惩罚，因为他们干了各种各样的坏事、不听话、不遵守规则、无视禁令、躯体虐待，等等"（Bergmann & Freud, 1965：80），这样一来，事情就变得更加复杂了。在安娜·弗洛伊德与 Thesi Bergmann 合写的著作《住院儿童》（*Children in the Hospital*）中，她们举了一个例子。9 岁女孩"露丝（Ruth）"患有风湿性心脏病，她在 Bergmann 工作的俄亥俄州克利夫兰彩虹医院（Rainbow Hospital）住院。当小女孩第一次见到 Bergmann 的时候，她告诉 Bergmann 自己是家中四个孩子里面"最好的"那个孩子，因为"妈妈和上帝总是会看到孩子们的罪"（p. 82）。她还告诉医院的治疗师，她认为自己病了很不公平，因为她并不像兄弟们那么"坏"。但是她因自己自慰的记忆而深感忧虑，正是那个行为让她的心脏开始狂跳。在跟 Bergmann 谈话的过程中，越来越清晰地展露出小女孩的感受，她感觉这才是自己现在有心脏问题的原因，她的疾病在某种程度上是对自己的"坏"行为的惩罚。

安娜·弗洛伊德时常对儿童（更广义地说是人类）对躯体疾病非常不同的反应方式感到着迷。有些孩子在生病的时候似乎会退回到他们自己的世界中去，躺在床上"一动也不动，把脸扭到墙壁一侧，拒绝玩具、食物以及别人对他们做出的任何关爱的举动"；而另外一些孩子则"变得颐指气使、严厉苛求、远超其年龄段地黏人"（pp. 275–276）。安娜·弗洛伊德认为，前者"把贯注从客观世界撤退，集中在自己的身体及其需求上面"，而后者则重返了生命的最早期阶段，"那时，母亲对婴儿身体的力比多贯注，是保护婴儿的身体免受损伤、摧毁和自我伤害的最主要的因素"（pp. 275–276）。她强调说，这两种反应本身都是正常的、恰当的，只要"力比多的分配（distribution of libido）"只是暂时性的，一旦病好了孩子就能恢复他或她原来的人格状态。然而，为什么一些孩子倾向于这样的反应而另外一些孩子则倾向于那样的反应，这个问题在安娜·弗洛伊德看来仍然是悬而未决的。

安娜·弗洛伊德对躯体疾病的一个特殊方面特别感兴趣，那就是孩子忍受痛苦的不同方式。在1952年的文章中，她提到父母和医疗工作者常常惊讶于孩子们对躯体疼痛具有非常不同的反应方式——"对一个孩子来说非常痛苦的体验，对另一个孩子可能是无关痛痒的"（1952b：272）。她回到婴儿早期，探索"在痛苦的体验中躯体和心理因素的相对比例"，认为在生命的最初阶段，婴儿无法在身体或需要、或挫败的体验与心理痛苦的体验之间做出真正的区分——两者都"被假定是严重的创伤性事件"，也因而被以同样的方式来对待了。但是到了两三岁的时候，躯体痛苦对于儿童而言就开始有了特定的心理意义。她认为分析性的研究已经阐明，这些区别是基于"痛苦被赋予的心理意义的程度如何"，当痛苦因焦虑而加强时，我们就很可能看到最为极端的反应。她举例说，在罗伯逊影片中的一个场景，当劳拉的手术缝合线被护士拆除时，护士处理的过程又快又娴熟。然而这件事：

……很可能对劳拉来说是一次可怕的经历，恐怖的、像鬼一样的人物毫无征兆地靠近她，故意攻击她的身体，给她带来伤害。这样的事件证实了儿童的信念,他们被攻击、被摧残、被毁灭的幻想是有可能成真的。根据儿童固着的特定无意识想象的情境不同,所发生的事件会被孩子们理解为:对自己的攻击性愿望的报复(从梅兰妮·克莱因的意义上讲),对所犯错误的惩罚,抑或是对死愿的阉割。

(1953:286)

对痛苦的体验:临床案例

与她关于诊断与评估的文章一样,安娜·弗洛伊德并没有举自己在医院环境下与儿童工作的临床案例,而是将这项工作留给了她的同事和学生们,他们提供了对她的思想的个案展示,例如"基兰(Kieran)"在7岁时被转介给在医院工作的儿童心理治疗师,因为他有针头恐惧(Neil, 2003)。由于基兰小时候罹患脑肿瘤,现在他对任何形式的医疗干预都有强烈的反应,尖叫挣扎着反抗医护人员,他们有时不得不控制住他,以便给他打上一针。一位临床心理学家评估他对医院治疗有严重的创伤反应,这导致他持续地过度反应,以至于像打针这样很小的医疗干预,都会激起他极大的焦虑。心理学家建议采用脱敏疗法来帮助基兰处理他对针头的焦虑,但是这个疗法甚至都无法进行,因为一旦提及他的疾病或者曾经的治疗过程,基兰就会捂住耳朵开始尖叫。于是,他被转介进入个体心理治疗。

Marta Neil(2003)的一篇非常出色的文章记录了基兰的心理治疗的全过程,她在文章中描述了自己是如何运用精神分析发展性治疗来帮助基兰的整体心理发展的。在此次治疗的进程中,基兰与治疗师一道理解了很多关于他生病治疗的早年经历的心理意义是什么,这又如何影响到他对任何新痛苦体验的处理方式。基兰在3岁时第一次接受了脑瘤手术和放射治疗,对此Neil写道:

他缺乏成熟的认知来区分由身体内部的疾病所引起的痛苦与折磨,和由外部因素施加在他身上的痛苦与折磨;因此,生病本身与医学治疗都被体验为无可逃避的恐惧，他只能被动无望地屈从。另外，疾病及其治疗与孩子的愿望、恐惧和感受是同时出现的，我们本来希望这些元素的出现与他的情感生活发展相一致，而这种同时出现就意味着他那充满了幻想的内在世界被戏剧般地付诸实现了，但那时的基兰还缺乏成熟的认知来区分幻想与现实。

（p. 157）

为了应对这样的处境，基兰发展出一整套幻想，既帮助了他对早期体验加以象征性表征，这本身又成为焦虑的来源，因而恶化了创伤对他的影响。例如他描述自己的幻想，"一条小男孩蛇"被危险的动物攻击了，他全身上下都受了伤，而他的妈妈只是被动地观望着，无法（或是不愿意）帮助他（p. 150）。当基兰被给予关于医疗流程的更为"现实"的解释时，他的焦虑并未减轻；然而当他能够充分探索自己的幻想时，就像以上这个幻想那样，他得以连接对自己母亲的愤怒，她怎么可以允许医生让他经历如此痛苦的体验，例如他4岁时被插入导尿管，导致他体内出血、疼痛，他被吓坏了，担心自己的身体里面已经"变成了一个女孩"（p. 151）。当基兰能够开始将这些与幻想相关的感受诉诸语言，就像这个幻想那样，他才逐渐减少了对自己可怕的内在世界的焦虑。

"住院儿童"（1965）

在观察躯体疾病对发展中的儿童心理的影响的基础上，安娜·弗洛伊德越来越对精神分析可以如何跟儿科学展开对话的问题产生兴趣，以便于找到用精神分析的发展性视角影响医院里的医生和护士的方法。

安娜·弗洛伊德希望创造出的这座桥梁的一个重要组成部分，就是建立起一个每月会晤机制，在自己家中跟一群儿科医生会面，其中最有影响力的可能就是 Ronald MacKeith 医生了，他是伦敦盖伊医院的一名儿科医生。他对以儿童的视角看待世界是如此感兴趣，以至于他常常会要求自己的员工在孩子的床头蹲下来,这样孩子们就可以"俯视我们,而不是我们俯视他们了"(引自 Lindsay, 2008)。MacKeith 医生曾支持乔伊丝·罗伯逊的决定,让她陪伴自己的孩子住院做扁桃体手术,并仔细观察全过程,写成文章发表于 1956 年。这篇文章描述了妈妈的出现是如何帮助小女孩琼(Jean)来应对由于这次住院的体验而浮现出来的恐惧,但是文章的发表却在当时引发了一场骚动。安娜·弗洛伊德为乔伊丝·罗伯逊的文章写了一篇积极肯定的评论文章(A. Freud, 1956b)。也正是通过这篇文章,她跟 MacKeith 相识了。两人立刻意识到了彼此的共同志趣所在,那就是让儿科学与儿童精神病学精诚合作,于是在 1956 年的一个周四的晚上,安娜·弗洛伊德和一群资深儿科医生进行了第一次会议(Cooper, 1983b)。这样的会议定期举行,并持续了 25 年之久,成为儿科医生们向安娜·弗洛伊德请教的好机会,他们的病人的情绪健康引发了他们的关注;反过来,安娜·弗洛伊德也有机会学习到很多在医院环境下与躯体患病儿童工作所带来的挑战。

Christine Cooper 是参加这些会议的医生之一,她在安娜·弗洛伊德去世后不久的一次谈话中描述了自己对那些夜晚的记忆:

> 这些夜晚始于维也纳女佣葆拉(Paula)的欢迎,并继之以弗洛伊德小姐的亲切与魅力,她会亲自引领我们进入餐厅,望向可爱的花园。然后我们会吃上美味的轻食和咖啡,之后才是工作,这为我们的相互交流和启发创造出轻松的氛围。……然后我们会挪到毗邻弗洛伊德书房的图书室……每周我们之中的 2~3 位同行会轮流报告困难的儿科案例或者我们的困惑。气氛是友好与随意的,但人们也会自由地表达出批评性的评论,有时弗洛伊德小姐也会给以温和的指责。……我们的讨论涵盖了广泛的儿科问题,包括各种急性与慢性的疾病、癌症、畸形、性别模糊的孩子、意外事故、儿童虐待、死产、丧亲的压力,以及很多其他的议题。……我们会反复讨论到行为障碍的全部领域,精神分析的洞察对儿科的关键议题都深具启发性,这对我们影响至深。
>
> (Cooper, 1983b: 472)

第十一章 精神分析与儿科学：对住院儿童的照顾

尽管没有留下特定的讨论记录，我们仍然能够感受到这些会议是如何进行的。这要感谢发生在安娜·弗洛伊德与一群儿科医生之间的一次会议，那是1959年在皇家内科医师学院（Royal College of Physicians）举行的，之后安娜·弗洛伊德还发表了一篇文章"回答儿科医生的问题（1961）"。在那篇文章中，安娜·弗洛伊德抓住机会阐述了"双重定向（double orientation）"的理念，即同时关注生理与心理两个方面，寄希望于"所有从事医疗事业的人都能获得一个双重培训：让他们学习到关于躯体与心理的大概同样多的知识"（p. 380）。在一个简短的前言之后，安娜·弗洛伊德谈及了一系列的问题，涵盖了从肛门栓剂的使用到啼哭不止的婴儿，从睡眠紊乱到拒绝喂食的幼儿。在所有的回答中，安娜·弗洛伊德重点强调了采用发展性视角的重要性，要考虑到孩子任何行为的特殊含义是什么，这要基于特定的背景和每个孩子的生活史来加以考量。例如，在回应一个特定的询问时，一位妈妈无法判定自己的孩子是否准备好了可以进行排便训练，因为她在某些地方读到过"强制性"排便训练的危害，安娜·弗洛伊德说道：

> 我常常感觉到幼儿的母亲们往往是我们的社会中最被粗暴对待的一群人，因为她们对发生在自己孩子身上的无论什么事情都需要负全责，人们无论在孩子身上发现了什么也都要由妈妈来负责，她们没有机会对此做出积极的回应，甚至都没有机会为自己辩护……[很多]母亲是靠着看Spock医生（一本广为人知的儿童护理手册的作者）的书来获得指导的。而他则很有意地接受了这样的角色。他试图将自己包装成仁慈的、但与此同时也是强硬的权威形象，以便将母亲们业已失去的自信还给她们。我曾经跟Spock医生就此议题讨论过一次，我对此持不同观点。我说我认为所有这些给母亲们的建议，并非她们真正需要的；知识的传播才是她们所需要的。
>
> （1961：401–402）

至于安娜·弗洛伊德是如何试图传播关于住院儿童的体验这方面知识的，

最好的例子之一是她与同事们的合作，她鼓励同事们去收集系统性的观察，正如她本人在汉普斯特德战时托儿所里所做的那样，她的工作揭示出患有躯体疾病儿童的情感需求是什么样的。她为一些著作撰写前言，例如她的同事 Bianca Gordon 所著的《住院青少年》（The Hospitalized Adolescent，1976c）和《精神分析对儿科学的贡献》（A Psychoanalytic Contribution to Paediatrics，1970a）。她还与维也纳的老朋友 Thesi Bergmann 合作，将 Bergmann 在彩虹医院的观察工作收集汇总，写成《住院儿童》一书（Bergmann & Freud, 1965）。在这本书以及在一系列相关的文章里，安娜·弗洛伊德都在探索各个领域的广泛议题，包括儿童与医护人员的关系、探视规定、与父母分离带来的影响、为手术做准备、在面对疾病时使用防御抵抗焦虑、躯体疾病和住院治疗对人格发展的影响，等等。

在医院被照顾的体验

安娜·弗洛伊德对生病时被照顾的体验的评论体现了她的典型模式，即将特定的体验放在儿童发展更广阔的背景之下，去探究某个体验对于一个特定儿童的意义何在。例如，她注意到成年病人常常会提及在生重病被照顾时的屈辱和羞耻感，就好像自己"被当成一个宝宝来对待了"。这也许意味着同样的照顾更不会引起儿童的不适，因为孩子们已经习惯于被成人照顾的体验了。但是基于她对发展线的理解，安娜·弗洛伊德也认为，在某些情况下可能会出现相反的现象。例如，如果一个孩子刚刚成功地掌握了各种躯体功能，诸如控制膀胱、独立进食，或者自己洗漱穿衣的能力，那么失去这些功能的可能性就是灾难性的，因为这可能被孩子体验为自我控制的丧失，被拽回到"更早期、更被动的婴儿期发展水平"上去，而孩子才刚刚从那里向前迈进了一步："新获得的，也正因如此还尚未牢固地锚定下来的自我成就，在这些情况下是最容易再次丧失掉的"（1952b：265）。

安娜·弗洛伊德在这里所描述的是"正常的退行"，它作为对外部体验的回应，特别是那些高压的体验或者是激起焦虑的体验，可以发生在任何一条儿童发展线上。儿童如何回应这样的体验,有赖于他或她为抵御这些退行的倾向而发展出什么样的防御。一些孩子可能会感觉这样的强力退行是不可忍受的,从而变得很难相处,是令人棘手的病人;而另外一些孩子则对被动依赖的感受产生出不那么严重的防御,他们可能非常舒服地滑向更加婴儿期的角色当中去,从而放弃了自己如此努力才获得的进步。安娜·弗洛伊德认为,这样的反应是否会变成长期的困扰取决于退行的程度,退行是暂时性的还是永久性的状态,甚至在外部环境变好了的时候依然延续存在。

儿童的疾病、治疗与手术

儿童对医疗和手术的反应是安娜·弗洛伊德非常感兴趣的一个话题,她本人在孩提时代曾经经历过一次阑尾手术,而父母却没有提前告知她会做这个手术。跟她同时代的孩子们境遇相同,这样做是大人们有意为之的,为了避免她"担心",但是这给小安娜留下了持续的不信任感和指向母亲的愤怒,而这也成为她在童年和少女时代体验的重要部分(Young-Bruehl, 1988/2008)。

医疗领域一直是精神分析师感兴趣的话题,早在安娜·弗洛伊德写到这个话题之前就已经如此了。第一代精神分析师已开始对儿童面对手术如何反应饶有兴趣,他们将这视为观察以象征形式运作的"阉割焦虑"的一个好机会。尽管安娜·弗洛伊德意识到了"任何对儿童身体的手术干预都可能成为一个焦点,其中激活、再激活、组块以及合理化着这些念头:遭到攻击、难以忍受、被阉割"(1952b: 269),她也还拓宽了我们的视野,描述了孩子对手术的反应是如何更有赖于他的发展水平、他使用防御机制的特点,而非手术本身的"严重性":

> 因而,这个经历在他的生命中意味着什么,并不取决于真实地实施了的手术的类型或者严重性,而是与被手术激起的幻想的类型和深度有关。例如,儿童的幻想如果与他对母亲的攻击性有关,他会将自己的攻

击性投射给母亲，那么手术就会被他体验为母亲对自己身体内部实施的报复性攻击（梅兰妮·克莱因）；或者，手术被孩子用来表征自己对发生在父母之间性交的施虐想象，而孩子派给自己的角色是性交中被动的那一方；又或者，手术被体验为损坏与残缺，意即对裸露自己的愿望、对攻击性的阴茎嫉羡的惩罚，尤其是对自慰的举动和俄狄浦斯妒忌的惩罚。

（1952b：269–270）

安娜·弗洛伊德在很多场合都提到了扁桃体手术的话题，这个手术在战后是非常普及的儿童医疗干预手段。1949年还召开了关于这一议题的研讨会，与会者包括一些精神分析师、儿科医生和心理学家，大家都意识到了扁桃体手术这趟"旅程"的方方面面都对儿童有潜在的创伤性影响，包括经历麻醉、入院治疗和手术本身的体验（A. Freud，1952b：271）。安娜·弗洛伊德和精神分析界的同道们撰写了一系列文章，探索了各种议题，诸如手术的最佳时机、准备的方式、协助儿童表达感受的手段等；乔伊丝·罗伯逊提供了对自己女儿入院做扁桃体手术这一经历的观察，强调了孩子如何因妈妈的在场而感受到被保护，从而免于这一经历的有害影响。

安娜·弗洛伊德赞扬了乔伊丝·罗伯逊的做法，但她也注意到，母亲的在场并不能阻止这个4岁的小女孩将麻醉体验为一次"口欲的攻击"，或者将手术本身体验为一种惩罚，使得她对此发展出了病态性恐惧的防御（A. Freud，1956b）。她还注意到，这次手术的经历在回家之后还继续影响着这个小女孩，例如，她对妈妈越来越矛盾的态度，还有越来越多的分离焦虑，这些都借由害怕入睡的方式而表达出来。这个小女孩之所以很快就能够克服这些恐惧，在安娜·弗洛伊德看来，在很大程度上得益于妈妈对此次经历的小心谨慎的处理。在澄清这位母亲是如何帮助孩子的时候，安娜·弗洛伊德对于父母与儿童精神分析师的"治疗性"角色给出了一个很有帮助的区分：

罗伯逊夫人正是用这样的方式帮助了自己的孩子：在现实水平上应

对手术；对外部危险始终保持觉察，使用有理智的自我来处理它，而不是让它滑向自我的理智力量失效了的内心深处。……［妈妈们］会控制自己的力量，只是从旁协助孩子的自我来完成掌控的任务；妈妈们会把自己的力量借给孩子，并帮助孩子守卫它以防御本我的侵扰。而分析师的工作则是在相反的方向上，在严格控制的条件下，分析师们会诱导儿童降低其防御，并在意识层面接受本我的衍生物。正是与本我冲动的接触带来了对其的掌控，然后孩子就可以使用自己的掌控力，去对这些冲动之间的相互争斗施以影响，使之逐步转化——正是这些争斗，是所有神经症性焦虑和症状的来源。

（1956b：300–301）

结论：在医院环境中的儿童治疗师的角色

Al Solnit 和 Lottie Newman 都曾经跟安娜·弗洛伊德一起工作过，他们在安娜去世后评论说"她总是很困惑，为什么如此难以说服儿科医生和护士们相信，躯体疾病、医疗过程、住院和手术都会对孩子的情感发展产生重大的影响"（Solnit & Newman，1984：59）。在给皇家内科医师学院的演讲［演讲稿之后以"回答儿科医生的问题"为题获得发表（1961）］当中，安娜·弗洛伊德称赞她的医生听众们对心身疾病越来越感兴趣了，他们也理解了身体是如何影响心理的，但是她接下来说：

> 我总是很好奇，为什么你们不会对这幅画的另外一面同样感兴趣，也就是说，你们所治疗的真实的器质性紊乱对儿童心理的影响是什么。我常常感觉很遗憾，儿科医生更多地关注到了心身疾病这一面，而更少对躯体生病之后对心理产生影响的另外一面感兴趣。

（1961：405）

安娜·弗洛伊德本人在战后岁月的工作中，呈现了通力合作改正这一缺陷的努力。Solnit 和 Newman（1984）注意到，被纳入八卷本《安娜·弗洛伊德文集》中的涉及医疗领域听众的文章只是她的演讲的很小一部分，"在 30 多年的时间里（从 20 世纪 50 年代开始），她寻找并利用一切机会跟医学生、住院医师、护士和医生们对话，每一次都在强调同样的主张"（1984：59）。正如她本人在 1965 年所说的那样：

> 从事医疗和护理的专业人员，都不可避免地要在各种躯体层面的危机时刻，或是手术之前和之后的紧急状态下，受到此时出现的种种需求的指引来采取行动。然而，这并不能改变这样一个事实，即每一个患病过程中所发生的事情，还有在此过程中医护人员所采取的每一次行动，就其自身而言可能对当时的身体状况有益，但也有可能对孩子的心理造成不利的影响。

（Bergmann & Freud，1965：142）

为了鼓励人们对这一事实有更多觉察，安娜·弗洛伊德支持精神分析学派的儿童心理治疗师到医院去工作，成为儿科协作团队的一员——她称其为"医院治疗师"，他们提供了她和 Thesi Bergmann 所描述的"心理急救"（p.145）。对于安娜·弗洛伊德而言，这样的状况在某种意义上是不得已的妥协：

> 也许在遥远的未来，儿科学和护理方面的新培训项目将为所有的医疗人员提供关于情感领域的足够知识，以确保他们能够开明地管理儿童病人。但是在实现这个目标之前，儿科医生必须依靠与精神分析训练的顾问之间的协商；病房的护理员和护士们也需要得到某种方式的指导和引领；医学领域的社会工作者和在医院工作的教师们将从这样的帮助中学习如何将他们的专业技能发挥到最佳水平。

（1970a：270）

安娜·弗洛伊德认为，医院治疗师的任务就是"向医护人员介绍儿童错综复杂的心理与情绪机制，就像她指导孩子们更清晰地把握自己的躯体与医疗需求的任务一样"（Bergmann & Freud，1965：145）。如此看来，医院治疗师的角色要求具备灵活性以及根据当前需要来调整来自其他领域的工作模式的能力；然而安娜·弗洛伊德也相信，如果医院治疗师具备一些关于儿童发展的精神分析知识，他们将会极大地受益。医院治疗师将如何使用这些知识，则要求他们具有随机应变的灵活性。有些时候，这意味着给予安抚，如果孩子的父母太过紧张、无法支持孩子度过困难的医疗过程；而另外一些时候，治疗师将扮演一个"辅助性自我"的角色，来支持孩子应对自身所处状况的能力，否则孩子可能会被医疗过程击垮；而其他一些时候，最急需的治疗方式可能是游戏治疗，帮助孩子表达他或她的内在感受，将其置换给娃娃或者其他玩具（pp. 148–149）。在某些特定状况下，医院治疗师可能还需要促进儿童与成人之间的交流——这些成人既包括孩子的父母，在很多时候也包括医护人员——或者提供分析性的解释：例如，对一个因哀悼与焦虑而做噩梦的孩子做出解释（p. 150）。在医院治疗师需要扮演的各种各样的角色之中，将所有这些角色串联起来的那条丝线就是"保持灵活性"：

> 既然治疗是在医院的环境下进行的，那么在对儿童的指导工作中不仅病人的父母需要参与进来，护理与医疗人员也同样需要参与进来。既然这样的工作方式涵盖了从人文到科学的范围，涉及儿童生活的每一方面，诸如躯体健康、疾病、正常或异常的心理生活，那么掌握这些不同领域的知识对于工作人员来说就相当重要；同样重要的还有观察的技能，并在儿童发展心理学领域的核心理论方面打好坚实的基础。
>
> （p. 151）

尽管安娜·弗洛伊德本人对于这些思想在多大程度上能够影响到儿科学的实践持比较悲观的态度，但是扬-布吕尔曾提到，安娜·弗洛伊德的工作"给英国和美国对需要长期住院治疗儿童的治疗规则带来了一场精神分析的革命"（1988/2008：419），并带来了极大的变化，改变了医院对父母探视的看法，父母可以帮助孩子们为手术做好准备，也可以帮助孩子们理解自己的躯体疾病给情感生活带来的深刻影响（Malberg，2012）。

当然，很多（非精神分析的）护士、心理学家、精神科医生和儿科医生的工作也对这些医疗实践的改变做出了贡献，但是精神分析的儿童心理治疗师继续在这一领域做出了特殊的贡献，无论是与患有致命疾病的儿童一起工作，比如白血病（如 Emanuel 等人，1990；Judd，1989）；还是在新生儿病房与父母和新生儿一起工作（如 Cohen，2003；Midgley，2008b）；抑或是与那些存在长期慢性健康问题的孩子一起工作（如 Malberg, Fonagy & Mayes，2008；Winkley，1990）。仅举一例，1976 年在汉普斯特德诊所建立了一个针对糖尿病儿童的科研小组，由 Marion Berger 和 Elisabeth Model 担任主席，目的在于探索糖尿病患儿的情感问题，检视糖尿病对患儿的人格影响（Moran & Berger，1980）。此科研小组与米德尔赛克斯医院开展了合作，这带来了（各种成果中的）Fonagy 和 Moran 一系列重要科研成果的发表，反映出儿童的糖尿病如果控制不好，基于人格的潜在心理病理学，会如何被理解为"治疗体系有意识或者无意识的违反行为"。特别是，这些研究指明了这一特定群体的儿童在"心理理论"方面的失败，这反过来又导致了糟糕的自我整合感，也导致了对糖尿病的管理不良——作为一种试图在身体层面处理对自体和他人的糟糕的内在表征的非适应性方式。研究人员发现，一种特别定制的精神分析治疗在促进对这一特定群体的儿童的管理方面是有效的（Fonagy & Moran，1990），使得此治疗作为一种对存在躯体健康问题的儿童的心理支持的"循证治疗"，被推荐给英国临床指南（NICE，2004）。

安娜·弗洛伊德无疑会为这一证据感到欣慰，它证明了精神分析治疗是有效的。安娜·弗洛伊德的工作不仅聚焦于对住院儿童的个体治疗，还同时支持了医护人员、父母，甚至是住院儿童的兄弟姐妹们。这也要求我们开展一种革命性的反思，即我们如何看待在医院环境下的儿童的情感需求。不管是否直接受到过安娜·弗洛伊德先驱性工作的影响，过去 30 年来发生在儿科病房里的巨大变化，对于她来说都像是对自己的信念的一种证明，那就是"实用性的"精神分析可以做出巨大的贡献，这不仅体现在一小部分得到治疗的儿童身上,而且给更多的住院儿童带来了福祉。

> ## ·拓展阅读·
>
> 　　由 Thesi Bergmann 和安娜·弗洛伊德所著的**《住院儿童》**(1965)一书,是安娜·弗洛伊德工作方法的最佳典范,展示了它是如何影响到我们跟患有慢性疾病的儿童的工作方式与思考方式;而 Cooper(1983a,1983b)和 Lindsay(2008)的文章则让我们更清楚地感受到了安娜·弗洛伊德的思想如何在战后的岁月里影响着英国儿科医生的工作。
>
> 　　在安娜·弗洛伊德对医院工作的影响方面并无多少综述,因此Malberg(2012)的文章就更显得是极为珍贵的贡献了,它将安娜·弗洛伊德的工作与这一领域更近期的发展联系了起来;Solnit(1983)的文章也非常有帮助,他回顾了安娜·弗洛伊德的精神分析思想在各个领域的应用,并不仅仅局限于儿科学。
>
> 　　很多当代的精神分析儿童心理治疗师都写到过精神分析思想在各种各样的医院环境下的运用。Ramsden(1999)为这方面的工作提供了一个精彩的概览,而 Kraemer(2010)则为儿科学与心理健康之间的协调工作撰写了一个更为宏观的有帮助的综述。我们在 Branden 等人(2009)的文章中可以发现对1959年普拉特报告的一个有趣的更新,这份报告检视了关于探视住院儿童的医院政策。在儿童心理治疗师协会的一篇简报(2011)中,我们可以看到一个摘要,是关于当今英国的精神分析儿童心理治疗师对医院工作的贡献。Malberg 的文章(2012)是在安娜·弗洛伊德传统下的医院工作的一个好例子,她还讨论了安娜·弗洛伊德对儿科心理学在更广阔意义上的贡献。

(曾　林　译;董瑞瑞、王佳珏　校)

第十二章

儿童与家庭法

主 要 著 作

1965 "给家庭法研讨会的三篇文稿"
（Three Contributions to a Seminar on Family Law）

1966 "精神分析与家庭法"
（Psychoanalysis and Family Law）

1968 "在耶鲁法学院毕业典礼上的致辞"
（Address at the Commencement Services of the Yale Law School）

1968 "Painter v Bannister：一个精神分析师的后记"
（Painter v Bannister: Postscript by a Psychoanalyst）

1973 《超越儿童的最佳利益》（与 J. Goldstein 和 A. Solnit 合著）
[Beyond the Best Interests of the Child (with J. Goldstein & A. Solnit)]

1975 "被拥有的儿童：安娜·弗洛伊德对儿童法案核心问题的看法——被收养儿童的心理需要"
（Children Possessed: Anna Freud Looks at a Central Concern of the Children's Bill: The Psychological Needs of Adopted Children）

1979 《先于儿童的最佳利益》（与 J. Goldstein 和 A. Solnit 合著）

	[*Before the Best Interests of the Child*（with J. Goldstein & A. Solnit）]
1986	《为了儿童的最佳利益》（与 J. Goldstein、A. Solnit 和 S. Goldstein 合著）
	[*In the Best Interests of the Child*（with J. Goldstein, A. Solnit & S. Goldstein）]

引言

1961 年年底，耶鲁法学院院长 Eugene Rostow 来到了位于汉普斯特德的安娜·弗洛伊德家中，拜访了年逾 60 岁的安娜·弗洛伊德，邀请她加入法学院担任高级研究员和客座讲师（Goldstein, 1984；Young-Bruehl, 1988/2008）。幸运的是，耶鲁法学院的两位教授，Jay Katz 和 Joseph Goldstein，都对精神分析思想在法律方面的应用很感兴趣，并且不久就出版了一部很有影响的著作《精神分析、精神病学与法律》（*Psychoanalysis, Psychiatry and the Law*, Katz, Goldstein & Dershowitz, 1967）。Katz 和 Goldstein 会晤了安娜·弗洛伊德，并一致同意她每两年访问耶鲁一次，在她停留的一个月时间里参加定期举办的研讨会，与教职员工和学生们一起讨论诸如"家庭法""精神分析与法律体系""刑法"等议题。这些访问是双方合作的开始，他们的合作一直持续到安娜·弗洛伊德去世前的几个月，Goldstein 在回忆时写道：

安娜·弗洛伊德喜欢这样的工作方式，学生们也永不满足，没有哪一次能准时下课。他们坚持提出新的问题，想听一听她会怎么说。而她不仅非常愿意延长时间，沉浸在思想交流的兴奋当中，还永不疲倦地回应学生们提出的任何挑战。的确,她年复一年地坚持着自己的进程,让我们不得不教授比正常的课程多一倍的东西。……我们总是期盼着她的下一次到来,但她的离去却也非常令人欣慰——因为我们没办法长时间承受她的节奏。

(Goldstein, 1984: 5)

对耶鲁法学院的访问还让安娜·弗洛伊德与耶鲁儿童研究中心保持着联系,特别是跟 Al Solnit 的关系,他很快就加入合作当中,成为法律(Goldstein)、精神分析(安娜·弗洛伊德)与儿科学(Solnit)三方讨论的第三方。正如 Solnit 日后的观察那样,安娜·弗洛伊德带着极大的能量与热情投入这一新型的合作之中,我们也可视之为"她对儿童与父母之间的相互作用、对精神分析的客体关系理论的毕生兴趣"的延续。这始于维也纳时期她与最贫穷的工人阶级家庭学步儿的工作,继而是与饱受战争折磨的伦敦儿童的工作,直至战后的岁月里在汉普斯特德诊所里与被疏忽照顾、被虐待儿童一起工作。对于 Solnit 而言,安娜·弗洛伊德对法律问题日渐浓厚的兴趣是"她长期关注精神分析应用的合乎逻辑的延伸"(p. 387)。

然而从另一个角度来看,试图建立法律与精神分析领域之间的联系是很不同寻常的举动。正如 1968 年安娜·弗洛伊德本人在耶鲁法学院对学生们的致辞中所说的那样:

正如你们所熟知的那样,在我们的法律与精神分析这两个领域之间,对彼此的接近既小心谨慎,又踌躇羞怯,因为两个领域间的联系甚少,相距也很遥远。刚开始的时候,我们分属完全不同的两个世界,也似乎命中注定有很好的理由将这种情况继续下去。法律的概念由来已久、清晰明确、简洁洗练、轮廓分明、基于无可争辩的事实;而与此相对的是,精神分析的原理则模糊不清、弥漫无际、错综复杂、根植于对无意识心理的革命性与动力性的假设。因此,过去存在且现在仍然广为流传的一个信念也就不足为奇了:在法律教学当中加入一些对人类心理的思考（因为法律归根到底是要运用在人类的身上），其最好的结果也就是徒劳无益，而最坏的结果却很可能是引发混乱与困惑。

（1968a：257）

安娜·弗洛伊德在这次致辞中继续谈到，要想让这两个领域相互理解，存在着很多的障碍，然而她也认为，通过更为积极的对话，双方都有很多可供学习之处。她特别提及了以下两个法律与心理学无可回避地要产生相互作用的方面：首先是在刑法领域，"精神错乱辩护"不可避免地为法律辩论带来了精神病学的视角；其次是在家庭法领域，有关"儿童最佳利益"的法律讨论也别无选择地需要面对那些属于发展心理学范畴的问题。

正如扬-布吕尔在其所著的传记中提到的那样，安娜·弗洛伊德对与耶鲁法学院的教师、学生之间对话的最初兴奋点，是更加聚焦在刑法领域的，她希望运用精神分析的思想来帮助他们发展出一种可能预防犯罪的新系统，这是基于对导致犯罪行为的"内在组织结构（internal constellation）"的理解（1988/2008：414）。但随着访问的继续，她的注意力越来越投向了家庭法领域，她也越来越确信，精神分析发展心理学所获得的洞察，可以为关于儿童与家庭进入法院系统的法律实践的修正工作做出巨大贡献。在1966年的一篇短文中，她描述了属于家庭法范畴内的一系列议题，并认为这些议题与她业已在汉普斯特德诊所做的工作是有交叉的，诸如分离与家庭瓦解对人格发展的影响，分手的父母对儿童被分裂的忠诚的影响，童年早期多次搬迁与之后发展出不端行为之间的联系，以及领养儿童所面临的特定问题——他们与亲生父母和养父母之间的关系［1966（1964）：77］。

随着安娜·弗洛伊德对耶鲁的访问持续进行，她和同事们开始思考如何更好地共享他们一道发展起来的一些思想。从1969年开始，她会定期会晤Goldstein和Solnit，试图共同撰写一系列文章，帮助法律界人士从精神分析的思想洞察中有所获益。这一合作最终产生了三本联合署名的著作：《超越儿童的最佳利益》（Goldstein, Freud & Solnit, 1973）；《先于儿童的最佳利益》（Goldstein, Freud & Solnit, 1979）；以及（于安娜去世后出版，

Sonya Goldstein 作为第四位作者加入的)《为了儿童的最佳利益》(Goldstein, Freud, Solnit & Goldstein, 1986)。每一本书都提出了一个特定的问题：

- 第一卷《超越儿童的最佳利益》：应如何安置被争夺抚养权的孩子的议题——什么才是法庭应该采取的适当的指导原则，来指导他们关于如何安置儿童的裁定？
- 第二卷《先于儿童的最佳利益》：国家干预家庭生活的议题——在什么时候以及为什么儿童与父母的关系变成了国家需要关注的事情？授权国家来改变亲子关系的理由是什么？
- 第三卷《为了儿童的最佳利益》：尊重专业知识边界的议题——在家庭法领域工作的专业人士，是何时且如何承担了超越他们职权的角色，或是处理了在他们的专业知识之外的任务？

正如一位评论家所述，这一合作所产生的三本著作是一次"对于社会对儿童管理——或管理失当——的方式深具洞察力、无情而透彻的检验"(Esman, 1981：275)。扬-布吕尔引述另一位美国评论家的话，将三部曲中的第一部著作（可能也是这三部著作中最富影响力的一部，至少在美国是如此）视为"有史以来被讨论最多的法律和家庭类书籍"(1988/2008：416)。每一卷都系统性地讨论一系列问题，并使用法律案例来说明，突显出讨论的两难困境。每一部著作都以一系列特定建议（或者指导方针）作为结束，其目的在于促进家庭法领域的实践工作。既然这套书提供了一系列的指导原则，因此，本章将总体呈现三本书所提及的一些与指导原则有关的核心思想，而不是依次概括每一本书的内容。

将儿童的需要放在决策的核心位置上

如果只有一个指导原则像一条丝线那样贯穿了三本书的始终，那就是儿童的需要——而非父母的权力——应当成为决定因素，来指导家庭法的司法过程中的每一阶段。安娜·弗洛伊德及其同事们认为，法律的决策者们很早就意识到了保护儿童身体健康的必要性，却"在理解和承认保护儿童心理健康的必要性方面很迟缓"（Goldstein, Freud & Solnit, 1973: 4）。他们认为，精神分析提供了一套很有价值、普遍适用的知识体系，可以很容易地将它"翻译"为促进良好决策的指导方针；另一方面，精神分析也非常重要，因为它还提醒我们从儿童自身的发展需要这一视角来看待问题。正如 Goldstein 在回顾这一合作过程时所言：

> 安娜·弗洛伊德教会我们，要将那些孩子气的东西放在我们面前，而不是置于脑后。她教会我们将自己放入一个孩子的身体里面，想孩子之所想，去感受孩子的感受，"从一个熟知的环境被转移到另一个未知的环境中"，他的居住权被均分给开战的双方，或者不得不按照"预先规定好的天数和小时数"去拜访那个缺席的父母亲，这一切将会是怎样的感受。她帮助我们理解到一个孩子就像一个大人那样，是"一个人，有他自己的权利"。然而不同于大人的是，孩子们"一直在改变：在成长中从一种状态变到另外一种状态"，他们不是用钟表来测量时光的流逝，而是用他们自己内在的时间感来衡量。
>
> （Goldstein, 1984: 6）

他们使用非技术性的语言，强调儿童对情感、刺激和不间断的持续照顾的需要，探索这些需要中蕴含了哪些对家庭法的要求。他们的理解使他们强调**心理父母**（psychological parent）、心理上的亲子关系的重要性。他们意识到成为生理层面的父母是极为重要的事实，但同时，他们也认为从孩子的视角来看，"生理层面的受孕和诞生的现实并不一定就能带来情感层面的依恋"（Goldstein, Freud & Solnit, 1973: 17）。相反，他们相信正是那个满足了儿童各种需要（关注、营养、舒适、情感和刺激）的照顾者，才能成为孩子心理上的父母，法律需要保护的正是这种关系，以保卫儿童的情感健康。他们将这一角色定义为：

第十二章 儿童与家庭法

> 一个心理上的父母就是日复一日地持续通过互动、陪伴、互相影响和互相亲近，来满足儿童对父母的心理需要还有生理需要的人。心理上的父母可以是孩子的生身父母、领养父母、寄养父母、普通法意义上的父母，或者任何其他人。在孩子出生之际形成的角色指派之后，孩子对其并不存在一个预先假定的偏好。
>
> （p. 98）

当一个孩子拥有多个照顾者时，如何去评估谁应该被认定是他的心理父母这一复杂问题，在三部曲第二卷《先于儿童的最佳利益》的第四章里有详细讨论。作者们认为，这样的关系一旦建立起来，那么只有在与心理父母关系的基础上，儿童才能体验到自己是一个被需要的孩子，从而才能形成"关于父母的内在心理意象，孩子会持续地感觉到父母的存在，哪怕在父母缺失的情况下"（p. 19）。他们还认为，忽视这样的关系而单纯强调父母的权利，是很危险的一步。

被争夺抚养权的儿童安置问题领域的决策者们几乎立即采用了这一观点。在《超越儿童的最佳利益》一书中，作者们指出，安置的决定应当以保卫儿童对关系连续性的需要为目的。他们陈述了不连续的照顾对处于不同发展阶段儿童的不同影响（pp. 32–34）；他们还呼吁，在最终的领养决定被认可之前，应当缩短领养家庭通常的等待期（这在当时的美国是一年时间）。他们建议，关于领养的最终判决应当在儿童被安置在某个家庭之后立即生效，离婚或分居父母对儿童的监护权不应该有被修改的可能（除非存在进一步由国家干预的理由）。他们还认为，儿童与成人不一样的时间感意味着决策者应当以"最快的速度"采取行动，以便"给每一个孩子以最大的机会，在一个已经存在的关系中重建稳定性，或者促进一个新关系的建立"（p. 42），就像关乎儿童身体健康的决定被当作紧急事件，要求人们快速做出决定一样，我们应高效处理每一个儿童安置的案例，以同样的方式将其视为紧急事件（p. 43）。在著作出版时，最具争议之处是安娜·弗洛伊德及其同事们提议，应当由有监护权的父母一方而非法庭来决定非监护方的父母所拥有的探视权是什么（p.

38），这一观点在当时引发了美国媒体的激烈争论。

与心理父母关系的首要性

安娜·弗洛伊德及其同事们认为，对一个孩子的安置"应当完全基于对孩子自己的内在状态及其发展需要的考量"，他们还由此意识到，当我们考虑到应用层面，即在家庭法庭上做出安置的决定时，执行这一"简单"的原则却绝非易事。他们特别注意到，这个决定是由法官做出的，而法官跟我们所有人一样，会因对不同对象的同情而摇摆不定，可能"对儿童需要的首要性有着根深蒂固的非理性预设"（Goldstein, Freud & Solnit, 1973：106）。如果一个父母故意抛弃或者虐待孩子，孩子因此被安置在其他照顾者那里，从而形成了对另外一个成人的依恋，那么法官可能会更容易确认，孩子优先需要维持与这个心理父母的照顾者的关系连续性。但是，如果亲生父母抛弃孩子完全是不得已而为之，那么法官的决定将不可避免地受到非常不同情绪的影响。

安娜·弗洛伊德及其同事举了一个极端的例子，那就是曾有2500名荷兰裔犹太人父母在第二次世界大战结束后从集中营回到家中，这些父母当中的很多人都曾把孩子托付给非犹太人的朋友和邻居，请他们在战争期间照顾孩子。当战争结束时，这些从集中营幸存下来的父母回到了荷兰，希望要回自己的孩子。但是在那些岁月之中，很多孩子都变得与自己的生身父母生疏了，并且已经有效地与寄养家庭发展出亲情关系，寄养的照顾者现在成了他们的心理父母。安娜·弗洛伊德及其同事们写道："在如此悲惨处境之下的选择，要么将孩子从其心理父母身边强行带离，并给他们带来不可忍受的艰难感受；要么引发已经是受害者的父母们更加不可忍受的痛苦：他们在失去了自由、生计、世俗财物之后，现在再一次地失去了对孩子的所有权"（p. 107）。

荷兰议会做出决定，这些孩子应当全部回归到自己生身父母的照料之下，而不允许法庭在一事一办的基础上针对每一个孩子做出判决。尽管意识到了这一决定背后那令人几乎无法忍受的艰难困境，安娜·弗洛伊德及其同事们还是认为,安置决定应当基于维持儿童与心理父母关系的原则,无论这将会是谁。他们指出,这样的原则是基于我们对断裂的依恋关系的有害影响的认识:

> (原则上)偏向生身父母会导致孩子与心理父母双方面无法忍受的艰难感受。……只有实施这一政策,才真正有可能开始打破一代人传递给下一代人的疾病与痛苦的循环。
>
> (pp. 110–111)

"最少伤害替代方案"

正如上述例子所清晰呈现的那样,谈论"以儿童的最佳利益"为行动宗旨,可能会在艰难抉择的背景下有不够诚恳之嫌,因为没有哪一方是全然正确或者错误的。更有甚者,作者们还在三部曲中一再强调,很多判决所基于的认识的预设价值都存在着非常严重的局限性,没有人能"详细地预测出一个孩子及其家庭逐渐展开的发展之路,从长远来看将如何反映在儿童人格和性格的形成方面"(Goldstein, Freud & Solnit, 1973: 51)。意识到这样的局限性,正在开展诊断廓图工作的安娜·弗洛伊德受到了强烈的冲击,尽管精神分析和发展心理学已经获得了一些通常可预期的"发展线"知识,以及它们因负面经历而被背离的方式。

因此,安娜·弗洛伊德及其同事们提议,家庭法决策者们的指导方针不应当基于"为了儿童的最佳利益",而是应当基于"能够保卫儿童成长与发展的最少伤害替代方案(least detrimental alternative)"的概念(p. 53)。他们将这一替代方案定义为将"儿童被需要的机会,保证儿童至少与一个是或者即将成为其心理父母的成年人,维持一种在连续、无条件、永久的基础上的关系"(p. 99)最大化。一个清晰的事实是,家庭法庭常常要面对处于近乎无法忍受的艰难处境下的儿童与家庭,法官与其说是要做出好的判决,不如说是要将伤害**减到最低**。他们认为,最少伤害替代方案作为一种原则,"不那么可怕与浮夸,更现实,因而也比'最佳利益'更好地符合收集到的相关资料"（p. 63）：

> 使用"[最少]伤害"而非"最佳利益"的原则,应当能够让立法机构、法庭、儿童福利组织认识到任何儿童安置过程中所固有的损害并对此做出反应；还能够提醒决策者们,他们的任务是从不尽如人意的处境中尽可能地救助儿童。
>
> （pp. 62–63）

选择"最少伤害替代方案"的意义

《先于儿童的最佳利益》一书中,安娜·弗洛伊德及其同事们给出了一个法庭裁决的实例,他们认为此例未能遵循最少伤害替代方案的原则,因为这一裁决并没有在根本上基于儿童的需要。

阿普尔顿案例（The Appleton Case,使用化名的真实案例）涉及一名5岁男孩汤姆（Tom）,他已经跟寄养父母阿普尔顿夫妇一起生活了4年之久。汤姆在1岁时被带走,脱离了生身父母的照顾,是因为他的母亲对他哥哥有暴力行为,父亲还酗酒。然而在他5岁时,生身父母要求将儿子还给他们来照顾,这源于儿童福利机构的建议,认为这对夫妻现在有能力做汤姆的父母了。但阿普尔顿夫妇反对这一请求,他们认为汤姆已经与他们形成了依恋关系,将他还给生身父母去照顾是对他不利的。然而法官却裁定,阿普尔顿夫妇是在知道寄养父母协议条款的情况下照顾汤姆的,也获得了金钱补偿。最初的协议中有一部分内容是,阿普尔顿夫妇不会提出领养汤姆的要求,而生身父母拥有天然的权利和义务,有权照顾自己的儿子。

在汤姆回归生身父母的照顾约一年后时,他的父亲被指控虐待他,之后汤姆进入了一家孤儿院,在那里待了5个月后,法庭才裁定他应该重新回到阿普尔顿夫妇的照顾之下。当他终于回到阿普尔顿家的时候,他显露出了焦虑、噩梦、睡眠困难等症状,表现得又困惑又伤心。

当我们回顾这个案例时，也许很容易看到回归生身父母的照顾对汤姆的情感发展产生了有害的影响。但是如果按照安娜·弗洛伊德及其同事们所提出的原则，法庭根本就不应裁定将汤姆送返给生身父母照顾，哪怕他遭受父亲虐待的风险很小：

> 阿普尔顿案没能保护儿童的发展和情感健康，而是选择了维护儿童福利机构的政策、强制执行合同规定、尊重一个法律上的而非真实存在的关系。合同规定即使需要被承认，也没有理由非得牺牲一个孩子，而把他判给伤害他的一方。
>
> （Goldstein, Freud & Solnit, 1979: 54）

"最少国家干预"原则

上述案例似乎在暗示，安娜·弗洛伊德及其同事们好像不是"站在"生身父母一边，而是强烈支持国家干预的。然而，事实刚好相反，作者们提出的指导方针正是基于这样的信念："一个孩子需要自主的父母的持续照顾，这要求我们认识到，通常而言，父母应当有权按照他们认为最好的方式来养育自己的孩子，而非受到国家的干预"（Goldstein, Freud & Solnit, 1979: 4）。既然一个孩子最重要的需要是与照顾者关系的连续性，那么国家的首要利益就应当是尽可能地保护家庭的完整性。他们认为，只要儿童的健康没有受到威胁，儿童发展的最好机会是在一个被赋予隐私权的家庭（无论是不是生身家庭）的背景下展开：

> 当家庭的完整性被国家干预所打破或削弱时，[儿童的]需要受到损伤，他对父母无所不知、无所不能的信念被过早地动摇了。这对儿童发展过程的影响一定会是有害的。
>
> （p.9）

在工作当中,特别是第二次世界大战期间的汉普斯特德战时托儿所,安娜·弗洛伊德开始意识到儿童在情感和社会发展方面的进程,在极大程度上有赖于跟一个成人照顾者之间情感纽带的建立及其延续性。一旦儿童被带离父母而安置到其他地方去照料,"国家是过于粗粝的手段,并不适合成为有血有肉的父母的替代物"(p. 12)。正如我们从可怕的统计数字所知,在很多案例当中,那些被照管的儿童在心理健康与幸福感方面的结果都很糟糕,事实上,一个孩子通过被带离危险的处境而被保护起来免于伤害,并不能保证日后会有更好的结果。作者们讽刺地指出,国家通过侵入孩子的家庭,很可能会让孩子本已不良的处境更加恶化;事实上,这"会让一个本来还可以忍受的、甚至良好的处境,变成恶劣的处境"(p. 13)。

《先于儿童的最佳利益》还提出了是什么让国家对家庭生活的干预合法化的问题。由此,安娜·弗洛伊德及其同事们提出了一系列问题,应当由那些与家庭法有关的人士在处理过程的每一阶段——从最初的调查阶段(接到求助)到"裁定"与"处置"阶段——都进行询问。他们应当询问(并且给出实践性的指导方针来帮助回答)诸如以下这些问题:是什么事件为授权儿童保护机构开展调查提供了合理的缘由?有关人士的调查必须揭示出哪些东西,才能强制父母为自己照顾孩子、代表孩子立场的权利进行辩护?什么是国家修改或终止亲子关系的充足理由?如果存在充足的理由来修改或终止这样的关系,那么在所有可能的安置选项中哪一个才是伤害最少的?作者们描述了很多情况,包括亲子的分离、躯体虐待与性虐待、情感疏忽以及拒绝医疗照护等,并且针对每一种情况来进行思考,我们的根据到底是什么,应该还是不应该采取国家机构的干预措施。他们对每一种情况都提供了相关案例,来说明他们的指导方针如何影响到家庭法庭的决策,并提出了做出这些建议的原则。他们还意识到,如果缺乏清晰界定的原则来指导这些工作的话,就会导致一种危险,在使用诸如"疏忽"或"虐待"这样的术语时,对其实际含义没有一致的意见,从而导致法官的决策是基于一事一议的、完全临时的原则。作者们认为,通过澄清那些作为决策基准的基本原则,就将"公平的警告"提供给父母,使他们能够知道评判自己行为的标准,因而大大缩小了国家工作人员武断的权力（pp. 16–17）。

保护家庭的完整性

安娜·弗洛伊德及其同事们讨论了《桑普森案》(In re Sampson)的法律判决，作为将他们的原则用于实践的一个例证。纽约的一位法官宣布15岁的凯文·桑普森（Kevin Sampson）是一个"被疏忽照顾的孩子"，因为他的父母决定不强迫自己的儿子去做健康委员会建议的一系列手术，来矫正他面部因神经纤维瘤而导致的严重畸形。这种疾病让凯文（用法官的话来说）有"一个面部组织过度生长而产生的巨大褶皱或皮瓣，这导致他的整个面颊、一侧嘴角和右耳都被向下拉扯着，让他的面孔看上去只能用怪诞和可憎来描述"（Goldstein, Freud & Solnit, 1979：102）。

法官裁定这样的畸形将不可避免地影响到凯文的人格发展、他受教育的机会以及日后的工作机会，任何推迟或不做手术的决定都将对男孩的发展产生有害的影响。法官宣称，凯文本人不愿意做手术的事实——他的母亲也支持他的决定——不应该成为首要议项；就这样，法官认为凯文是个"被疏忽照顾的孩子"，应该被带离父母而由国家来照顾，如此一来他的手术"需要"就会得到充分解决。

安娜·弗洛伊德及其同事们批评了这个判决，因为它干扰了家庭的完整性，超出了最少国家干预原则所主张的范围。他们认为法官将自己放在了"先知、心理学专家和全知全能的父母"位置上，然而我们没有理由来判定，法官关于不做手术的决定可能带来的结果的看法，和凯文父母对此的看法相较之下，谁的更准确一些。但是，考虑到法官们并不需要"承担日复一日地亲自照顾他们的凯文们可能需要的责任"，作者们认为，家庭做出自己决定的自主性和自由权——不受国家的干预——应当受到保护。他们提醒我们说："法律的首要功能，是防止某个人所认为的真相……变成针对另外一个人的专制暴政"（p. 93）。

尽管作者们没有特别针对凯文的案例进行讨论，但他们在三部曲的最后一卷《为了儿童的最佳利益》一书中，回归到了类似的问题上。在这里，他们讨论到跨越专业边界的危险性，无论是一位法官充当儿童发展方面的专家，还是一位儿童治疗师作为在监护权议题上的法庭顾问。相反他们认为，来自不同领域的专家们应该共同工作，互相学习，但要保持自己的专业角色，并在必要时澄清他们赖以做出自己主张的知识和假设。他们总结道，在这一领域工作的专业人士应当既要"心地柔软"又要"硬起心肠"，才能以仁慈与同情的态度行事，与此同时也能保持专业性，绝不将自己的角色与儿童的原初照顾者混淆。

"痛苦折磨的两难困境"

安娜·弗洛伊德及其"最佳利益"三部曲的合作者们在书中保持了一贯的立场，主张家庭法的决策者们应当了解来自一系列不同领域的研究和知识，具备清晰的指导方针，以减少个人偏见的影响，让家庭法律系统尽可能地开放和透明。每一卷结尾的一章都列出了"儿童安置法（Child Placement Code）"的相应条款，其中清晰地陈述了定义，并列出了裁决应该依据的明确原则。他们还清楚地说明了精神分析发展心理学的发现是如何启发家庭法领域的工作，以及对儿童发展的理解如何在一事一议的基础上，决定每一个特定儿童的"最少伤害替代方案"到底是什么。

然而在三部曲中，作者们也通篇强调了被他们描述为"法律在监督人际关系方面的无能，以及在做出长期决策方面知识有限"的观点（Goldstein, Freud & Solnit, 1973, p. 49）。他们讨论到在家庭法领域工作的专业人员可能会发展出的危险的"拯救幻想"，他们也指出了如果想要这份工作起作用，那么对我们自身局限性的健康认识是至关重要的。

长远来看，如果法律的目标更少一些自命不凡和雄心勃勃；也就是说，如果法律的将自身局限于避免伤害，依照一些尽管是轻微的，但通常是适当的短期预测而行动的话，那么儿童的机会就会更好一些。

(p. 52)

不同于大多数为法律读者所写的著作，这套书的作者们明确地给出了自己的前提和假设，并且讨论了这些对他们所提议的政策的影响。他们还动情地写下了对那些在家庭法领域工作的人来说"痛苦折磨的两难困境"，他们不得不忍受"害怕在干预未经证实合理之时就鼓励国家打破了家庭的完整性；也害怕一直禁止国家采取行动，使得福祉受到威胁的儿童无法得到及时保护"之间的张力（Goldstein, Freud & Solnit, 1979：133）。相对于每一个国家已经介入，并毫无必要地扰乱了家庭生活的案例来说，都存在着另外一个已经等待了太久、孩子已经备受煎熬的家庭案例。在三部曲第二卷中包括一个长长的、关于"被父母戕害的儿童"的附录，回顾了一系列悲剧性的案例，试图从中得出教训，以便拯救其他儿童及其家庭的生命。作者们强烈呼吁给予儿童在法律上代表自己利益的权利（Goldstein, Freud & Solnit, 1973：65-70），安娜·弗洛伊德还展示了如何运用儿童治疗师的技术，以确保专业人士可以在理解孩子们的真实感受的基础上和他们沟通。

结论：在精神分析与法律之间架设桥梁

1995 年，时任英国高等法庭的家庭法庭法官 Justice Thorpe 先生，在德文郡的达廷顿大厦（Dartington Hall）举行的一次特殊的跨学科集会上，做了关于"精神分析实践对家庭司法系统的影响"的演讲，在那次集会上，家庭法的法官们与心理健康专业人士齐聚一堂，讨论了这两个领域之间的关系。在演讲中 Thorpe 谈到了家庭司法系统与儿童精神病学之间"重要的相互依存"关系，然而他也补充道，似乎在历史上精神分析与家庭法之间是没有什么关系的，例如，他注意到"不存在任何一个法官的附带意见，是建立在心理动力学方法关于影响到家庭法庭判决结果的评估和结论之上"（Thorpe, 1997：3）。尽管他意识到从 20 世纪 60 年代中期到 90 年代中期发生在家庭法领域的巨大改变，他也接下去谈到了并不存在"任何证据说明精神分析的思想为这一判决方式的演变提供了任何直接的贡献"（p.3）。他解释说，这种影响力的缺失跟精神分析所使用的通常是晦涩难懂的语言有关，还与高等法院的法官们缺乏跟其他领域的专家开展跨学科对话的机会有关。不管怎么说，他认为缺乏相互影响的状况是十分令人震惊的。

然而，Thorpe 法官也注意到了这种现象存在一个例外，那就是安娜·弗洛伊德及其同事们在耶鲁的工作，他说："这项合作是卓越非凡的，它提出的诸多概念都在日后成为不证自明的公理。"他继续罗列出了一些在 Goldstein、安娜·弗洛伊德和 Solnit 在 1973 年出版的著作中的核心思想——所有这些思想都已经成为现代家庭法的核心特征。安娜·弗洛伊德与耶鲁法学院的合作的一些观点被载入了英国法律具有里程碑意义的 1989 年"儿童法案（Children Act）"，它将发展中的儿童的需要置于家庭法决策的核心位置上。但是，Thorpe 法官也质疑了安娜·弗洛伊德的工作在多大程度上直接影响到这些改革——因为他注意到并没有英国的律师参与到这三部曲出版的合作之中，且伦敦的高等法庭图书馆甚至连其中最富影响力的第一卷都"没有一本"（Thorpe，1997：4）。

如果安娜·弗洛伊德能活着读到这一评论的话，她很可能会报以感慨的苦笑。1973 年在一封给 Joseph Goldstein 的信中，她就警告后者"不要对英国（对我们的著作）跟美国相比不太热情而感到失望，因为你很可能已经知道，情况向来都是如此"（引自 Goldstein，1984：7）。詹姆斯·罗伯逊是英国 20 世纪 70 年代为数不多，能作为专业见证者定期在家庭法庭工作的精神分析从业者之一。他记得自己发现仅仅是跟法官谈及"心理上的父母"就非常有帮助，而且跟安娜·弗洛伊德的讨论和她"对临床证据的价值不可动摇的坚信"曾经是多么支持到了他（Robertson，1983：21）。

尽管这些著作在英国相对受到了忽视，但在美国，《先于儿童的最佳利益》一书产生了极大的影响（之后的两本书的影响力稍弱），人们对书中的观点展开了热烈讨论，这既发生在精神分析领域，也发生在法律方面的报纸杂志上，还发生在更通俗的新闻媒体界。安娜·弗洛伊德及其同事们的工作在美国文化当中得到了更包容的接纳，因为美国绝大多数精神科医生都接受过精神分析的培训（而在英国和欧洲却并非如此）。这本书在美国的出版还似乎恰逢其时，当时，关于家庭的本质与国家所扮演的角色的辩论正引起广泛的讨论。扬-布吕尔（2012：13）毫不夸张地指出，在美国"没有哪本精神分析著作能够和《先于儿童的最佳利益》一样在更为广泛的领域拥有那样深远的影响力，不论是在思考儿童方面，还是在针对儿童的政策方面"。安娜·弗洛伊德及其在耶鲁的同事们的工作是如此独特，因为他们试图"确认解决法律纠纷的原则，明确地考虑其中非理性的成分，而不会给难以驾驭的心理力量简单地强加一件理性的外衣"（Burt，2006：404）。这已经超越了学术行为的范畴，在这些原则的基础上，他们继续"确认一系列尊重儿童发展性的独特的非理性行为的规则，可以让法律决策者们运用于解决广泛的儿童福利纠纷之中"（p. 404）。如此一来，他们提供了非常清晰的证据，来展示精神分析思想是如何用来改善儿童的生活，甚至那些永远不会见到精神分析师的孩子们也将受益。

安娜·弗洛伊德正确预测了精神分析和法律界人士如此硕果累累的互动。近来，精神分析儿童心理治疗领域对英国的法庭评估工作做出了重大贡献，正如达廷顿大厦会议的两本重要出版物所反映出的那样，那次会议让精神分析的临床工作者们与家庭法的法官和律师们齐聚一堂，共同讨论双方所关心的诸多问题（Thorpe & Trowell，2007；Wall，1997）。家庭律师、家庭法庭陪审团成员 Stephen Cobb 在这次会议的演讲中，阐释了安娜·弗洛伊德的诸多思想已经进入到法律的惯常实践当中：如跨学科交流的重要性；儿童的独立法律代表（independent legal representation）的价值；其中最重要的是，将儿童"放在法律过程的核心位置上"的思想（Thorpe & Trowell，2007：82）。然而他也注意到，司法过程的旷日持久以及经常发生的延期，"可能就是在为家庭提供有效的裁决方面最为严重的失败"（p. 82）——这一点安娜·弗洛伊德及其同事们早在 20 世纪 70 年代就已着重强调过。

要想改变家庭司法的进程，仍有许多工作要做，这一事实是司法界与精神分析（以及更普遍的心理学和精神病学）之间的对话仍然至关重要的原因之一。1968 年，安娜·弗洛伊德向出席耶鲁法学院毕业典礼的学生们致辞，开篇就指出了所有现存的、在这两个领域之间的对话障碍。但她在结束时也提醒学生们，精神分析与法律界都关注一个建立在共同基础之上的重要区域：

> ……这个事实就是，我们两个领域都关乎处理人类的挫败之处。……我们试图保护我们的病人免受他们自己所造成的伤害，而你们的任务是通过控制犯罪活动来保护社会。……（就这个层面而言）我们之间的分歧就消失了，让位于用双方共同的努力来增加彼此的理解。
>
> （1968a：258–260）

· 拓展阅读 ·

很少有精神分析师或者儿童心理治疗师详细谈及安娜·弗洛伊德关于法律方面的文章，但伊丽莎白·扬-布吕尔（1988/2008）不仅为我们提供了安娜·弗洛伊德与 Goldstein、Solnit 和 Katz 合作的背景信息，而且概述了他们合著的三卷书的内容。她还指出，我们可以通过 Davis（1987）和 Crouch（1979）的两篇长篇评论文章，对这些著作在美国法律界的影响力一探究竟。

耶鲁法学院的 Jay Katz 和 Joseph Goldstein 的法律研究方法在两部著作中有非常好的呈现：**《家庭与法律》**（*The Family and the Law*, Goldstein & Katz, 1965）和**《精神分析、精神病学与法律》**（Katz, Goldstein & Dershowitz, 1967）。Burt（2006）更近期的文章在更广泛的领域讨论到了 Goldstein 和 Katz 的精神分析方法对美国法律思想的影响。

安娜·弗洛伊德去世之后，汉普斯特德诊所继续致力于组织精神分析师与法律界人士相聚——例如，在 1986 年的一次研讨会上，人们讨论到"对 Jasmine Beckford 的死亡调查"所带来的启示，检视了英国一名 4.5 岁儿童因父母多重伤害而身亡的教训（参见《安娜·弗洛伊德中心通讯》，第九卷第四部分）。基于对领养议题的兴趣，安娜·弗洛伊德与耶鲁的合作促使了汉普斯特德诊所在20世纪70年代成立了"领养研究小组（Adoption Research Group）"，且在安娜·弗洛伊德去世后继续在Jill Hodges的领导下开展工作。Hodges与Miriam、Howard Steele关于早期虐待和打骂对领养儿童"内在工作模型"的影响的工作，现已成为安娜·弗洛伊德中心的主要研究成果之一（Steele et al., 2010），而安娜·弗洛伊德所推崇的思想已经在安娜·弗洛伊德中心的"法庭评估服务与家庭评估服务（Court Assessment Service and the Family Assessment Service）"工作中得到了进一步的发展（Daum & Mayes, 2012）。与此同时，在耶鲁的"家庭保护与支持计划（Family Preservation and Support Program）"中（Adnopoz, 1996），人们直接运用安娜·弗洛伊德的思想，为康涅狄格州纽黑文的高危家庭发展出了居家式的服务项目，这些家庭的孩子很容易受到离开家庭的安置的伤害。

至于当代精神分析对英国家庭法领域的贡献，Judith Trowell的工作有很好的呈现，她（与M. King一道）编辑了**《儿童的福利与法律》**（*Children's Welfare and the Law*, 1992）一书，还对那两本基于令人神往的、达廷顿大厦的跨学科会议的著作有所贡献：**《根深蒂固的悲伤》**（*Rooted Sorrows*, Wall, 1997b）和**《再次扎根的生命》**（*Re-Rooted Lives*, Thorpe & Trowell, 2007）。

（曾　林　译；董瑞瑞、王佳珏　校）

第十三章

结论:安娜·弗洛伊德的遗泽

安娜·弗洛伊德,精神分析师

安娜·弗洛伊德首先也最为重要的身份是精神分析师,而且是一位致力于推进和保护传承于其父西格蒙德·弗洛伊德的基本理念的精神分析师。在父亲在世时,她一直亲自照顾他,陪伴他度过了漫长的患病阶段,随着父亲的身体越来越虚弱,她在精神分析团体中扮演了父亲代言人的角色——在他病重到无法出席研讨会时,代为宣读他的文章,并在IPA内部的政策性辩论中努力呈现出他的观点(Limentani,1983)。在父亲去世之后,安娜·弗洛伊德在诸多方面都是"尽职尽忠的女儿"——雅克·拉康(1988:63)半开玩笑地形容她是"精神分析的铅垂线"——连接起所有后弗洛伊德时代的发展,回溯其根源直至她父亲的工作。在编辑弗洛伊德的著作和监督他的通信集出版的过程中,她扮演了主要角色,她还紧密地介入欧内斯特·琼斯撰写的西格蒙德·弗洛伊德官方传记的工作当中,这部传记在20世纪50年代得以出版(Jones,1953—1957)。她临终前的主要作品之一就是一篇长文"弗洛伊德著作学习指南(1978a)"。在生命最后的几年中,安娜·弗洛伊德依然视自己为父亲生活和工作的"大使和代表"(Grubrich-Simitis,1983:43)。正如W.欧内斯特·弗洛伊德在安娜·弗洛伊德的追悼会上所描述的那样,她是"尽职尽忠的女儿,终生追随她父亲的精神,勇于献身、充满热情、不屈不挠"(W. Ernest Freud,1983:8)。

对精神分析和父亲工作的绝对认同,成了安娜·弗洛伊德本人的职业生涯和个人生活的强大核心,特别是在她生命的最后岁月里,精神分析总体而言受到了越来越多的攻击，来自精神分析内部的新发展也越来越挑战着这样的思想，即只存在所有的分析师都必须赞同的"一种精神分析"（Wallerstein，1988）。在这样的氛围之下，安娜·弗洛伊德在与同僚的差异中显得独树一帜。1976年，在一次关于"精神分析师的身份认同"国际研讨会上，安娜·弗洛伊德（当时已逾80岁高龄）在谈及这一主题时道出了自己的两难困境：

> 我真的没有资格来谈这个问题：因为我作为一名精神分析师，从未经历过身份认同的危机。我能够回忆起在自己的分析生涯中经历过多次危机，既有外部世界当中的危机，也有内在世界的危机；然而我显然缺乏身份认同被撼动的危机……Valenstein提到，作为分析师，我们的社会身份、职业身份与个人身份之间的分裂，以及将它们统合起来的需要。我认为自己很可能得到了这样一个事实的帮助，那就是于我而言，这三个身份是汇聚在一起的。
>
> （1976：189-190）

但是，安娜·弗洛伊德给自己指定的作为经典精神分析守护者的角色，在她生前与身后都还有另外一个后果。从20世纪20年代末开始，那些发展出精神分析新思想的分析师，诸如奥托·兰克、梅兰妮·克莱因，以及之后的雅克·拉康和约翰·鲍尔比，都被安娜·弗洛伊德以怀疑的态度对待过，她担心他们的创新会损害到弗洛伊德式精神分析的基本思想。她越来越被视为"老派的"和"保守的"，是精神分析"正统观念"的支撑者。她所坚持的心理结构模型（本我、自我和超我）与驱力理论，也越来越被认为是过时的，特别是随着客体关系理论和更广义的精神分析关系模型的发展（如Greenberg & Mitchell，1983）。正如Rose Edgcumbe（2000：4）在谈及"为什么安娜·弗洛伊德没能更加出名？"的问题时所指出的那样，这也许是因为"无论后世的评价是对是错，她整体上所坚持的理论都越来越被视为是过时的"，而这导致了她相对而言被现代精神分析的实践者们忽视了。事实上，安

第十三章 结论：安娜·弗洛伊德的遗泽

娜·弗洛伊德从未挑战过经典精神分析理论的基本原则，这在 Peters 看来可能是"她的独立性没有完全被后人认识到、并加以尊重的原因"（1995：84）。

安娜·弗洛伊德的工作在她去世之后相对受到了冷落，其中还有制度上的原因，特别是在她的移居之地英国。20 世纪 40 年代早期的伦敦论战的结果之一，就是安娜·弗洛伊德决定建立起自己的诊所和培训机构，既独立于 BPS，也独立于新成立的英国国家医疗服务体系（National Health Service，简称 NHS）。尽管这给安娜·弗洛伊德及其同事们带来了很大的独立性和自由度，让他们可以去追求自己的兴趣所在，但也导致了安娜·弗洛伊德与伦敦的同时代者之间缺失了相互交流、取长补短的机会（很多于 20 世纪 60 年代和 70 年代在汉普斯特德诊所接受培训的人都曾提到他们与在塔维斯托克诊所工作的那些人之间是完全缺乏交流的，尽管后者就在几百米之外的路边；其他人——意识到两个机构之间存在明显的敌意——也苦涩地注意到了这两个儿童精神分析和心理治疗的主导机构距离彼此"只有一箭之遥"）。尽管安娜·弗洛伊德曾多次尝试，但是她未能让汉普斯特德诊所的培训获得 IPA 的认可，这进一步增加了她和同事们在汉普斯特德所做的工作与世界各地精神分析实践者们所做工作之间的裂隙。

还存在着其他的原因导致了安娜·弗洛伊德的工作在她去世之后变得不受重视，尤其在她所移居的英国。Edgcumbe（2000）指出，安娜·弗洛伊德的很多主要文章和专题报告都是在美国举行的精神分析大会上发表的，并且直到多年之后才得以出版，这让其他地方的分析师们难以一窥她的工作。更有甚者，"很多汉普斯特德诊所的学生都来自美国，并且在培训结束后又回到了美国"（p. 201），他们往往是回到安娜·弗洛伊德在维也纳时代的老同事们那里去工作，这些人大多从欧洲移民到了美国，并在诸如纽黑文、波士顿和纽约这样的城市里站稳了脚跟。汉普斯特德诊所大部分是由美国提供资助，并未融入英国的 NHS 当中去。正如 Robert Wallerstein 在安娜·弗洛伊德的追悼会上带着溢于言表的遗憾说道：

安娜·弗洛伊德和汉普斯特德诊所一直处在一个自豪的、但又有些孤独的独立位置；它既属于，又——源于所有那些复杂的历史因素——远离着英国有组织的精神分析活动的主体。

（Wallerstein，1983：97）

在某一段时间，这种独立性很可能让安娜·弗洛伊德感觉很好，这允许她相对自由地发展出了自己的思想和工作计划。但是，20世纪80年代和90年代在世界的很多地方都发生了大规模的文化变革，人们远离了精神分析，甚至开展了被称为"弗洛伊德之战（Freud Wars）"的运动（Crews，1990），西格蒙德·弗洛伊德的工作受到越来越多的攻击，很多人指责他的理论缺乏必要的科学基础。再加上安娜·弗洛伊德对其父工作的高度认同，她的名声"落在了本已蒙羞的弗洛伊德的阴影笼罩之下"，弗洛伊德的女儿越来越被视为"有害于精神分析的顽固保守者"（Young-Bruehl，1988/2008：1）。

然而，Wallerstein（1984）在安娜·弗洛伊德去世时也公正地指出，如果说她在某种意义上是一个"坚定的保守派"，那么她也是一位"激进的改革者"。她不仅是最早将治疗对象扩展到儿童的分析师之一，还因1936年的《自我与防御机制》一书成为了之后被称为"自我心理学"的核心人物。尽管这项工作现在被认为是经典之作，但值得我们记住的是，它在当年看上去是多么引起争议。在这本书创作的年代，Helene Deutsch是安娜·弗洛伊德的朋友兼同事，她甚至试图劝说安娜·弗洛伊德不要出版这本书，因为她担心安娜·弗洛伊德会因其思想太过激进而被维也纳精神分析协会开除（A.-M. Sandler，1995）。

就好像这还不够似的，安娜·弗洛伊德超越了对自我发展的研究，逐渐变得对"成人化过程（humanizing process）"本身更感兴趣了（A. Freud，1982），包括内在的天赋、个体的经历与更为宽泛的社会因素之间的复杂交互作用。她逐渐意识到弗洛伊德的"性心理发展"模型（S. Freud，1905）只看到了问题的一个方面，即儿童是如何发展的以及为什么这样发展，这个模型却未能充分描述出发展过程的全景。它也不足以简单明了地描述出其他心智机构（自我与超我）的发展，就好像它们是平行且分开的发展脉络一般。需要一个全面的、整合的视角，让我们"对发展的潮起潮落、前行与退行的趋势、抑制与失败、部分与整体的停滞都获得一个彻底的理解"（1982：265），作为理解发展全貌的手段——以及关于发展可能出错的方方面面情况。

因为安娜·弗洛伊德的这项工作，她成为将真正的发展视角带入精神分析的第一人，并且预见了"发展心理病理学"这一领域（并使之成型，这一术语在今天已经被广泛使用）。安娜·弗洛伊德通过对发展过程的研究，帮助精神分析从"只专注于疾病的医学学科"转变到"关注儿童正常发展所必需的健康、支持性环境的学科"（Argelander, 1983：40）。正如安娜·弗洛伊德本人所说的那样（尽管她从来都不会强调自己的原创性），如果说"元心理学理论"是经典精神分析成就之巅的话，那么儿童精神分析的发现"就是为此增加了新的、具有发展视角的儿童心理学精神分析理论"（1978b, p.100）：

> 作为儿童精神分析师，我们因而获得了这样一个视角，将平均水平的，即所谓正常的发展作为背景，来评估婴儿期的心理病理；而作为成人分析师，我们总是通过心理病理表现的背景一窥正常是什么样子。
>
> （A. Freud, 1975b：x）

安娜·弗洛伊德的发展视角，以及她愿意尝试整合精神分析思想与出现在其他领域的、关于理解婴儿与幼儿如何转变为儿童进而成长为成人这一复杂过程的思想，很可能是她的工作与现代精神分析最为相关的因素。伊丽莎白·扬–布吕尔在她所著的安娜·弗洛伊德传记第二版前言中，明确指出了安娜·弗洛伊德的工作是如何被当今的精神分析界所接受的这一重大转变：

> 安娜·弗洛伊德的遗泽在近年来重新恢复生机的主要原因是，安娜·弗洛伊德工作的核心就是强调发展，而这正是我们所需要的……在安娜·弗洛伊德中心（以及更多的科研机构）越来越投入将神经科学的发现整合到精神分析发展的背景下，她的发展线、发展障碍以及发展性

帮助这些概念都将产生更伟大、更广泛的影响。

(Young-Bruehl，1988/2008：13)

安娜·弗洛伊德，儿童专家

安娜·弗洛伊德的发展视角，在她作为精神分析师的工作与将精神分析的发现通过被她称为"应用型工作"带给广大社群的更广义的角色之间，起到了重要的桥梁作用。安娜·弗洛伊德是精神分析的伟大拥护者，这绝不仅仅是因为她坚信精神分析治疗可以对人们的生活产生深远影响（然而她的确对此深信不疑，但也意识到精神分析并不能帮助到每一个人，精神分析永远只能是让一小部分需要的人受益）。安娜·弗洛伊德拥护精神分析的最根本原因在于，她认为精神分析对人类心智——特别是儿童正在发展中的心智——的理解方式，对于那些跟儿童一起生活与工作的人而言是非常有用的，这包括了社会的各个领域：学校、医院、住宿的幼儿园环境、儿童指导诊所、法庭、社会服务，等等。精神分析对在这些环境下工作的人可能有用，是因为精神分析可以帮助他们更好地理解到儿童的需要——躯体层面的、情绪层面的、发展层面的需要。她所构想的精神分析，不仅可以使人们理解在儿童的发展当中什么地方可能出错，而且可以提供一种关于健康的发展以及促进健康发展都需要些什么的思考方式。Steve Marans 从安娜·弗洛伊德的思想中获得启发并发展出一套联合服务体系，将儿童精神分析师与纽黑文地区警察机构的成员联合起来，他写道：

> 安娜·弗洛伊德将自己对儿童内在世界的发现传递给非分析师们的能力，帮助我们制定政策、形成实践，对多种情况和环境下的儿童生活产生影响……如果缺乏在临床情境下向儿童学习的机会，我们将很难承担起帮助他人思考儿童之所需的角色。如果不投身到咨询室以外的领域当中去，儿童精神分析师也几乎没有什么机会被听到，他们也无法了解到更多关于儿童生活中的紧急情况，这些紧急情况往往会破坏儿童的发

第十三章 结论：安娜·弗洛伊德的遗泽

展潜力，并阻碍成人照顾者站在儿童的立场进行干预的努力。

（Marans，1996：539）

纵观安娜·弗洛伊德本人的职业生涯，她曾经在很多种不同的环境下工作过——无家可归的儿童，贫困的、社会地位低下的儿童，战争和迫害的受害者等，都是她的工作对象。在汉普斯特德诊所，她和同事们不仅提供了儿童精神分析和治疗，而且建立了好宝宝诊所，那是一所贫困（以及躯体残疾）儿童的托儿所，还有其他一些预防性的服务。安娜·弗洛伊德永不疲倦地支持着新出现的英国儿童指导诊所，以及在美国和欧洲大陆建立起来的类似服务机构，她竭尽全力以确保将精神分析思想用于支持这些工作（例如 A. Freud，1960b，1964）。在回顾这一系列活动时，她写道：

> 从第一次世界大战之后由西格弗里德·贝恩菲尔德和威利·霍弗建立起的鲍姆加滕儿童之家，到杰克逊托儿所（1937—1938），再到第二次世界大战期间的汉普斯特德托儿所（1940—1945），它们之间有着直接的传承关系。从它们再衍生出的有马萨诸塞州波士顿的詹姆斯·帕特南诊所（James Putnam Clinic）附属的幼儿园、纽黑文的耶鲁儿童研究中心、纽约的儿童发展中心、克利夫兰的治疗性幼儿园、纽约的大师幼儿园、洛杉矶幼儿园、芝加哥幼儿园、英格兰赫德福德郡收治精神病性儿童的海伊·威克医院（High Wick Hospital）、伦敦汉普斯特德诊所的正常儿童和盲童幼儿园，等等。还有坚持不懈的基于精神分析的工作，这些工作包括与好宝宝诊所的工作、与儿科医生们和在短期住院与长期住院医院的儿科病房的工作、与寄宿机构、寄养父母的工作，等等。这些任务中很多都曾是、还仍然是在爬坡的阶段，因为这些工作都是在反对者的面前做的，这些反对源自根深蒂固的传统观念以及在教学、护理、医疗或者机构当中的惯例，当然了，也正是由于这些困难，它们的回报也显得颇为丰厚。

（A. Freud，1966a：55—56）

安娜·弗洛伊德认为，改善儿童生活最大的障碍之一，就是那些与孩子工作的人曾经（现在亦然）接受的培训太过于零碎这一事实。早在 1952 年，她曾哀叹这一事实道："就现有的职业划分来看，在专职的教育、护理、儿童指导工作、儿童精神分析和儿科医学之间几乎没有什么机会，或者就根本没有机会，让受过某一领域培训的工作者在其他类型的机构发挥作用，甚至连做个观察员的角色都困难"（1952b：260-261）。她对在医院工作的人士发表演讲时，提出"双重培训"的倡议，这将帮助他们关注到患儿的**身心**两方面（Bergmann & Freud, 1965）；而对那些在学校工作的人，她建议他们要关注到发展的议题，这样他们就能明智地判断出什么是对儿童合理的期待，以及如何分辨暂时的发展性退行与严重的发展性紊乱（A. Freud, 1979a）。她还倡议对儿童工作人员开展培训，帮助他们发展观察能力，提供"发展儿童心理学必不可少的全面基础"（1965c：435）。她相信精神分析可以在她认为非常需要的方面做出重大贡献，即培训"儿童专家"，让他们的知识打破传统的学院和职业的壁垒而融会贯通。

正如 Solnit 和 Newman（1984）所言，安娜·弗洛伊德本人就可以被视为融会贯通的"儿童专家"，她的经历涵盖了非常广泛的不同领域，然而她又总是遵循着关于发展的整合式心理学理论，以及对儿童心智在意识层面和无意识层面的理解。再加上她对儿童如何看待世界的真诚的好奇心，以及对"一起学习"儿童正常和异常行为背后意义的开放心态和兴趣，用 Anne-Marie Sandler 的话来说，安娜·弗洛伊德所发展出来的思想具有"相当大的影响……不仅是在儿童精神分析领域，更是在培养儿童青少年的新型教育、社会和法律实践方面有着显著的影响力"。但是她也提到：

> 然而，随着这些新的理解在日复一日的惯常行为中变得越来越被社会所接受和吸收，它们也与最初的源头脱了钩……安娜·弗洛伊德在这些变革当中曾经扮演了核心的角色，但她的最初投入却被遗忘已久。
>
> （A.-M. Sandler, 2012：47）

第十三章 结论:安娜·弗洛伊德的遗泽

这也许是安娜·弗洛伊德的人生与事业的最后悖论。在对奥古斯特·艾克霍恩的工作致辞中,安娜·弗洛伊德曾经提到过"人们已经不再记得了,最初是谁开创了他们今天所使用的方法的道路"[1976(1974):344]。在她去世前最后的演讲之一中,她回顾了自己的《精神分析四讲:写给教师和父母》(1930)一书出版50周年,安娜·弗洛伊德评论了这类作品的命运,就是试图给现有的职业带来新的思想:

> 假如说它所传递的信息已经成功地被听到了的话,那么它也就变得多余、过时,也就从而失去了它的读者。
>
> (1982:259)

也许,我们对安娜·弗洛伊德工作的终极赞颂,就是承认她的思想已经对我们思考童年的方式产生了如此大的影响力,以至于现在在我们看来,她的思想已经只是简简单单的"常识"。如果真是这样的话,那么安娜·弗洛伊德本人很有可能会非常乐见于此。但我认为她作为一名教师和作家的贡献(于她而言,这两者常是紧密地缠绕在一起的)也理应被铭记,这是因为这些思想时至今日仍然对我们有所助益。也许,以她的侄女Sophie Freud的话作为结束最为合适,Sophie是波士顿的一名社会工作系教授,她在安娜·弗洛伊德临终前的那几个月里照顾了姑姑。在写到姑姑一生的遗泽时,她总结道:

> 她想要孩子们的生活不受冷漠的成人世界的压迫、剥削、限制、贫瘠或破坏。她热切地希望通过传播精神分析思想的智慧,改善儿童在家庭、诊所、学校、医院和法庭的生活。她站在儿童的母亲、教育者和拥护者的立场上,用她自己的声音清晰表态,也让我们从心底为她喝彩。
>
> (Sophie Freud,1988:319)

(曾 林 译;董瑞瑞、王佳珏 校)

参考文献

Abraham, K.(1924). A short study of the development of the libido: Viewed in light of mental disorders. In: *Selected Papers on Psychoanalysis.* London: Maresfield Library.

Adnopoz, J.(1996). Complicating the theory: The application of psychoanalytic concepts and understanding to family preservation. *Psychoanalytic Study of the Child,* 51, 411– 421.

Aichhorn, A.(1925). *Wayward Youth.* London: Putnam.

Alliance of Psychoanalytic Organizations(2006). *Psychodynamic Diagnostic Manual.* Silver Spring, MD: Interdisciplinary Council on Developmental & Learning Disorders.

Alvarez, A.(1992). *Live Company: Psychotherapy with Autistic, Borderline, Deprived and Abused Children.* London: Routledge.

Alvarez, A.(1996). Addressing the element of deficit in children with autism: Psychotherapy which is both psychoanalytically and developmentally informed. *Clinical Child Psychology and Psychiatry,* 1(4), 526–537.

Argelander, H.(1983). Memorial tribute. *Bulletin of the Hampstead Clinic,* 6 (1), 35–43.

Association of Child Psychotherapists(2011). *Child and Adolescent Psychotherapy with Children and Young People in Hospitals and Their Families: A Briefing Paper.*

Balint, M.(1968). *The Basic Fault.* London: Tavistock Publications.

Bellman, D.(2012). Specifically Anna Freudian. In: N. Malberg and J. Raphael-Leff (eds.), *The Anna Freud Tradition: Lines of Development.* London: Karnac.

Bergmann, M.(1999). The dynamics of the history of psychoanalysis: Anna Freud, Leo Rangell and André Green. In: G. Kohon (ed.), *The Dead Mother: The Work of André Green.* London: Routledge.

Bergmann, T. and Freud, A.(1965). *Children in the Hospital.* New York: International Universities Press.

Bernfeld, S.(1919). *Das jüdische Volk und seine Jugend* [The Jewish people and its youth]. Leipzig: R. Loewit.

Bernfeld, S.(1921). *Kinderheim Baumgarten. Bericht über einen ernsthaften Versuch mit neuer Erziehung* [Kinderheim Baumgarten: A report on a serious attempt at new education]. Berlin: Jüdischer Verlag.

Bernfeld, S.(1925 a). *Psychology of the Infant.* London: Kegan Paul, 1929.

Bernfeld, S.(1925 b). *Sisyphus, or The Limits of Education.* Berkeley, CA: University of California Press, 1973.

Bibby, T.(2010). *Education–An 'Impossible Profession'? Psychoanalytic Explorations of Learning and Classrooms.* London: Routledge.

Bibring, E.(1954). Psychoanalysis and the dynamic psychotherapies. *Journal of the American Psychoanalytic Association,* 2, 745–770.

Blos, P.(1962). *On Adolescence: A Psychoanalytic Interpretation.* New York: Free Press.

Bon, G.(1996). Memories of Anna Freud and of Dorothy Burlingham. *American Imago,* 53, 211–226.

Bonaminio, V.(2007). The virtues of Anna Freud. In: L. Caldwell (ed.), *Winnicott and the Psychoanalytic Tradition.* London: Karnac.

Bornstein, B.(1945). Clinical notes on child analysis. *Psychoanalytic Study of the Child,* 1, 151–166.